新乡水稻

杨胜利　马玉霞　王书玉　王桂凤　编著

中国农业科学技术出版社

引黄河水灌溉，对新乡市发展种稻生产起到了至关重要的作用。上图为人民胜利渠获嘉县段，下图为原阳县水稻生产大田。

新乡水稻全部是麦茬稻。小麦收获后，深耕整地、泡田，然后插秧。水稻收获后种小麦时不再整地，多是在水稻收获前撒播小麦。

插秧季节，黄河水放水时间集中，稻农多是雇工插秧。2016年雇工插秧每亩费用220元以上。全市机插秧面积很小。

　　新世纪前后，新乡市水稻育秧、插秧、收获，依然是水稻生产中的繁重体力劳动，机插、机收面积占的比重很小。主要与农户稻田地块小有关，土地流转、规模化种植将成为今后水稻生产发展方向。

水稻抛秧。2016 年获嘉县亢村镇

2011 年、2016 年秋季阴雨连绵水稻收获困难，质量、产量均受到严重影响。2011 年 11 月 22 日拍摄于获嘉县亢村镇

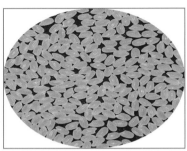

新稻 22 稻穗与大米

新丰 2 号大田

水牛赵村支部书记、原生种植农民专业
合作社理事长赵俊海

景观稻田

休闲稻田

插秧体验

城里人的"一亩三分地"

水稻种子繁育田

栽培试验田测产

2008 年河南省农业厅、河南农业大学、河南省农科院有关专家在新乡市验收水稻高产田

《新乡水稻》
编委会

主　编：杨胜利　　马玉霞　　王书玉　　王桂凤

副主编：史淑新　　马利明　　张大明　　董爱民

参　编：姬同化　　王茂林　　楚振嵩　　王向前

　　　　郭文蝉　　杨玉魁　　殷春渊　　张梅霞

　　　　张秋梅　　赵俊海　　吕　铭　　苏　艳

内容简介

　　新乡市发展引黄改土种稻，是黄河下游首端水稻种植的重大创举。不仅改变了昔日盐碱地的低产面貌，丰富了人们的主食种类，增加了农民的种粮收益，同时对补充地下水源、减少城市热岛效应、改善环境气候大有裨益。但 21 世纪以来，全市水稻面积呈萎缩趋势。如何稳定水稻生产，做优稻米产业，全市农业科技人员在实践中不断探索思考，提出区位优势、科技指导、政策扶持、产业支撑、新业态引导等综合性策略。

　　本书立足新乡特点，注重实际，注重实践，注重实用；突出栽培技术，工具手册，简明扼要，通俗易懂；服务新型农业经营主体、基层农技人员、基层农村干部及稻农。

本书导读

本书多数情况下使用了法定单位与符号，为了使广大农民朋友阅读方便，仍部分使用了一些我国传统市制计量单位，如尺、方、斤、亩等。书中常见的单位符号与某些特殊符号如下：

亩、分——667m^2、66.7m^2；公顷——hm^2、ha；

吨——t；公斤、克、毫克——kg、g、mg；

升、毫升——L、ml；立方米（方）——m^3；

米、厘米、毫米——m、cm、mm；

尺——33.3cm；寸——3.33cm；

天——d；小时、分钟、秒——h、min、s；

公里（千米）、平方公里——km、km^2；勒克斯——lx、Lx

ppm——百万分之一（10^{-6}）浓度，与mg/kg等同；

大于、大于等于——>、≥；

小于、小于等于——<、≤。

序　言

　　水稻是我国最重要的粮食作物之一，稻米历来是我国人民的主食。河南省水稻生产主要有两大区域：一个是豫南稻区（籼稻为主）、一个是沿黄稻区（粳稻）。河南省水稻面积虽然比较小，占全省粮食作物比重不大，但在粮食生产中是高产作物、细粮作物，对调节和丰富人们主粮品种意义重大。新乡地处豫北，发展引黄种稻是中华人民共和国成立后河南省农业的重大创举，其栽培水平、育种水平在沿黄稻区一直处于领先地位，具有引领作用。地理标志保护产品"原阳大米"誉满全国，是河南省最早的优质粮品牌。

　　《新乡水稻》这本书，立足新乡市水稻生产实践，注重实用技术，系统地阐述了新乡市水稻的发展轨迹、水稻品种的创新能力及其更新换代、水稻高产栽培技术经验等内容，介绍了新乡水稻生产技术标准及具体高产案例，兼具科普性、工具性和史志性。看完书稿之后，内心很受触动和佩服，该书内容丰富，实用性强，语言通俗易懂，技术简明扼要，无论是对从事水稻科研、生产、推广的广大农业科技工作者，还是水稻种业界人士以及从事基层农业生产经营人员，都具有重要的参考价值。

　　该书的几位主要作者，都是长期从事水稻品种选育、技术推广的农业专家，也是本人的同行朋友，在工作中常有接触，共商共议沿黄水稻产业发展大计，深知他们的敬业精神。他们不图名利、不辞辛劳，把多年的实践经验系统化编辑成书，既是一份热爱、一份心血，又是一份担当、一份责任，这对河南水稻生产技术的传承发扬、把河南稻米产业做大做优、促进农业供给侧结构性改革具有非常重要的意义。

　　书稿拜读之后，感觉眼前一亮，认为难能可贵！于是欣然提笔，写下以上数语，作为简序，以示祝贺。

河南省水稻产业技术体系首席专家

河南省农业科学院粮食作物研究所研究员

二〇一七年七月二十日

前　言

　　水稻既是新乡的古老沼泽作物，又是新乡的新兴粮食作物。秦汉以来，太行山山前洼地就有泉水自流灌溉种植水稻；20 世纪后半期，通过发展引黄灌溉，全市水稻种植面积迅速扩大。引黄灌溉发展水稻生产，使新乡引黄改土种稻成为黄河下游小麦玉米连作农区的重大创举，优化了粮食作物种植结构，增添了人们主食的细粮种类，提升了稻农的种粮收益，成为新乡农业的知名品牌之一。

　　新乡市水稻种植面积占粮食作物的 5% 左右，列小麦、玉米之后，居第三位，但单产水平和经济效益却是第一位的。特别是改革开放以来，全市水稻由低产变高产，稻农由贫困变小康。每到金秋时节，稻浪滚滚，稻谷飘香，昔日贫困落后的沿黄农村，率先实现了小康，逐渐走向了富裕。

　　新乡稻米以"原阳大米"为标志，荣誉很多。是第十一届亚运会指定食品，是河南省首个绿色食品农产品，是国家原产地认证农产品，被誉为"中国第一米"，深受消费者青睐。

　　进入 21 世纪之后，全市水稻面积又逐渐下降，这是新乡市水稻发展史上的一个大的转折点。主要原因是引黄条件恶化、劳动力价格上涨、机械化作业率低、比较效益下降等。针对这一现实，众多的农业专家、农业企业家、农村基层干部等，都在思考着同一个问题：新乡水稻发展路在何方？较为统一的共识是，不能单纯地把水稻作为一个粮食作物如何高产优质栽培去考虑问题，而应当从一个产业的角度去思考、谋划水稻新的发展途径。比如，从环保战略要求看，水稻生产与大环保战略的对接，种水稻也是为了优化美化环境；从产业经济看，稻米产业要与现代管理、现代金融、现代人才"要素集合"，要与生产、生活、生态"三生契合"，要与加工、销售、休闲"三产融合"，要与就业收入、生态保育、文化传承等"功能整合"，才能把水稻生产做成可持续发展的大产业。

　　基于此，数名长期从事水稻生产技术推广、科研育种的同仁，将过去的生产实践予以总结梳理，对未来的发展走向进行思考商讨，形成这个册子。本书理论联系实际，简明通俗，便于基层农技人员、广大稻农，尤其是合作社、家庭农场等新农人参考使用。

　　需要说明的是，良种、化肥、农药等农资更新变化很快，书中涉及物化技术，错漏难免，恳望同行们直言斧正。

　　还想说的是，新乡市水稻产业，长期以来得到河南农业大学赵全志教授、河南省农业科学院尹海庆研究员的指导和支持，同时与几位作者亦师亦友，顺此表示感谢。书稿编写前后，得到河南省水稻产业技术体系的积极支持，书稿成型后，体系的首席专家尹海庆研究员提笔作序，再次致谢。

二〇一七年七月二十日

目　　录

第一部分　水稻基础常识

001　水资源的概念及新乡市水资源概况

种水稻离不开水，首先了解一下水资源的概念。

广义的水资源是指水圈内水量的总体。包括经人类控制并直接可供灌溉、发电、给水、航运、养殖等用途的地表水和地下水（地表水指江河湖泊地表水域中的水，也叫地表径流；地下水指降水补给与江河渠道补给之和。两者互相联系、互相转化，计算水资源总量时应予以扣除重复计算的部分），以及江河、湖泊、井、泉、潮汐、港湾和养殖水域等。狭义的水资源是指逐年可以恢复和更新的淡水量。

全球总储水量约 1 386万亿 m³，其中，海洋水为 1 338万亿 m³，约占全球总水量的 96.5%；地表水占 1.78%，地下水占 1.69%。人类主要利用的淡水约 35万亿 m³，在全球总储水量中只占 2.53%。它们大部分则以冰川、永久积雪和多年冻土的形式储存，少部分分布在湖泊、河流、土壤和地表以下浅层地下水中。其中冰川储水量约 24 万亿 m³，约占世界淡水总量的 69%，大都储存在南极和格陵兰地区。在 35 万亿 m³ 淡水中，99.66%人类不能利用或很难利用，有效利用的仅占 0.3%，主要分布在湖泊、河流、土壤和地表以下浅层地下水中。

中国水资源总量约 34 719亿 m³，次于巴西、俄罗斯、加拿大、美国、印度尼西亚，居世界第 6 位。但人均占有水量 2 340m³左右，是世界人均的 1/4；每亩耕地占有水量 1 460m³ 左右，是世界平均值的 1/2。同时，水资源的时空分布很不均，黄淮海地区水资源只有全国的 8%，而耕地占全国的 40%。《2015 年中国水资源公报》报告：2015 年全国平均降水量 660.8mm。全年全国总供水量 6 103.2亿 m³。其中，生活用水占 13.0%、工业用水占 21.9%、农业用水占 63.1%、生态补水占 2.0%。耕地实际灌溉亩*均用水量 394m³，农田灌溉水有效利用系数 0.536。城镇人均生活用水量 217L/d，农村人均生活用水量 82L/d。

河南省水资源总量为 437.13 亿 m³，人均水量和亩均水量只相当全国的 1/5

---

　　*　1 亩≈667m²，15 亩＝1hm²。全书同

和 1/6。且时空分布不均，年际年内变化大，属于严重缺水省份。地表水资源贫乏，近 10 年平均地表水供水量占 49.55%，地下水供水量占 50.4%，雨水利用不到 1%。在地表水供水中，每年引黄河等过境水约 30 亿 m³ 左右。《2014 年河南省水资源公报》报告：2014 年全年全省平均降水 725.9mm，折降水 1 201.6 亿 m³，较常年少 5.9%，属平水年；全年水资源 283.37 亿 m³，较常年少 29.8%。年总用水量 209.3 亿 m³，其中，农业用水 112.7 亿 m³（占总量 54%）、工业用水 52.6 亿 m³、生活用水 44.1 亿 m³。全省农田灌溉亩均用水 156m³，全省人均年用水 224m³。城市人均用水 162L/d，农村人均用水 90L/d。

新乡市 2015 年水资源总量为 12 亿 m³ 左右，人均 201m³ 左右，是河南省的干旱贫水地区。年均降雨 573.4mm，最大 1 168.4mm（1963 年）、最小 241.8mm（1997 年），年蒸发量 1 748mm。6—9 月降水量最多，占全年的 70% 以上，且多暴雨。2015 年全市用水总量 15.04 亿 m³，其中，农业用水 10.83 亿 m³（占总量 72%）、工业用水 2.33 亿 m³、生活用水 1.66 亿 m³。年引黄河水总量 5.72 亿 m³，农业灌溉用水利用系数 0.571。

002　水稻与水的关系

水稻起源于潮湿地带或沼泽地，但并非直接生长在水里，水生环境并非天然为水稻生长发育所必需。但随着环境条件变化和历史漫长的进化，水稻不仅适宜于潮湿地带和沼泽地，也适宜于水环境及深水条件下的生长发育，使水稻逐渐成为对水分具有广泛适应能力的多型性作物。由此可见，水稻生产首先必须具备灌溉条件，但也不是必须保持在有水层的状态。

水稻属于 C_3 植物，水分利用率低于 C_4 植物，耗水量则明显大于 C_4 植物，水分利用系数一般为 0.5~0.55，引黄稻区亩耗水量一般在 800m³/亩以上。在水分充足的条件下水稻在 4 叶期开始，叶鞘和茎秆开始形成发达的通气组织，去适应多水的条件。但在旱生条件下这种组织并不发达，说明在无水层的条件下水稻也能够正常发育。相反，如果长期处于深水状态，土壤环境恶化，引起根系毒害，茎秆发育不良，容易感染病害和倒伏。

水稻的生理需水与气候、环境、品种类型关系很大，蒸腾系数一般为 395~635。不同作物的蒸腾系数比较如下。

南瓜＞豌豆＞大豆＞棉花＞马铃薯＞水稻＞小麦＞玉米＞高粱＞谷子
834　　788　　736　　646　　636　　535　　513　　368　　322　　310

由此可见，水稻的生理需水并非最多，高于小麦、玉米、高粱、谷子，低于南瓜、豌豆、大豆、棉花、马铃薯。

水稻田土壤养分含量、变化动态、吸收利用与水稻田水分状态关系密切，如何科学灌溉、协调稻田土肥水关系，是水稻生产技术的重要课题。同时，发展水稻节水灌溉意义重大，通过彻底改变全生育期深水淹灌的稻田水管理习惯，可以把目前水分利用系数 0.57 提高到 0.6 以上，水分生产率由目前的 0.8~1kg/m³ 提高到 1.2kg/m³ 以上，亩耗水量由 800m³/亩降到 600m³/亩左右。

003　稻、野生稻、栽培稻、水稻的概念

稻

禾本科植物的一个属。野生稻、栽培稻都属于稻属。通常我们说的稻是指栽培稻。稻属植物原产热带、亚热带的潮湿地或沼泽地，喜温暖、湿润、强光、短日照的生长条件。

野生稻

自然分布于热带、亚热带的潮湿地或沼泽地的一年生或多年生稻属植物。我国华南曾发现野生稻。野生稻具有在潮湿地或沼泽地自然生长、分蘖散生、花粉发育大多不完全、结实率低、易自然落粒的特点。是考证栽培稻起源的重要佐证，更是利用其花粉败育、易与栽培稻杂交的特性开展杂交水稻研究的重要基础材料。

栽培稻

是野生稻经过人类长期驯化（即人工栽培）后的禾本科稻属、一年生草本植物。是世界主要粮食作物，适应性强、产量较高，主要分布于东南亚地区。在我国，栽培稻已有 4 000 多年的种植历史，产量居世界首位。栽培稻类型多样，品种资源丰富，我国栽培稻品种达 4 万多个。

水稻

是栽培稻的一种类型。生育期内需水较多，田间经常保持水层。我国和世界上的栽培稻绝大多数是水稻，高产稳产，米质亦好。与"水稻"对应的是"陆稻"，又叫"旱稻"，需水较少，是水稻在无水层的旱地条件下长期驯化演变形成的一个生态型。

004　水稻的起源

中国是世界上栽培水稻的起源国，根据 1993 年考古队在湖南省道县玉蟾岩发现世界最早的古栽培稻，研究发现该稻距今已有 14 000~18 000 年的历史。目前国际考古专家认为，以澧阳平原为代表的长江中游地区，是世界水稻的起源与

传播中心之一。

中国水稻的起源，到目前为止并没有一个高度统一的共识。2011 年在江西南昌召开的以稻作起源为主题的"第二届农业考古国际学术讨论会"，国内外专家学者畅所欲言，学术资料异彩纷呈，对中国水稻起源的论点有 11 种之多。如 14 000 年前湖南道县玉蟾岩遗址、9 000 年前的湖南澧县彭头山遗址、8 500 年前的河南舞阳贾湖遗址、4 200 年前的河南淅川黄楝树遗址、12 000 前的江西万年仙人洞遗址等。

中国水稻栽培历史悠久，在《管子》《陆贾新语》等古籍中，均有约在公元前 27 世纪的神农时代播种"五谷"的记载，稻被列为五谷之末（禾、稷、菽、麦、稻）。距今大约 4 200 余年前，水稻栽培已从长江中下游推进到黄河中游。到了战国时期，水稻开始走向精耕细作，同时为发展水稻兴修了大型水利工程，如四川都江堰（公元前 256 年）、陕西郑国渠（公元前 246 年）等。西汉时四川首先出现了水稻梯田。公元 6 世纪 30 年代，北魏贾思勰的《齐民要术》曾专述了水、旱稻栽培技术。到唐宋六百多年间，江南成为全国水稻生产中心地区，太湖流域为稻米生产基地，此时稻被列为五谷之首，有"苏湖熟，天下足"之说，并初步形成了较为完整的栽培体系。宋初南方地区开始麦、稻连作，稻米取代小麦成为高产优势作物，促使宋朝人口大发展达 1 亿人，南方超过北方人口，国家经济重心亦从黄河流域转移到长江流域。明代宋应星《天工开物》记载"今天下之育民人者，稻居什七"，意思是水稻产量占全国粮食产量的 70%，到明末清初《直省志书》中所录 16 个省 223 个府州县的水稻品种数达 3 400 多个。中华人民共和国成立后，在继承和发展过去精耕细作的优良传统基础上，运用现代农业科学技术，稻作生产快速发展。

005　水稻的植物学分类

水稻植物学分类层次为：植物界——被子植物门——单子叶植物纲——禾本目——禾本科——稻属（栽培稻、野生稻）——稻种。水稻别名：北方常称稻、水稻、稻谷，南方还多称谷、禾。

006　栽培稻的分类

有资料介绍目前世界上超过 14 万种的稻，而且科学家还在不停的研发出新的稻种。按不同分类方法，栽培稻可以分为很多类型。按需水特性可分为：水稻、陆稻、深水稻；按亲缘关系可分为：籼稻、粳稻；按栽培制度可分为：单季稻、双季稻、三季稻、再生稻；按生育期可分为：早稻、中稻、晚稻；按米质黏性可分为：粘（音 zhān）稻和糯稻；按种植方式分为移栽稻、直播稻等。

007　籼稻和粳稻的区别

籼稻和粳稻是长期适应不同生态条件，尤其是温度条件而形成的两种气候生态型，两者在形态生理特性方面有明显差异。世界产稻国中，只有我国是籼粳稻并存，而且面积都很大，地理分布明显。如云南省山区的水稻，海拔 1 400m 以下是籼稻，海拔 1 800m 以上是粳稻，中间是籼稻粳稻交错地带。

籼稻

起源于亚热带，种植于热带和亚热带地区的低地，是由野生稻演变成的栽培稻，是基本型。生长期短，在无霜期长的地方一年可多次成熟。出米率低，米质差，籼米外观细长、透明度低，直链淀粉含量20%左右，米质黏性差，胀性大，煮熟后米饭较干、松。通常用于年糕、米粉、炒饭等。具有耐热、耐强光的习性。叶片较宽、粗糙多毛，叶色较淡，颖毛稀而短，较易落粒，与野生稻类似。

粳稻

从南方的高寒山区，云贵高原到秦岭、淮河以北的广大的地区均有栽培。粳稻是人类将籼稻由南向北，由低向高引种后，逐渐适应低温的变异型。具有耐寒，耐弱光的习性，生长期长，一般一年只能成熟一次。叶片较窄，叶面少毛或无毛，叶色浓绿，颖毛长密，不易落粒等，与野生稻有较大差异。出米率高、米质好，粳米外观圆短、透明，黏性较强，胀性小，直链淀粉含量低于15%。用途一般为主食大米。

008　早稻、中稻、晚稻的区别

因栽培季节的日照长度不同从籼、粳型中分化形成的气候生态型，根本区别在于对光照反应的不同、生育期长短的差异。早、中稻对光照反应不敏感，在全年各个季节种植都能正常成熟；晚稻对短日照很敏感，在短日照条件下才能通过光照阶段而抽穗结实。晚稻和野生稻很相似，是由野生稻直接演变形成的基本型；早、中稻是由晚稻在不同温光条件下分化形成的变异型。北方稻区的水稻属早稻或中稻。

早稻

感温性强，生育期随着温度增高而缩短；感光性弱，日照长短对生育期影响小，南北引种易成功。生育期较短，90～120d。可细分为特早熟早稻、早熟早稻、中熟早稻、晚熟早稻。

中稻

特征特性介于早稻和晚稻之间。生育期120~150d。

晚稻

感光性强，短日照条件下才能抽穗，南北引种不易成功。生育期较长，150~180d或更多。产量较高，米质较好。可细分为早熟晚稻、中熟晚稻、迟熟晚稻。

009 水稻、陆稻（旱稻）、深水稻、浮水稻的区别

水稻

生育期需水较多，田面经常保持水层；高产稳产，米质亦优，我国和世界的栽培稻主要是水稻。

陆稻

亦称旱稻。茎叶保护组织发达，抗热性强，根系发达，根毛多，对水分减少的适应性强，全生育期灌水量仅为水稻的1/10~1/4，可以旱种，也可水种。陆稻种子发芽时需水较少，吸水力强，发芽较快。但陆稻产量一般较低，米质也较差。适宜在种水稻易旱、种旱作物易涝的地区种植。目前旱稻已成为水稻育种的重要研究方向，因为旱稻适应于日益紧张的水资源状况和减少稻作用工。

深水稻

适于深水条件的一种水稻类型，各地零星分布，主要在背河洼地的积水地段。茎叶通气组织非常发达，地上茎节能发根、分蘖，随水位上涨而快速伸长，水退后匍匐生长，茎长可达3m左右。

浮水稻

深水稻的一种，具有浮生于水中的特性，茎随水上涨而伸长。茎具竖直能力，可保持水面上的3片叶正常展开，退水后茎横卧地上呈匍匐状，茎长可达5m以上。稻叶内裂生通气组织特别发达，只要上部叶尖伸出水面，即可由叶面吸收空气，通过叶鞘、茎和根的裂生通气组织到达根端。叶片在弱光下可产生赤霉素，能加速细胞分裂和伸长，促使稻茎迅速延伸。叶片在水中淹没6~12d仍可保持绿色。种子在缺氧条件下发芽、发根正常；而一般栽培品种在缺氧条件下只能伸出芽鞘，不能发根。浮水稻大多感光性强，成熟期迟，谷粒有芒，结实率较高，脱粒较难，粒型、稃色接近于一般栽培类型。一般产量较低，米质较差。被看做是适应于周期性淹水所形成的生态型。

010　非糯稻（粘稻）与糯稻的区别

由于稻米中淀粉分子结构不同形成的栽培种。非糯稻，即粘稻含有直链淀粉和支链淀粉，糯稻几乎只含支链淀粉不含直链淀粉。两者形态区别小，糯稻一般不抗倒，产量低。

非糯稻（粘稻）

粘稻含直链淀粉 20%~30%，含支链淀粉 70%~80%，蒸煮后黏性不及糯米，胀性大，就是我们常说的"出饭"。我们日常生活中通常食用的籼米、粳米都属于粘稻，一般籼米的直链淀粉略高于粳米。

糯稻

稻米支链淀粉含量接近 100%，黏性最高。又分粳糯及籼糯，粳糯外观圆短，籼糯外观细长，颜色均为白色不透明。煮熟后米饭较软、黏，出饭率低。通常粳糯用于酿酒、米糕；籼糯用于八宝粥、粽子等。

011　单季稻、双季稻、三季稻、再生稻、"懒人稻"的区别

按一年中种植次数不同的栽培制度分为：单季稻、双季稻、三季稻、再生稻。与水稻品种类型关联度不大，本质是一年中的种植次数不同。

单季稻

一年中种植一次（季）水稻的栽培制度。我国淮河以北地区，无霜期较短，一年只能种植一次水稻，属于单季稻地区。早稻、中稻、晚稻均可以作为单季稻栽培，东北、西北以早稻为主，黄淮平原以中稻为主，华南及长江流域以晚稻为主。

双季稻

一年中种植两次（季）水稻的栽培制度。前季稻一般选用早熟品种，后季一般选用中熟或晚熟的品种，一般在南方种植。有连作（前季收获后栽植）、间作（前季收获前套栽）两种情况。

三季稻

一年中种植三次（季）水稻的栽培制度。主要分布在气温高、雨水多、全年无霜冻的广东、广西、云南、福建的南部地区种植。

再生稻

水稻收割后利用稻茬茎节上的休眠芽萌发的再生蘖成穗的栽培方法。管理简单，省插秧、省种子、省劳力、省水，生育期短，一般 60~70d 收获，产量低，

相当于原产稻的 1/3 左右。通常在南方单季稻条件有余、双季稻条件不足的地方种植。

"懒人稻"

常年生的再生稻。据资料，重庆忠县马灌镇农民胡代书培育的"越年再生稻"，获国家知识产权专利证书——《越年再生糯稻种植方法》，亩产在 600kg 左右，俗称"懒人稻"。不需每年播种、插秧，在马灌镇"懒人稻"随处可见，东一块西一片镶嵌在常规杂交稻田中间，较常规杂交稻生长期要长近 1 个月。据资料介绍，如今最老的两株"懒人稻"，已生长 28 年。

012　移栽稻与直播稻的区别

根据种植栽培方法不同分为移栽稻、直播稻。与品种类型关联度不大，本质区别是栽培种植方法不同。

移栽稻

先育秧后栽插的种植方式。我国栽培稻的主要种植方式。优点是延长了水稻生育期，分蘖多，抗倒伏，本田草害轻，产量高、米质优。缺点是费工费力。

直播稻

不育秧把稻种直接播种到大田的种植方式。分为旱直播和水直播两种情况，前者为旱整地、旱播种，播后灌水；后者为水整地，在泥浆状的田面播种。直播稻最大优点是利于机械化作业，劳动效率高。技术难点是全苗难、草害重、易倒伏。特别是旱直播在新乡半干旱地区，随着水资源和劳动力价格上涨，越来越受到稻农的重视，目前已开始呈扩大发展趋势。

013　水稻的形态特征

我国地域广阔，生态条件各异，栽培水稻的特征特性也有很大差异。下面简述栽培水稻的一般形态特征和特性。

植株性状

优良株型是水稻高产的基础。现有高产品种都具有高冠层、矮穗层、中大穗的形态特征。现在的矮秆品种收获指数已很高，进一步提高收获指数主要应提高生物学产量。增加植株高度是提高生物学产量有效途径，然而植株过高容易引起倒伏；怎样把高生物学产量、高收获指数、高抗倒伏三者较好地协调统一，是水稻超高产育种的目标。

株高：不同类型、不同品种、不同区域、不同肥力条件下，水稻株高差异很大，70~180cm 居多，最高可达 5m 以上，一般是南方高于北方。

新乡市目前主推水稻品种株高一般 100~110cm。

分蘖性：一般是籼稻多于粳稻，晚稻多于早稻；高秆大穗品种分蘖少。

倒伏性：一般而言，品种的抗倒伏性与其株高、茎秆软硬、节间长短（尤其是基部节间）、株型紧凑与否等密切相关。粳稻虽然茎秆较细，但茎壁较厚，抗倒性比籼稻强。目前新乡市的水稻品种黄金晴由于株型松散，抗倒伏性较差；而新稻系列、新丰系列品种株型紧凑，抗倒伏性较好。不同的地力水平、产量水平与抗倒伏性更是密切相关，高产田一定要选择抗倒伏性好的品种。

顶叶：即最上部的叶片。籼稻顶叶一般宽而长，粳稻则短而窄，早稻相对宽大，晚稻细长。不论哪一类水稻类型，品种间的顶叶差异都很大。

穗茎长度：主茎穗顶叶叶枕至穗基部之间的距离。凡是顶叶较长、与穗主梗开度较小的品种，穗茎一般较短，茎秆相对坚硬抗倒。但过短会造成穗粒数减少，不利于丰产。

茎叶色泽：可分为有色、无色两大类型。无色类品种除绿色有浓淡之分外，无任何色素显现。一般粳稻叶色较浓，籼稻较淡。有色类品种其茎叶上的叶片、叶缘、叶枕、叶舌、叶鞘内外，包括茎秆，在不同生长阶段、不同生长部位均可能表现红、紫、黑等花青素。

叶毛：叶毛形态大多为针状，极少是钩状。籼稻大多叶子两面茸毛密生，粳稻叶子两面多无毛。

穗粒性状

穗为圆锥花序，自花授粉。一个稻穗约开 200~300 朵稻花，每朵稻花会形成一粒稻谷。稻花没有花瓣，也很难看到雄蕊雌蕊，它们都由稻花的内外颖保护着。根据穗粒数将水稻品种分为三种类型：重穗型品种：穗粒数在 200 粒左右；多穗型品种：每穗实粒 100 粒以下；大穗型品种：每穗实粒 120 粒以上。

穗长：穗子基部至穗子最顶部枝梗顶部的距离。不含芒长。

穗枝梗数：一个穗子上的全部枝梗数，类似小麦穗子上的小穗数。枝梗数多少与穗子大小相关。一般籼稻枝梗数多于粳稻，但粳稻的枝梗数变幅较大。

穗粒数：每穴稻穗所有稻穗籽粒数的平均数。包括主茎穗与分蘖穗。粳稻穗粒数变幅一般为 60~150 粒。新乡市水稻主推品种穗粒数 120~140 粒。

颖毛、颖色：颖毛是区别籼粳稻品种的主要性状之一。颖毛的分布可分为集生与散生两种类型，粳稻一般集生于棱上，由基部向顶部递增；籼稻一般散生。颖色也是识别品种的重要标志，籼稻的颖色简单，主要为黄色，带有不同程度的褐色斑点；粳稻品种颖色复杂，有黄色、赤褐色、紫褐色、褐色、紫黑色等。

芒：籼稻多无芒或短芒，粳稻多有芒及长芒，且芒多略带扭曲。

谷粒构造及形状：水稻子实常称为稻谷、谷粒，植物学上叫颖果。谷粒由谷壳和米粒两部分组成。谷壳即颖壳。颖壳由外颖、内颖包合而成，外颖较大，内颖较小。外颖顶端的小突起叫颖尖，颖尖发育延伸为稻芒。内外颖下面是两片小护颖，小护颖下面是两个极小的副护颖，副护颖着生在枝梗上。谷壳里边的米粒叫糙米，糙米有皮膜（又叫子实皮、糠层。是果皮、种皮、糊粉层的总称）、胚乳、胚三部分组成。胚乳是淀粉贮藏组织，供种子发芽与幼苗生长以及人类食用；胚位于米粒基部，是受精卵发育成的幼小个体，是长出新稻株的生命原始体。谷粒形状一般分为阔卵形、短圆形、椭圆形、直背型、新月形。粳稻多为阔卵形、短圆形；籼稻多为椭圆形、新月形。

籽粒重：以千粒重（g）表示。与产量紧密相关，一般粳稻籽粒千粒重大于籼稻，但亦有例外。新乡市水稻品种千粒重一般为 25~30g。

根部性状

水稻属须根系，细短而多，不定根发达，随着生长发育进程而数量增多。除萌发时长出 1 条种子根（胚根）外，以后不断从茎节上发生的根，都是不定根。不定根长出后，又发生长出分枝根，或叫侧根，侧根上又可发生二级侧根。分蘖期的不定根以水平分布为主，长穗期的不定根逐渐向下生长。水稻根部土壤因为淹水常呈还原态，易产生有害物质，但水稻根系有良好的通气组织，可以将地面的氧气输送到根际而保护根系免受有害物质毒害。良好的根系呈鲜白色，随着老化和病态，逐渐变为棕褐色，直至黑褐色、黑色。

014 水稻为什么耐淹水

台湾学者余淑美研究员于 2013 年发表重要论文，发现水稻耐淹水的关键基因，揭开数千年来所有谷类作物中，只有水稻种子可在水中发芽及成长的秘密。这项研究的发现，对于目前全球种植水稻以淹水方式防治杂草，以及促进其他作物耐淹水的育种等范畴，都有重大影响。论文刊登在国际专业期刊《Science Signaling》，该期刊隶属于国际顶尖期刊《Science》集团，专门以报道有关分子生物、神经科学、微生物、生理学与医学、细胞生物学等领域的最前端创新性论文为主。论文重要的贡献是清楚呈现"蛋白激酶"（CIPK15）为调控水稻耐淹水的关键基因。研究发现，当水稻种子在淹水状态下，将缺氧讯息传递到CIPK15，接着再调控细胞内具有监测能量多寡及感应逆境的多功能蛋白激酶（SnRK1A），然后透过糖讯息传递途径在水稻种子内大量制造淀粉水解酶将淀粉转化成糖，同时大量制造酒精脱氢酶将糖发酵产生能量（ATP），使种子有足够碳水化合物及能量而能够在水中发芽。等小苗快速生长至水面可以呼吸更多空气后，根部以同样原理制造碳水化合物及能量，而使植株可在半淹水稻田中生长。其他谷类作物及杂草并无这些能力，因此无法在水中发芽及生长。余淑美研究员指出，水稻不怎么喜欢淹水，但是可以忍耐淹水。因此，传统稻农的智慧是利用淹水方式去除杂草，大量减少人工及除草剂。因而目前全球80%的水稻田采取这种方式耕作。

015　国际水稻基因定序工程

由于生物科技和基因工程技术近年来快速发展，科学家在1998年开始水稻基因组的分析与整理，称为国际水稻基因组定序计划（简称IRGSP），主要希望能解读水稻12条染色体中的基因密码。此计划由日本主持，中国、韩国、中国台湾地区、英国、加拿大、美国、巴西、印度、法国加入。在2002年宣布整个水稻的基因图谱已被解读。并公开在基因图谱资料库中，供各国的水稻专家研究。水稻的基因体是高等生物中基因定序最完整的，科学家辨识出的37 500个基因中，包括了多个影响重要的基因。如提高水稻产量的基因、改变水稻受光周期的基因等。

我国科学家运用独创的基因分离技术已成功地获取近两千条水稻cDNA片段，并研制出国内第一张功能独特的水稻基因芯片，这项由浙江大学生物技术研究所李德葆教授研究组首次提出的模块表达序列标签技术（M-EST），获中国国家知识产权局的专利保护。芯片上集成的成千上万的密集排列的分子微阵列，使人们能在短时间内快速准确地获取样品中的生物信息，效率是传统检测手段的成百上千倍。它被一些科学家誉为是继大规模集成电路之后的又一次具有深远意义的科学技术革命。由中国科学院上海生命科学院植物生理生态研究所、植物分子遗传国家重点实验室林鸿宣研究员领导的课题组，在水稻产量相关功能基因研究上取得突破性进展，成功克隆了控制水稻粒重的数量性状基因GW2，并深入阐明了相关的生物学功能和作用机理，显示这一基因在高产分子育种中具有应用前景。

016　水稻在中国历史上以及粮食生产中的地位

水稻在中国历史上看，不但有其重要经济价值，更是事关历史发展大局的重要推动力量。

从公元前221年秦始皇统一中国算起，到北宋的公元960年，经历秦、西汉、东汉、三国、西晋、东晋、南北朝、隋、唐、五代十国等时期，是适宜于旱作的小麦统治中国粮仓时期，中国的经济中心在北方。当唐朝末期小麦"高产开发"到某种程度、粮食出现危机之后，水稻颠覆了中国南北大局。宋初，水稻被带到了福建等地麦、稻连作，引来宋朝人口大爆炸，全国人口达到 1 亿，南方超过北方人口。自古以来人口北多南少的局面彻底扭转，粮仓中稻米取代了小麦，国家经济重心从黄河流域转移到了长江流域。

水稻在中国粮食生产中占有举足轻重的地位，面积第二，单产最高。2016年全国粮食播种面积、单产、总产量分别为：16.954 亿亩、363.5kg/亩、61 623.9万 t。其中：

面积居三大作物首位的玉米，面积 5.514 亿亩（占粮作 32.5%），单产 398.2kg/亩（居粮作第二位，是粮作单产的 110%），总产 21 955.4万 t（居三大作物首位，占粮食总产 35.6%）。

面积居三大作物第 2 位的水稻，面积 4.524 亿亩（占粮食作物 26.6%），单产 457.4kg/亩（居粮作之首，是粮作单产的 126%），总产 21 955.4万 t（居三大作物第二位，占 35.6%）。

面积居三大作物第 3 位的小麦，面积 3.628 亿亩（占粮食作物 21.3%）、单产 355.2kg/亩（居粮作第三位，是粮作单产的 98%），总产 21 955.4万 t（居三大作物第二位，占 35.6%）。

017　什么是"水稻基因组计划"

即"水稻基因组测序和重要农艺性状功能基因组研究"计划。这一计划2001 年 9 月启动，全面开展超级杂交稻的基因研究，在分子层面探索超级稻的秘密，确保中国水稻高产优质持续创新的能力。以水稻基因组测序为基础，水稻比较基因组、功能基因组等领域的研究为核心，重点开展具有中国自主知识产权的重要功能基因发掘和应用，深入开展水稻亚种和禾本科作物间比较基因组以及功能基因组研究，克隆一批具有自主知识产权和应用前景的功能基因。

018　什么是超级稻

广义的超级稻是指品种主要性状如产量、米质、抗性等均显著超过现有品种（组合）水平的水稻新品种（组合）；狭义的超级稻，是指在抗性和米质与对照品种（组合）相近、产量大幅度高于对照品种的水稻新品种（组合）。

超级稻品种（组合）是指采用理想株型塑造与杂种优势利用相结合的技术路线等途径育成的产量潜力大、配套超高产栽培技术后比现有水稻品种在产量上有大幅度提高、兼顾品质与抗性的水稻新品种。我们现在常说的超级稻概念，主要是指狭义的概念，即超高产水稻。超级稻品种有籼稻型，亦有粳稻型；有杂交稻组合，亦有常规稻品种。

2008 年农业部制定了《超级稻品种确认办法》，截至 2011 年，农业部确认 83 个超级稻品种中，Y 两优 2 号为最高产品种。新乡市农业科学研究院培育的新稻 18 号水稻新品种，被列入 2010 年全国 12 个超级水稻品种的首位。2016 年农业部新确认 10 个品种为 2016 年超级稻品种，同时，取消 3 个超级稻冠名。截至 2016 年 3 月，农业部确认的超级稻品种共 125 个。

超级稻一般应当具备三大特点：一是具有分蘖适中、剑叶挺直、植株矮中求高、茎秆坚韧抗倒、穗大粒多的植株形态；二是具有光合效率高、根系活力强、源库流协调的生理机能；三是具有高产、优质、抗逆、抗病性状聚合的遗传基础。但超级稻不等同一般杂交稻。杂交稻是指选两个遗传基因有一定差异，同时它们的优良性状又能互补的水稻品种进行杂交，生长具有明显优势的杂交第一代水稻。

2010 年新乡市农科院培育的"新稻 18 号"被农业部评为我国第四批超级稻品种，是河南省第一个超级稻品种。该品种 2007 年通过省级审定，2008 年通过国家审定。2009 年原阳县祝楼乡蒙城村"新稻 18 号"千亩示范方（1 580 亩），测产理论亩产 795.8kg，比国家北方超级稻产量指标（780kg/亩）高出 15.8kg。

链接

农业部《超级稻品种确认办法》定义：超级稻品种，是指采用理想株型塑造与杂种优势利用相结合的技术路线等途径育成的产量潜力大、配套超高产栽培技术后比现有水稻品种在产量上有大幅度提高、兼顾品质与抗性的水稻新品种。

对超级稻品种实行冠名退出制度，出现下列情况的，不再冠名"超级稻"：①品种已退出省级（含）以上农作物品种管理部门的审定登记。②品种在生产上暴露出重大缺陷，或因品种问题给农业生产造成重大经济损失。③品种确认为超级稻后 3 年内年生产应用面积最高不到 30 万亩。

019　什么是"超级稻计划"

又叫水稻超高产育种计划，由日本人 1980 年提出，1989 年国际水稻研究所提出培育"超级水稻"，后定名为"新株型育种计划"，计划于 2000 年育成产量 800kg/亩的超级稻。我国"超级稻计划"始于 1996 年，袁隆平院士提议，"九五"期间育成超高产杂交水稻新品系，产量目标 800kg/亩。提议被国家有关部门采纳，作为"超级杂交稻选育"立项，进入"863"计划。

农业部组织专家论证，形成超级稻研究目标：①在较大面积（百亩连片）

上，2000 年稳定实现单产 600~700kg/亩，2005 年突破 800kg/亩，2015 年跃上 900kg/亩。②在试验和示范中，超级稻材料的最高单产，2000 年达到 800kg/亩，2005 年达到 900kg/亩，2015 年达到 1 000kg/亩，并在特殊的生态地区创造 1 150 kg/亩的世界纪录。③通过推广超级稻品种，推动我国水稻平均单产提高，2010 年达到 460kg/亩，2030 年达到 500kg/亩。除了前述绝对产量指标外，超级稻的相对产量指标比当时的生产对照品种增产 10% 以上，并对米质和抗性也有相应的要求。

2000 年超级稻选育成功，但推广迟缓，历时 5 年种植面积仅占全国水稻总面积的 1/10。2004 年，黄培劲和袁隆平院士联合给时任国务院总理朱镕基写了一封信，得到批复后，2005 年国家建立超级稻推广项目被纳入中共中央国务院一号文件（简称中央一号文件，全书同），并写进"十一五"规划。农业部 2006 年 3 月 7 日宣布，从 2006 年起启动超级稻"6236"工程。力争到 2010 年年底，用 6 年时间、育成 20 个超级稻品种、推广面积占全国水稻总面积 30%（约 1.2 亿亩）、亩增产 60kg，带动我国水稻的生产水平。

2000 年，超级稻两优培九连续两年在湖南龙山县两个百亩片种植，亩产达到 700kg。超级杂交稻第一期攻关目标宣布实现。

2002 年，湖南龙山县百亩示范片平均亩产 817kg，最高亩产 835.2kg。2003 年，湖南中方、汝城、隆回、桂东 4 个超级杂交稻百亩示范片，亩产分别达到 808kg、805kg、801kg、813kg。超级杂交稻第二期目标实现。

2011 年 9 月 18 日，农业部专家组对湖南省邵阳市隆回县羊古坳乡雷峰村"Y 两优 2 号"百亩超级杂交稻试验田验收测产。测得百亩片亩产 926.6kg。农业部专家宣布超级稻第三期目标亩产 900kg 高产攻关获得成功。

2013 年农业部发布消息，2013 年 9 月 28 日组织专家对湖南省隆回县羊古坳乡牛形村的第四期超级杂交稻苗头组合"Y 两优 900"101.2 亩高产攻关片现场测产验收，亩产 988.1kg，创当时全国水稻百亩连片高产新纪录。

2015 年科技部组织验收组，对云南省个旧市大屯镇新瓦房村 102 亩连片水稻中随机抽出 3 块试验田现场测产验收，平均亩产 1 067.5kg，实现了国家超级杂交稻第五期高产攻关目标，刷新了中国和世界水稻高产纪录。

020 什么是"绿色超级稻计划"

中国科学院院士张启发牵头的科研团队提出了"绿色超级稻"的设想和计划。基本目标是：在不断提高产量、改良品质的基础上，力争水稻生产中基本不打农药，少施化肥并能节水抗旱。基本思路是：将品种资源研究、基因组研究和分子技术育种紧密结合，加强重要性状生物学的基础研究和基因发掘，进行品种改良，培育大批抗病、抗虫、抗逆、营养高效、高产、优质的新品种。绿色超级稻研究，将有助于形成"少种、多收、高效、环境友好"的水稻生产新技术，有利于促进种植业结构调整、提高稻作产出投入比、合理利用自然资源、减少环境污染和增加稻农收入。以育成旱稻不育系"沪旱1A"和杂交旱稻"旱优3号"等为标志，上海市农业生物基因中心在水稻抗旱性研究和节水抗旱稻育种领域取得了重要突破。

021 世界大米贸易情况与中国大米贸易对策

全球大米年贸易量约4 000万t（2014/2015年度3970万t），占全球产量或消费量（2014/2015年度全球大米产量及消费均约5亿t，人均消费57.5kg）的8%左右，商品量较低，而且非洲、中东基本上不产粮，为大米净进口国家和地区，对国际市场依赖程度较高。中国大米进出口政策的调整势必引起国际市场价格的起伏，加上国内消费者对大米品质的挑剔，国际市场很难在数量和质量方面满足中国对大米的需求，因此，中国只有大力发展水稻生产，才能从根本上解决国内大米的供应问题。

在中国，大米是关系到国计民生的重要农产品，是国家宏观调控的重点商品，因此，大米的出口属国家一类管理商品，国家对此实施严格的出口计划和配额管理。2002年中国加入WTO时将大米、玉米、小麦等主要粮食品种列入国营贸易。每年由国家发改委根据当年的国内粮食供求状况确定大米出口数量并上报国务院批准。2016年全国大米进口关税配额量为532万t（其中，长粒米266万t、中短粒米266万t；其中国营贸易比例占50%（低于小麦的90%、玉米的60%。说明大米的市场化程度较高；配额内关税1%，配额外关税65%）。出口的计划数量完全由国家来确定，在年景不好时，通常会采取限制出口的政策。

中国大米进口主要是品种调剂。品种主要是泰国茉莉香米，进口消费集中在广东、福建地区。加入WTO后，大米进口采取关税配额的管理办法，国营贸易配额和非国营贸易配额各占50%。非国营贸易进口由拥有进出口权的企业自行经营，即采取放开经营的方式。

受汇率调整、原粮价格上涨、国内物流成本上涨等一系列综合因素的影响，中国出口大米竞争力下降。以粳米为例，国家对粳稻实施最低保护价3.0元/kg左右，使原粮成本占大米价格的50%左右，导致中国大米对传统市场的出口优势大大降低。

早籼稻、陈化水稻和东北三省的新产粳稻，是中国大米出口的主攻品种。近期中国大米贸易策略是：①保持东北粳米对传统市场出口的优势；②针对非洲市场对中国陈米的需求，适量出口陈米；③做大做强蒸谷米的出口，蒸谷米是国际大米贸易的新兴品种，在欧美和中东地区被奉为健康食品和营养大米，其消费和贸易量逐年增长。中粮（江西）米业有限公司是目前亚洲最大、国内唯一的蒸谷米加工厂，产品顺利进入中东、东欧市场，反映良好，将继续把蒸谷米发展成为中国大米的强势出口品种。

022　中国稻谷生产与大米进出口概况

我国大米产量位居世界第一位，历史上一直是大米主要出口国，年度大米净出口量一度高达 350 万 t，然而 2012 年开始出现逆转，从大米净出口国转变为净进口国。2016 年我国大米进出口出现双增趋势，通过海关渠道进口大米高达 353 万 t，创历史新高，居世界第一位。2017 年这种情况有所转变，进口下滑，出口增长。主要原因是开辟了新的大米出口国，以往我国大米出口主要以优质米为主，出口国家（地区）主要集中在韩国、朝鲜、日本、蒙古和中国香港等，而 2017 年 1 月出口排名前四的国家均为非洲国家：科特迪瓦、塞拉利昂、塞内加尔、纳米比亚。

近几年中国大米生产与进出口概况如表 1-1。

表 1-1　近几年中国稻谷生产与大米进出口概况

年份	面积（亿亩）	亩产（kg）	总产（万 t）	进口量（万 t）	出口量（万 t）
2010	4.481	432.5	19 576.1	38.82	62.00
2011	4.509	441.4	20 100.1	59.78	51.57
2012	4.521	447.3	20 423.6	236.86	27.92
2013	4.547	443.3	20 361.2	227.11	47.85
2014	4.546	449.7	20 650.7	257.90	41.92
2015	4.532	459.4	20 822.5	337.69	28.72
2016	4.524	457.4	20 693.4	356.00	39.50

第二部分　水稻生理生态

023　水稻的生长发育过程可以划分为几个时期

水稻的生育期，是指水稻一生从出苗到成熟经历的时间，通常叫生育期，一般用天数表示。新乡市目前种植的水稻主要是麦茬稻，一般从 5 月上旬育秧，6 月中下旬插秧，10 月中下旬至 11 月上旬收获，全生育期 150～160d。其中，秧龄 35～45d，本田期 115d 左右。

首先，从水稻生长发育生理变化角度，水稻的一生可分为营养生长、营养生长与生殖生长重叠、生殖生长 3 个生长发育时期。第一个时期是种子萌发到幼穗开始分化，这一时期生长根、茎、叶，称为营养生长期。第二个时期是幼穗分化到抽穗，这一时期幼穗与根茎叶同时生长，是营养生长和生殖生长重叠时期。第三个时期是抽穗以后开花授粉、籽粒灌浆，到结实、成熟，这一时期主要是子实生长，称为生殖生长期。以往的关于水稻的书中，不少人将重叠期与生殖生长期合并成为生殖生长期的划分方法，笔者认为分成 3 个时期更清晰，更便于指导生产者科学管理。

其次，栽培学工作者为了科研描述的方便和技术的普及推广，将生产中水稻的生育期结合生产程序、植株形态、生长进程变化等，细化为 13 个生育时期：播种（育秧）期→发芽期→出苗期→三叶期→插秧期→返青期→分蘖期→拔节期→抽穗期→开花期→灌浆期→成熟期→收割期。

024　水稻种子结构与种子萌发的适宜条件

水稻成熟后的谷粒，就是农业生产上所说的水稻种子，在植物学上称为颖果。谷粒可分颖壳和米粒两大部分。颖壳由内颖和外颖包合而成，外颖较大，内颖较小，二者的边缘部互相勾合，除开花时自己张开外，以后不易分开。外颖的先端有个小突起，叫颖尖。有的颖尖延伸成芒，有的则不延伸。芒的长度不一，长的可达 7cm 以上。内外颖下面有两片小护颖，长度是颖壳的 1/5～1/3，再下面是两片极小的副护颖。以上各器官在植物上也叫小穗。副护颖的基部着生在穗轴上的一次或二次枝梗上，在脱粒时谷粒常于副护颖的下方与枝梗分离。谷粒在实质上是与枝梗脱离的小穗。

内外颖、芒和颖尖的颜色以及芒的长短是识别品种的重要标志。如颖壳、颖尖和芒的颜色，有秆黄、紫色、橘红色等。

稻谷剥去内外颖后即为米粒，也叫糙米。米粒由皮膜（又称子实皮）、胚乳和胚3部分构成。皮膜内是胚乳，主要由淀粉细胞构成，是种子发芽和幼苗生长的养料。胚乳通常为半透明体，腹部呈白色不透明的部分叫腹白，中心部分呈白色不透明处称心白。腹白和心白部位组织松脆，碾米时易碎。腹白、心白的大小与多少，与品种的遗传性和气候条件有关，优质米品种腹白、心白小而少，高温逼熟时腹白、心白多而大。胚位于米粒的基部，是种子中最重要的部分。胚由胚芽、胚轴根和子叶部分组成。如果因虫蚀或其他原因损坏了胚，或在储藏期间丧失了生活力，种子就失去了价值。

水稻在秧田生长的时期，叫作幼苗期。幼苗期的生长可分为稻种的萌发和秧苗的成长。

稻种的萌发，即萌动与发芽。具有发芽力并已破除休眠的种子，当水分、温度、氧气适宜时，便可发芽。

稻种吸水膨胀，水分达到本身重量的25%左右时便可萌动，水温高吸水快，水温低吸水慢。当吸收的水分达到本身重量的40%时，已达到饱和吸水量，最适于萌发。浸种就是为了让种子吸收水分，促使发芽整齐。

水稻种子的吸水快慢与温度关系非常密切，在适宜温度下，温度越高，吸水越快，反之则越慢。据试验测定，水温在10℃时，种子吸足水分约需90h；在30℃时，则只需40h。因此，春稻在早春低温时浸种，一般要浸3d左右；麦茬稻浸种时温度升高，浸种一般只需2d左右。要防止浸种过头，因时间过长会使胚乳中的养分外渗，种子表面发黏，养分外渗严重时会使种子死亡，轻者也使幼芽不壮。发芽的最适温度是30~32℃，这种温度下发芽整齐而健壮，上限温度为40℃，超过40℃种芽就会受到伤害；受过伤害的种芽播后不扎根，遇到低温就会烂秧。水稻催芽要求温度保持30~35℃，破胸后降至20~25℃，使其根芽齐壮。

水稻发芽需要充足的氧气，稻种在有氧气进行呼吸作用取得足够的能量才能发芽。稻种在无氧水层下亦能发芽，但不正常，往往芽长得快，根生长很慢。在缺氧或无氧条件下，种子只长芽不发根，长期缺氧时芽鞘过度伸长，十分细弱。已萌动的种子，在缺氧条件下，则进行无氧呼吸，即酒精发酵作用，将有机物质分解转化为酒精和二氧化碳。酒精对细胞有毒害作用。在催芽过程中，谷种堆放过厚，又不经常翻动，就会缺氧产生酒精味，使幼芽受抑制。

稻种发芽大致经历吸胀、破胸（露白）、发芽3个阶段。种子首先吸水膨胀，而后胚很快膨大，产生膨胀压力，挤破外颖，胚根突破种壳露出白点时，生产上称为破胸或露白。接着胚芽鞘长，与此同时，胚芽鞘内的种子根（只有 1条）伸出，在生产上把芽鞘长达到种子长度的 1/2、种子根长度与种子长相当时叫作标准的发芽（指常规育苗），在正常情况下，水稻是先长根、后长芽，相反则有芽无根。旱育苗时种子达到破胸程度即可播种。

025　水稻幼苗期生长发育及其适宜的环境条件

稻种发芽出苗时，最先是包在幼芽外面的芽鞘伸出地面，成为鞘叶，不具叶片，也没叶绿素。芽鞘伸长后，从中抽出 1 片叶来，具有叶绿素，叶片很小，只见叶鞘，叫不完全叶。当这片叶长达 1cm 左右，秧田呈现一片绿色，便称为出苗，有的地方叫"现青"。之后每隔 2~3d 长出 1 片有叶片和叶鞘的叶，叫完全叶。生产上计算水稻叶龄时从完全叶算起，新乡市的水稻品种叶片总数多数为14~17 片。到第 3 片完全叶展开时，称为"三叶期"。这时种子胚乳中养分耗尽，幼苗进入独立生活，故称为"离乳期"。

与此同时，地下部也同步生长。稻种发芽时，首先由胚根向下延伸长成种子根，种子发芽出苗时，主要靠它吸收水分和养料。当第 1 片完全叶出现后，在胚芽鞘节上开始发根，芽鞘节根一般有 5 条。首先长出 2 条，1~2d 后又在对称位置上长出 2 条，随后再长出 1 条，状如鸡爪，群众叫"鸡爪根"，秧苗生长初期立苗主要靠这种根。三叶以后，依次从不完全叶及完全叶节上长出根来，称为"节根"，它粗壮、具有通气组织。所以三叶后秧田里可以保持水层。从四叶期开始，长出叶片的节位和发根节位有一定关系，基本上是 N（叶片）对应 N−3（发根节位）。节根数量因栽培条件不同数量有较大变化，故称为"不定根"。水稻可以发根的节位通常为 7~12 节，由于地下茎节缩短，形成了水稻密集的须根系。

水稻幼苗生长适宜的环境条件，包括以下 5 个方面：

第一，温度要求。粳稻出苗最低温度 10~12℃，出苗后日均温度 20℃ 左右对于培育壮秧最有利。过高过低都不利，如低温达到 5~7℃ 时，稻苗易受冻害；若高于 42℃，幼苗的生长就完全停止。随苗龄的增加，幼苗对低温的抵抗力逐渐减弱，幼苗刚出土时，粳稻可忍受短时间−1~2℃ 的温度不致受害。但到三叶期的前后，秧床最低气温为 0℃ 以下时，就会引起冻害。育秧期遇到低温时，一般要采取灌水保护措施。采用塑料薄膜保温育苗时，要注意避免高温危害，及时通风炼苗。

第二，秧田里有充足的氧气幼苗才能正常生长。秧苗在淹水情况下生长发育不良，根少、苗弱。尤其是在三叶期之前，淹水不利培育壮苗，在育苗过程中小水勤灌，不保水层，有利培育壮苗。湿润育苗、干旱育苗都是为了培育壮苗，满足秧苗生长对氧气的要求。根系粗壮发达，并明显区别于水生根系，在根上着生很多根毛。

第三，适宜的水分要求。出苗前只需保持田间最大持水量的 40%~50%，三叶期以前土壤含水量为 70% 左右，三叶期以后土壤水分不少于 80%。

第四，光照充足，能促进秧苗生长发育。光照不足，苗体瘦弱，下位叶早枯，即使多施肥，也只能长成瘦长秧。秧田里的自然光照目前尚无法控制，只有通过调节播种量的方法来满足秧苗对光照的需求。稀播是培育壮秧的重要条件，可满足秧苗期对光照的要求。

第五，适宜的矿质营养。当幼苗长到一叶一心时，胚乳里的养分已消耗约50%，至三叶末期，土壤中有效态矿质营养元素的种类与多少，对秧苗的生长有很大的影响。首先要求要有充足的氮素供应，在一叶一心期提前施用断奶肥，拔秧前施用送嫁肥，都是增加氮素供应的措施。育苗期增施磷肥可促进根系发育，提高叶片硬度，增强抗逆抗病力。

026 水稻分蘖期生长发育及其适宜的环境条件

（1）叶的形态结构与机能

每一片水稻的完全叶都由叶片和叶鞘以及上面附属的叶耳、叶舌和叶枕构成。叶片是主要进行光合作用的地方，表皮下有大量叶绿素，由此制造的养分，通过叶脉（维管束），运送到其他部分。叶的表皮组织有气孔和运动细胞。运动细胞与维管束平行，排列很规律，水分缺乏时细胞收缩，使叶片向内侧卷曲，防止水蒸腾。叶鞘包围着茎秆，也有一定的光合能力，主要功能是把叶片制造养分暂时储存，而后运送到其他部位。叶片与叶鞘交界处有一个环痕迹，叫叶枕。叶枕内侧生有叶舌和叶耳。叶舌位于茎秆与叶鞘缝隙之间，密封叶鞘顶部，防止雨水侵入。在叶脉的末端，有气孔，当生理活动旺盛时，由此处溢水，群众叫"吐水"，这是稻苗健壮和不缺水的标志。

水稻的叶片由下而上逐渐增大，倒三叶达到最大，倒二叶、倒一叶又依次渐小。第 1~3 片叶，2~3d 出一叶，分蘖期 4~5d 出一叶，穗分化期 7~8d 出一叶。水稻的一生犹如人的年龄一样，一定的叶龄可以反映一定的发育时期，可用叶龄来表示。例如：一般品种在出生倒三叶的前后开始幼穗分化。叶龄的计算方法是：当第 1 片完全叶全部展开时，记作 1；第 2 片完全叶全部展开时，记作 2……依此类推。

（2）利用叶片进行田间苗情诊断

一是根据叶色诊断：是利用叶色的黑、黄变化，来衡量叶片的含氮多少，依此作为是否追施氮肥的依据。叶片中含氮量高、叶绿素多、叶色浓绿，简称"黑"；叶片中含氮量低、叶绿素少、叶色淡绿，简称"黄"。新乡市中粳品种都有明显的"二黄""二黑"变化，在分蘖出现"第一次黑"、孕穗期出现"第二次黑"；拔节期呈现"第一次黄"、灌浆期呈现"第二次黄"。该黑时叶片不转黑，就表示需要采取促进措施，该黄时叶片不转黄，就表示需要及时采取控制措施。

二是根据叶枕距诊断：由下一叶叶枕到上一叶叶枕的距离，叫叶枕距。一般情况下，由下而上的叶枕逐渐变大。若某一时期外界环境不良，生长受阻，叶枕距就缩短，受阻程度越大，缩短越多。生产上要根据叶枕距的变化及时采取促控措施。

三是根据叶相诊断：叶片长相分为 5 种类型：即直、挺、弯、披、垂。直：叶片直立，与茎秆的夹角小于 20°；挺：叶片上部略弯，与茎秆的夹角小于 30°；弯：叶上部下弯，与茎秆夹角大于 40°；披：由叶中部下弯，但不低于叶枕，与茎秆夹角大于 45°；垂：叶片由中下部下弯，叶尖低于叶枕，与茎秆夹角大于 60°。稻株内氮代谢旺盛，含氮量高时，叶片组织较嫩，呈下披、下垂状；相反如果叶片内缺少氮素，叶片瘦黄衰老、挺直，可由此进行是否缺氮的诊断。但不同生长发育阶段要求水稻有不同的长相。如分蘖期要求叶片含氮量最高，叶相以弯披为好；灌浆期要求叶片含氮量下降，叶相挺直才是高产长相。这和前述的叶色"二黄""二黑"变化是一致的。

（3）分蘖的形态与发生

水稻主茎基部（地下部分）有若干密集的茎节叫做分蘖节。每个节上长 1 片叶，叶腋里有 1 个腋芽，长成一个分枝，叫作分蘖。新乡市的水稻品种的茎秆一般有 14~17 个节，除最上一节，即穗下节外，每个节上都生一片叶，每片与茎秆的夹角处都有一个腋芽，在适宜条件下均可长成分蘖。越是早生的下位分蘖穗越大，穗粒数越多。

由于受营养条件的限制，不完全叶节上一般不发生分蘖，在超稀播种时也可以发生。多数是在第 4 片完全叶出生的同时，在下位第 1 片完全叶叶腋内长出第 1 个分蘖。当第 5 叶开始伸出时，即从第 2 叶的叶腋中长出第 2 个分蘖，以后依此类推。这种主茎叶片分蘖有规律地出现的现象，叫叶、蘖同伸关系，这种关系可用这样的方程式来表示：N（主茎叶片顺序）叶伸出 = N-3（分蘖生出）的叶腋中所发生分蘖的第 1 叶同时伸出。

从主茎叶腋中直接长出的分蘖叫第 1 次分蘖，由第 1 次分蘖叶腋中长出的分蘗叫第 2 次分蘗，以下为第 3 次分蘗……依此类推。N＝N－3 的叶蘗同伸关系，也适用于第 1 次分蘗与第 2 次分蘗之间，以及第 2 次分蘗与第 3 次分蘗之间的关系。

（4）分蘗期水稻生长发育的适宜条件

分蘗的生长第一是与秧苗营养状况密切相关。尤其是秧田氮素营养起主导作用。第二是与温度有关。分蘗生长最适温度为 30～32℃，低于 20℃ 或高于 37℃ 对分蘗生长不利，16℃ 以下分蘗停止生长发育。第三是与光照有关。返青后 3d 开始分蘗，给自然光照的 50% 时，13d 开始分蘗，当光强降至自然光照强度的 5% 时，分蘗几乎不能发生。第四是与水分有关。分蘗发生时需充足的水分。在缺水或水分不足时，分蘗会干枯致死，俗话说"黄秧搁一搁，到老不发作"就是这个道理。新乡市稻农的经验说法更是浅显明白："晾干是自杀，深水如结扎，浅水勤灌促苗发"。第五是插秧深度。水稻分蘗节多处于地表以下 3～4cm 的地方，所以插秧深度 3～4cm 为宜。新乡市稻农"浅插如做梦，深插如活埋"的说法符合科学道理。

此外，分蘗多少和生长好坏，还和品种分蘗力特性、插植早晚、秧苗秧龄等有关。早插、浅插有利于促进分蘗。

能够最终抽穗结实正常成熟的分蘗，叫有效分蘗，最终不能抽穗结实或正常成熟的分蘗，叫无效分蘗。全田有 10% 的幼苗出现分蘗时，称为分蘗始期。分蘗增加最快时，称为分蘗盛期。全田分蘗数（总茎数）与最后成穗数相等时，称为有效分蘗终止期，以后称为无效分蘗期。全田分蘗数达最多时，称为最高分蘗期。

水稻的前 3 片叶在分蘗前出生，最后 3 片叶在长穗期长出，其余的叶片都是在分蘗期生长。水稻主茎叶的多少，不同品种叶片数不同，一般早熟品种主茎有 12～13 片叶，中熟品种有 14～15 片叶，晚熟品种有 16～19 片叶。分蘗前 3 片叶的生长，每 3d 左右长出 1 片叶。分蘗期叶片的生长，每 5d 长 1 片叶。拔节以后叶片的生长，每 7～9d 长 1 片叶。叶片大小、长短不同，中熟品种以倒 4 叶最长，早熟品种以倒 3 叶最长。叶片寿命长短有差别，最早的 1～3 叶，寿命仅有 10～20d，以后随叶位上升，寿命逐渐增长，剑叶寿命最长，可达 50~60d。

分蘗期也是根生长的主要时期，凡是从茎节上长出的根，称为第一次根，第一次根上长出的分枝根，称为第二次分枝根，以后还可以长出第三、第四次分枝根。水稻所有的节都有发根能力，随叶片的出生，一节一节地向上发根。一般发根和出叶相差 3 个节位，分枝根的发生，又依次递减一个节位。水稻的根有通气组织，这种通气组织和茎叶中类似组织相通连，成为地上部向根输送氧气的途径，使水稻在淹水缺氧情况下仍能生长。

（5）提高分蘖成穗的途径

①培育壮秧：壮秧的干物质重量高，发根力强，插秧后返青快，返青期可提早 2~3d，分蘖也相应提早发生。因此，壮秧的有效分蘖率高。

②适时早栽：早栽可延长营养生长期，使有效分蘖期拉长，有利于产生更多的有效分蘖。沿黄稻区的有效分蘖终期多在 6 月 25 日前后，如 6 月 10 日插秧的，有效分蘖期就有 15d 左右，越是晚插的，有效分蘖期越短，有效分蘖也就越少。一般 6 月底或进入 7 月插秧的晚播田，就不能产生有效分蘖，只能靠增加每穴插秧苗数来保证收获穗数，也就是说只能靠主茎成穗。

③浅栽：浅栽可使本田初期生长旺盛，分蘖发生早而多，因此有效分蘖多。生产实践中看到，浅插 3cm 左右，一般都能早生快发。栽深超过 6cm 以上的，分蘖明显迟并减少，甚至不能发生分蘖。目前各地正在推广的盘育抛栽技术，是浅栽促蘖的好方法。

④提高植株的矿质营养浓度：分蘖的生长发育，与稻体内的营养浓度关系密切，当叶片的含氮量 5%、含磷量 0.2%、含钾量 1.5% 时，分蘖速度最快。当叶片含氮量少于 2%、含磷量少于 0.03%、含钾量少于 0.5% 时，分蘖减少甚至不能发生。因此，通过合理施肥提高植株的养分浓度，是增加有效分蘖的有效途径。

⑤应用化学调控技术：在秧田稀播情况下，秧苗一叶一心前喷洒多效唑溶液有利于促蘖壮根，一般可使秧苗多生 1~2 个大分蘖，这些分蘖插秧后都能成穗。在插秧后活棵期也可以使用多效唑，促分蘖早生快发。

⑥改善田间光照条件，延迟封垄：若过早封垄，光照不足，主茎就无法供应分蘖养分，是中后期分蘖大量死亡的主要原因。推广宽行窄株合理密植、旱育稀植等，都是改善田间光照条件、提高分蘖成穗的有效措施。

027　水稻穗期（拔节至抽穗）生长发育及适宜环境条件

水稻生长发育到分蘖末期，便开始茎秆节间的伸长（拔节）和幼穗分化，直到节间伸长完毕，幼穗长至出穗为止，称为长穗期。这一时期营养生长和生殖生长同时并进，一方面完成根、茎、叶等营养器官的生长发育，同时幼穗分化发育，形成生殖器官。新乡市一般在 7 月下旬至 8 月下旬这段时间。

（1）根茎叶成长

根系：根体的构造（横切面）可分为表皮、皮层和中柱 3 部分。表皮在最外部。皮层在根的外部，由辐射状排列的皮层细胞构成。当幼苗长至三叶期后，这些细胞先后解体并死亡，形成水稻所特有的通气组织——气腔，水稻就是由此通过地上部的通气组织，向根部输送氧气。中柱在根的中央，中柱的中心有导管，其间并有数束筛管。导管是将根部吸收来的水分、养分向上运输的通道，筛管是地上部分光合产物向根部运输的通道。

在良好的栽培条件下，一个主茎可生根200条左右。在生产实践上，实际发根数没那么多。根的发生以拔节为转折点，拔节期过后很少再发新根，但仍继续伸长，从原来的向横向扩展转入向下延伸，到抽穗期根的分布成为倒卵形，总根量达最高峰。

根的发育与环境因素密切相关，根系生长发育最适宜的土壤温度为28～30℃。若超过35℃，则生长受阻，衰老加速；若土壤温度低于15℃，根生长及活动能力大大减弱；若低于10℃时，停止生长。另外，在高温条件下根的呼吸作用增强，土壤中的还原物质加速积累，危害根的生长。低温条件会影响根的吸收机能，导致生理缺素。

土壤通气性的好坏对根系发育同样影响很大。水稻虽有特殊的通气组织，但水稻的根系发育仍有较强的旱生特性，常说的"湿长芽、干长根"，就是根的旱生特性的表现。水稻旱种、旱育，由于氧气供应充足，根系都特别发达，并产生大量的根毛，这在保水层的稻田里是看不到的。根的生长需要最多的是氮、磷、钾3种营养元素。氮可使根数增多，氮肥过多时会抑制根系生育，甚至导致生理毒害。

茎秆：拔节后，地上部的几个节间伸长，成为明显的可见茎秆。水稻茎秆呈圆筒形，由节和节间组成。在茎节上着生叶、蘖和根。节间中空，内部有一个大的髓腔。茎的基部节间不伸长，生长在地表以下。地上伸长节间多数为5个，由下而上，逐渐延长，以最上部节间最长，称为穗颈节间。茎的主要功能是支持稻体直立，将地下吸收的水分、养分送到叶片进行光合作用，把叶片制造的养分运送到其他部位供其生长发育，还兼以储藏养分，必要时再向外输送。

当水稻最后一个叶片原基分化停止时，叶片和茎节数都已确定，这时水稻的生长就由以叶、节生长为中心的营养生长转为以穗分化为中心的生殖生长，从形态特征上看，节间开始伸长，就是拔节。一般晚稻是先拔节后进行幼穗分化，早稻则先幼穗分化而后拔节，中稻品种是拔节与幼穗分化同时进行。新乡市的水稻品种多是拔节与幼穗分化同时进行。

壮秆是抗倒、丰产的基础，要运用综合措施实现茎秆健壮。

①施肥要注意氮、磷、钾肥的合理搭配。同时，硅肥可使茎秆的硬度增强，有明显防倒作用。

②做到科学灌水。水层过深，无氧呼吸增强，大量消耗茎秆中的木质素和纤维素，茎秆变细，秆壁变薄，过度伸长，变得细弱，硬度减少。

③要合理密植。实质是群体受光问题，尤其中后期的受光更为重要，光照充足，茎秆健壮。

④在秧田期和活棵期施用多效唑可以缩短节间长度，使茎秆粗壮。一般可使株高降低5~10cm，抗倒能力明显增强。

叶片：拔节之后叶片由5d左右长1叶，变为每隔7~9d才长1叶；穗期叶的寿命延长至40d以上。上层叶主要向生长中心幼穗输送养分，下层叶制造的养分主要供节间和根系生长。叶面积和群体要适宜，如过早封行，会影响茎秆、节间粗壮，根系早衰，结实不好；封行过晚，叶面积过小，养分制造少，积累得少，会影响壮秆大穗。一般以掌握剑叶露尖封行比较合适。

（2）幼穗分化发育

水稻穗属圆锥花序，一个稻穗由穗颈节、主梗（又叫穗轴）、一次枝梗、二次枝梗和小穗5部分组成。穗子下一个节，称穗颈节。主梗由穗颈节向上延伸，贯穿整个穗部。在主梗上可发生分枝，叫一次枝梗；一次枝梗上长出的分枝，叫二次枝梗。枝梗上着生很多稻粒，每个稻粒就是一个小穗，每个小穗只有一朵颖花。枝梗一般为互生，但也有少数2~3条一次枝梗着生在一起的现象，这是生育条件良好的表现。枝梗基部有一辅助器官，是退化的变形叶，叫苞叶。

幼穗分化是一个连续的生长生育过程，但为了科研描述应用方便，将其划分为8个时期。

①第一苞原基分化期：茎顶端生长点剑叶原基分化后，在其上方分化出第1苞原基。第一苞原基的分化出现，说明原始的穗颈节已分化形成，因此也叫穗颈节分化期，是营养生长转入生殖生长的起点。从此新的茎、叶不再分化产生。

②一次枝梗原基分化期：继第一苞原基分化后，在苞腋中形成小凸起，即一次枝梗原基。它的分化顺序是由下而上，但发育顺序是由上而下，即最迟分化的上部枝梗发育最快。

③二次枝梗原基及颖花原基分化期：穗轴顶端生长点停止发育，最上位的一次枝梗原基生长最快，在其下部开始出现两排新的凸起，这就是二次枝梗及颖花原基。颖花的分化顺序总的是由上到下，但在每条一次枝梗及二次枝梗上，则是顶端颖花先分化，接着最下位的颖花分化，而后再顺次向上，如1→6→5→4→3→2的分化顺序。此时，幼穗长1.5mm左右。

④雌雄蕊形成期：幼穗最上部的颖花原基周围同时产生6个小凸起，即开始进入雌雄蕊分化期。而后颖花进一步发育，内外颖伸长合拢，包住雌雄蕊，再后是雌雄蕊形成期。此时幼穗长度5mm左右。

⑤花粉母细胞形成期：颖花及花药长度增加，在花药中出现花粉囊及花粉细胞。幼穗外观已具籽粒雏形。此时幼穗长1.5~4cm。

⑥花粉母细胞减数分裂期：幼穗体积迅速增大，长度达最终穗长的 70%，颖花长度达最后粒长的 80%。此时需消耗大量养分，对外界条件非常敏感，遇到不良环境，会使颖花退化，粒数减少。此期花粉母细胞连续经历两次减数分裂，最终形成四分体，细胞核内的染色体数目减半，幼穗长度一般为 5~10cm。

⑦花粉充实期：花粉壳开始形成，花粉粒被大量的营养物质充实，体积增大，由不规则形变为圆形，颖花接近定长，稻株开始孕穗鼓肚。

⑧花粉完熟期：花粉充实完毕，变成浅黄色，颖壳内形成大量叶绿素，花丝开始伸长。至此幼穗分化全部完成，穗达定长，开始抽穗开花。

幼穗分化约在抽穗前 35d 开始，抽穗前 3d 左右结束，共历时 30d 左右。每期经历 2~5d。幼穗分化前半段决定每穗总粒数的多少，后半段决定颖花退化与否及颖壳即籽粒的大小，是影响粒数与粒重的关键期。

也有将水稻幼穗分化过程简单地分为 4 个时期：一是枝梗分化期。包括第一苞原基分化、一次枝梗分化和二次枝梗分化 3 个时期。二是小穗分化期。包括小穗原基分化和雌雄蕊形成两个时期。三是减数分裂期。包括花粉母细胞形成和花粉母细胞减数分裂两个时期。四是花粉充实完成期。

幼穗发育适宜条件：

一是适宜的温度。幼穗发育的临界低温为 18℃，最适温度范围是日温 25~30℃，夜温 20~25℃。幼穗分化的高温界限为 40℃，高温会引起颖花大量退化和不育。

二是适宜的光照。日照越充足，对幼穗的分化越有利。若封行过早、群体郁闭，或者长期阴雨、大树遮阴等，都会使幼穗发育不良，造成小花退化及不育粒大量增加。

三是适宜的水分。幼穗分化期处高温季节，叶面蒸腾量大，是水稻一生中生理需水最多的时期，因此不能缺水。尤以减数分裂期最为敏感，这时土壤缺水，则颖花不孕和退化严重。相反若长期深水灌溉，也会导致幼穗发育不良，使穗头变小。生产上以浅水勤灌为宜。

四是要有适宜的营养。幼穗发育期间需要较多的氮、磷、钾等矿质营养，正确地施用穗肥，是确保幼穗健壮发育的有效措施。

028　水稻结实期（抽穗至成熟）生长发育及适宜环境条件

水稻从出穗到成熟的过程叫结实期，生产上也常称灌浆期。这一过程约 30~55d，不同品种有所差异。

（1）抽穗开花受精

水稻幼穗自剑叶叶鞘中伸出 1cm 叫抽穗。稻株的抽穗次序，通常是主茎上的主穗先抽出，然后按分蘖发生的先后依次抽出分蘖穗。一个穗全部抽出约需 3~5d。全田有 10% 的稻株抽出叶鞘一半时，为始穗期；有 50% 的植株出穗，为抽穗期；有 80% 出穗时，为齐穗期。从始穗到齐穗的时间需经历 5~7d。从始穗期到齐穗期经历时间长短，可作为判别抽穗整齐度的标志。一般情况下，历时较短时，说明外界条件良好、稻株生长健壮、品种优良，有较大希望夺取高产。在外界条件良好时，当日抽穗就可开花；条件不良时，有时会推迟到抽穗后第 2 天、第 3 天或更晚开花。

抽穗后当天或次日就陆续开花，全穗开花过程需要 5~7d，粳稻次日开花最多。开花的顺序和小穗发育的顺序相同，由上向下进行，主茎穗先开，然后是一级分蘖、二级分蘖……依次开花。但就每个枝梗来说，大体和前述的颖花分化顺序是一致的，即最尖端的颖花先开，然后沿基部向上开，最后开放的是顶端向下第 2 朵花，此花称弱势花，在营养等条件不良时，很易形成空壳。

一朵颖花开放需经历开颖、抽丝、散粉、闭颖等过程，其间需经历 1h 左右，环境条件越好历时越短。一般情况下每天上午 9:00~10:00 开花，11:00~12:00 最盛，14:00~15:00 停止，中午 12:00 前后开花最多。开花授粉后 2~7min 花粉发芽，伸出花粉管，沿柱头进入子房，约 30min 到达胚珠，钻进珠孔，进入胚囊，花粉管先端破裂，放出两个雄核，一个雄核与两个极核融合形成一个大核，即胚乳原核；一个雄核进入卵细胞内，进行受精，受精卵将来发育成胚。一般开花后 5~10h 完成受精过程。

影响开花的外界条件主要是温湿度。最适温度为 28~32℃，最高温度为 40℃；通常低于 20℃ 不能开花，只能闭颖授粉。开花对空气湿度的适应范围较大，空气相对湿度 75%~95% 都能正常开花；低于 60% 时空壳增加；湿度过高，如雨天不开花，只能闭花授粉，会影响结实率。

（2）灌浆结实

灌浆结实期包括籽粒形成期和籽粒灌浆期。籽粒形成期是子房受精后第 1 天就开始伸长，在开花后第 6~7d，米粒即可达最大长度，以后转为增宽增厚。此时胚的各器官也大体完成，开始具有发芽能力，此后开始籽粒灌浆充实。开花后约 15d 籽粒达最大宽度，开花后 20~25d 厚度固定，但内容物继续灌浆充实。籽粒在稻穗上所处的位置不同，灌浆的快慢、成熟的早迟有一定差异。如先开的强势花在抽穗后 25d 左右，籽粒千粒重达最大值，而弱势花在抽穗后 35d 左右才达最大值。

籽粒灌浆期又可分为乳熟期、蜡熟期、完熟期。一般开花 3~7d 进入乳熟期，这时籽粒中有淀粉沉积呈白色乳液。此后白色乳液逐渐变浓，直至呈硬块"蜡状"，谷壳变黄，茎叶由绿转黄，称为蜡熟期。在蜡熟后约 7~8d 含水量进一步降低，籽粒变坚硬，背部绿色退去呈白色，称为完熟期。这时水稻发育完全结束，籽粒失水硬化，变成透明实状，就可以收获。籽粒灌浆速率一般为：开花后8~10d，籽粒达最大厚度；籽粒鲜重开花后 10d 内增长最快；开花后 25~28d 籽粒鲜重达最大值；开花后 15~20d 是籽粒千粒重增加的高峰期，千粒重在开花后25~45d 达最大值。完熟期之后，护颖和枝梗干枯甚至断裂，植株枯熟，收割时易造成落粒损失产量。

影响灌浆的环境条件：适宜的温度，日均气温 21~26℃、昼夜温差大，最适于粳稻灌浆，日平均温度低于 20℃，或高于 35℃，对灌浆不利，会出现大量空秕粒、青粒；光照充足，同化产物多；土壤通透性好，水分适宜，根系活力强，灌浆强度大；土壤不脱肥，叶片不早衰，延长灌浆时间，籽粒饱满；没有病虫为害，有利于强化灌浆。

029　水稻"三性"指的是什么

水稻"三性"是指水稻的感温性、感光性和基本营养生长性。是决定水稻抽穗期和生育期长短的关键因素。了解水稻"三性"对区域性水稻品种选择、建立合理的稻作制度和育秧等有重要的指导意义。

（1）水稻的感温性

水稻品种受温度影响而改变发育速度。在适宜水稻生长的温度范围内，高温会使其生育期缩短，低温则使生育期延迟，这种因温度高低而使生育期发生变化的特性，叫品种的感温性。感温性强的品种，随着温度增高而发育加速，提早开花、结籽、成熟，生育期缩短。反之则生育期延迟。一般可在纬度、播期、日长相近而温度或海拔相差大的两地鉴定水稻品种的感温性。一般情况下，早、中、晚稻的感温性，晚稻最强、早稻次之，中稻较弱。一般越是高纬度地带的品种，感温性愈强；低纬度地带的早稻品种，感温性较强。

（2）水稻的感光性

水稻的感光性是对日长的反应特性，即受日长影响而改变其发育速度的特性。在适于水稻生长的温度范围内，短日照（白昼较短）可使生育期缩短，长日照（白昼较长）可使生育期延长，这种因光照长短而使生育期发生变化的特性叫品种的感光性。感光性强的品种，延长每日光照时间，水稻的生长和发育会加快。反之，则会延缓。水稻幼穗开始分化和抽穗期对日长反应最为敏感，因此应该在这两个时期来鉴定水稻的感光性。原产低纬度地区的品种感光性强，高纬度地区的品种感光性弱；越是晚熟的晚稻品种感光性越强，早稻品种感光性弱；海拔越高地区的品种，感光性越弱。

（3）基本营养生长性

又叫短日高温生育性或短日高温生育期。指水稻从播种到生殖生长所需要的最少的营养生长期。水稻在高温和短日照条件下，可使营养生长期缩短，但不管给多少短日照和高温，水稻还必须经过一段营养生长期才能开始幼穗分化，这个不受高温和短日照的影响，所保持的最短营养生长期，就叫水稻的基本营养生长性，用天数（d）表示。一般情况下，早稻、晚稻的基本营养生长性较弱，中稻较强。水稻是喜温、短日性作物，在短日高温条件下生长发育加快，缩短了播种到抽穗的天数。反之，则抽穗期延迟。基本营养生长性与水稻成熟期关系密切，对水稻抽穗期的影响仅次于感光性的影响。

新乡市的水稻一般在6月中下旬插秧，与6月21日前后的夏至基本同步。夏至后，温度逐渐升高，日照长度日渐缩短，当地有民谚"吃了夏至饭，一天短一线"，正好表明了新乡市水稻的喜温、短日性。

（4）水稻"三性"的应用

一是栽培上的应用。早稻品种生育期短，感温性强，如果迟播，由于气温较高，生育期会大大缩短，营养生长量不足，易出现早穗小穗，所以尽可能早播、早栽，用较短秧龄，严防超龄秧苗，并适当增加基本苗，还要早施肥早管理，促使早生快发。若秧龄过长，在秧床上即满足积温需求，造成早熟、穗小。

感光性强的晚稻品种，在热量得到满足的情况下，出穗期较稳定，早播并不早熟，生育期较长，品种增产潜力大。

二是在引种上的应用。如纬度越高地方的品种，感温性越强，若引向纬度较低的地方，由于受高温的影响，生育期大幅度缩短，往往由于生育期太短，不能种植，或者因营养体过度变小，严重减产而不适宜种植。河南沿黄稻区从东北三省引入水稻品种种植，生育期由原产地的130~150d，缩短至110~120d，一般由于生育期太短不能利用。同时，丰产性也大大降低。1956年华南某些省份由于不了解品种的感温性，引进当时东北推广的早粳良种青森5号大面积种植，致使营养体过度变小，形成早熟小穗，大幅度减产，这就是当时震惊全国的"青森5号事件"。

南种北引：常因日照延长，温度降低，而延长生育期，多数晚稻品种则因抽穗太迟而不能结实，甚至不抽穗。因此水稻品种由南向北引，要选用早熟或中熟的早稻品种，即对日照长度不敏感，对温度适应范围宽的品种。

北种南引：遇到短日高温环境，生育期大大缩短，植株高度降低，穗子变短，粒数减少，千粒重降低，严重影响产量。如引种晚熟品种，并运用早播早插，加大密度等适宜技术，亦能获得高产。如新乡市从东北引种的秀优 57、黎优 57 等就获得了成功。

不同海拔间引种：从低海拔移至高海拔，生育期都会延长，因此，由低海拔到高海拔尽量选用早熟品种，由高海拔到低海拔尽量选用晚熟品种。

纬度和海拔大致相似地区间的引种：因光温条件大致相同，所以引种后生育期和有关性状变异较小，容易成功。

030 什么是水稻的光周期反应

水稻起源于热带，由于受系统发育条件的影响，其一生都要求较高的温度，不像小麦那样存在有春化阶段。在萌动期和幼苗期不要求特殊的春化温度条件。在水稻的一生中，有明显的从营养生长向生殖生长的转换，决定这种转换的因素是光周期反应。

一天内，按照日出与日落的间隔时间而确定的日照长度，叫作光周期。植物对光周期的反应叫光周期现象。水稻是短日照作物，在经历一定的短光周期条件下，才能由营养生长转向生殖生长。幼小的稻株对光周期反应不敏感，在此阶段不会受短光周期的影响而进入幼穗分化，这个阶段叫作基本营养生长期。就目前研究结果看，水稻的基本营养生长期为 10~60d，品种间有一定的差异。在基本营养生长期之后，稻株进入光周期敏感期，这一时期中，短日照可激发颖花分化。光周期不敏感品种的光周期敏感期在 30d 以内，而光周期敏感品种的这一时期在 31d 以上。每个品种都存在有最适光周期和临界光周期，最适光周期是指诱导稻株分化抽穗的最短日长。多数品种的最适光周期是 9~10h，长或短都使稻株分化抽穗延迟，延迟程度取决于品种的敏感性。临界光周期是指能使稻株进入幼穗分化和抽穗的最长光周期，若超过这一光周期稻株就不能进入幼穗分化和抽穗。大部分品种的临界光周期是 12~14h。许多品种在长日照条件下种植，会长期处于营养生长时期，如晚粳"老来青"在连续光照下生长 2 年，稻茎生长点未分化幼穗，日本有水稻品种在连续光照下生长 4 年，未分化抽穗的记录。

水稻的光周期反应是建立在一定热量水平的基础上的，光周期反应只有在适宜的温度条件下，才能顺利进行。

031 水稻"三系"及杂交水稻的概念

（1）杂交水稻

即选用两个或两个以上在遗传上有一定差异，同时它们的优良性状又能互补的水稻品种（品系），进行杂交，生产具有杂种优势（长势、株度、产量、抗逆性等显著超越两个亲本）的第一代杂交种，用于生产。

杂种优势是生物界的普遍现象，利用杂种优势来提高农作物的产量和品质是现代农业科学的主要成就之一。水稻具有明显的杂种优势现象，主要表现在生长旺盛，根系发达，穗大粒多，抗逆性强等方面，因此，利用水稻的杂种优势以大幅度提高水稻产量一直是育种家梦寐以求的愿望。20世纪30年代，异花授粉作物玉米利用杂交优势获得成功；50年代常异花作物高粱利用杂交优势获得成功。但是，水稻属自花授粉植物，雌雄蕊着生在同一朵颖花里，由于颖花很小，而且每朵花只结一粒种子，因此很难用人工去雄杂交的方法来生产大量的第一代杂交种子，所以长期以来水稻的杂种优势未能得到应用。

（2）水稻"三系"

水稻"三系"是指利用水稻雄性不育系、水稻雄性不育保持系、水稻雄性不育恢复系生产杂交水稻种子的三个水稻特质类型。早在1968年日本科学家实现了"三系"配套，但杂交优势不是很明显。我国杂交稻研究始于1964年，湖南省黔阳农校教师袁隆平开始水稻杂种优势利用研究，1970年袁隆平的助手李必湖发现了野生稻雄性不育株的保持系，1972年袁隆平和江西省萍乡市农科所颜龙安等育成了第一批不育系和保持系，1973年广西农学院张先成筛选出一批雄性不育的恢复系。至此，我国利用三系配套技术生产水稻杂交种宣告成功。期间，由中国农业科学院、湖南省农业科学院牵头组织了水稻杂种优势利用研究全国重点项目协作攻关。1980年中国杂交稻技术（第一项技术）转让给美国，对世界农业科技产生了很大影响。

①水稻雄性不育系。是一种雄性退化（主要是花粉退化）但雌蕊正常的"母"水稻（母本），由于花粉无活力，不能自花授粉结实，只有依靠外来花粉才能受精结实。因此，借助这种"母"水稻作为遗传工具，就能够大量生产杂交水稻种子。

②水稻雄性不育保持系。是一种正常的水稻品种，它的特殊功能是用它的花粉授给不育系后，所产生后代，仍然是雄性不育的。因此，借助保持系，水稻不育系就能一代一代地繁殖下去。

③水稻雄性不育恢复系。是一种正常的水稻品种，它的特殊功能是用它的花粉授给不育系所产生的杂交种雄性恢复正常，能自交结实，如果该杂交种有优势的话，就可用于生产。

（3）三系杂交水稻

是指雄性不育系、保持系和恢复系三系配套育种，不育系为生产大量杂交种子提供了可能性，借助保持系来繁殖不育系，用恢复系给不育系授粉来生产雄性

31

恢复且有优势的杂交稻。

三系杂交稻制种原理：

水稻是自花授粉作物，对配制杂交种子不利。用人工方法在数以万计的水稻花朵上进行去雄授粉的话，工作量极大，不可能解决生产的大量用种。因此，研究培育出一种水稻做母本，这种母本有特殊的个性，它的雄蕊瘦小退化，花药干瘪畸形。靠自己的花粉不能受精结籽。

为了不使母本断绝后代，要给它找两个"对象"，这两个对象的特点各不相同：第一个对象外表极像母本，但有健全的花粉和发达的柱头，用它的花粉授给母本后，生产出来的是女儿。长得和母亲一模一样，性能相似，也是雄蕊瘦小退化，花药干瘪畸形、没有生育能力的母本。

另一个对象外表与母本截然不同，一般要比母本高大，也有健全的花粉和发达的柱头，用它的花粉授给母本后，生产出来的是"儿子"，长得比父、母亲都要健壮，这就是杂交水稻。一个母本和它的两个对象，母本叫不育系，两个对象，一个叫保持系，另一个叫恢复系，简称"三系"。

"三系"配套高效配制杂交水稻种：

生产上要种一块繁殖田和一块制种田，繁殖田种植不育系和保持系，当它们都开花的时候，保持系花粉借助风力传送给不育系，不育系得到正常花粉结实，产生的后代仍然是不育系，达到繁殖不育系目的。可以将繁殖来的不育系种子，保留一部分来年继续繁殖，另一部分则同恢复系制种。当制种田的不育系和恢复系都开花的时候，恢复系的花粉传送给不育系，不育系产生的后代，就是提供大田种植的杂交稻种。由于保持系和恢复系本身的雌雄蕊都正常，各自进行自花授粉，所以各自结出的种子仍然是保持系和恢复系的后代。

032　水稻抗旱性怎样鉴定

水资源日趋紧张的趋势是世界性的，尤其对华北地区干旱缺水的情况，发展节水水稻技术意义重大，干旱还直接影响水稻的产量、品质以及水稻种植面积。怎样了解和运用水稻抗旱性是未来农学家应当高度关注的课题。虽然目前对水稻抗旱性的认识和研究，都还处在一个粗浅的初级阶段，但国内已有不少专家开始研究和探讨。

辽宁省农业科学院张燕之等研究认为：多个农艺性状可以反映水稻的抗旱性，水稻旱作时株高下降、穗长下降、千粒重下降、结实率下降、抽穗日期延迟，与分蘖数关系不大。旱作水稻产量关系最密切、影响最大最直接的是结实率（表2-1）。在工作实践中也最简便、直观，易于应用。

表 2-1　水稻旱作时 5 个主要农艺性状与产量通径分析

农艺性状	相关系数	关联度位次	直接通径	间接通径
株高	0.439 0	2	0.150 0	0.288 9
穗长	0.054 9	5	0.178 0	0.233 5
分蘖数	0.122 3	4	0.100 7	0.021 6
结实率	0.847 4[***]	1	0.752 2[**]	0.095 2
千粒重	0.373 1	3	0.146 7	0.226 3

$R_{0.05} = 0.497$　　　$R_{0.01} = 0.623$

　　江西省水稻生理及遗传重点实验室胡标林、李名迪等报告：众多学者研究认为，选择相关性好的鉴定指标是水稻抗旱性鉴定的关键。形态指标如：根系发达（根系、根干重、根长、根冠比等），叶片形态（叶片大小、茸毛、蜡质、角质层、气孔开度，叶片卷叶度等），穗部性状（每亩穗数，每穗实粒数、穗茎粗、剑叶长、倒二节间长、谷粒宽等）；生理生化指标如：叶片水势、叶片相对含水量、导电率、细胞质膜透性、硝酸还原酶活性、可溶性蛋白质含量等；生长发育指标如：生长速率、干物质积累速率、出叶数等；产量指标如：亩产量、耗水系数等。

　　根据各种鉴定指标，可采用"级别法""分值法"等具体方法对不同水稻品种作出相对的抗旱性评估。

　　"级别法"：把每个鉴定指标所测数据分为 5 个级别，把一个品种的各项指标的级别累加，得到该品种的抗旱总级别，总级别高的品种，即抗旱性强。

　　"分值法"：把每个抗旱指标转化成定量数据表示，再根据每项指标的变异系数确定每项指标参与综合抗旱性评价的权重系数矩阵，经过权重分析得出综合评价值，评价值高的品种抗旱性强。

　　2015 年农业部种植业管理司组织专家制定《节水抗旱稻抗旱性鉴定技术规范》（NY/T2863—2015）作为行业标准发布，为鉴定水稻抗旱性提供了基础参考。标准将水稻抗旱性规定为 5 级（表 2-2），水稻的抗旱性要通过试验获得。

　　总之，随着水资源的日益紧张，水稻抗旱性评价应当列入水稻栽培技术的重要内容，将其提升到与抗病性一样的高度来对待，对发展节约型、环保型农业意义深远。水稻科技工作者可根据本地具体情况，在实践中检验、探索、运用。

表 2-2　水稻抗旱特性等级划分标准（NY/T2863—2015）

抗旱级别	抗旱指数	抗旱性评价（简写）
1	≥1.3	高抗（HR）
2	0.90~1.3	抗（R）
3	0.70~0.89	中抗（MR）
4	0.35~0.69	旱敏感（MS）
5	≤0.35	高度旱敏感（S）

注：抗旱指数计算公式　抗旱指数（DHI）=（X_1/CK_1）/（X_2/CK_2）

X_1 ——水分胁迫条件下参试品种产量；

X_2 ——常规水分条件下参试品种产量；

CK_1——水分胁迫条件下已知抗旱品种产量；

CK_2——常规水分条件下已知抗旱品种产量。

033　水稻的光合作用

光合作用（也叫同化作用），就是水稻体内的叶绿素，利用太阳光的能量，将吸收来的水分和二氧化碳合成有机物的过程。这个过程可用下面的化学反应式来表示：

$$6CO_2+12H_2O\rightarrow C_6H_{12}O_6+6H_2O+6O_2\uparrow$$

水稻的光合作用是水稻高产生理基础。水稻植株的干重有10%~15%来自土壤肥料，85%~90%来自光合作用。

水稻的叶片是光合作用的主要器官，叶片中的叶绿体是光合作用的场所，当水稻叶片或其他部分具有完整的叶绿体结构、且含有一定数量的叶绿素时，就可以接受光能，通过C_3途径同化CO_2，制造碳水化合物。因为，环境中的CO_2进入叶绿体后，在酶的作用下，生成含有3个碳原子的3-磷酸甘油酸，最终生成碳水化合物，水稻被称为C_3植物。

不同水稻品种光合强度有明显差异，培育高光合强度的水稻品种是获得水稻高产的有效途径；在不同生育时期水稻的光合强度是不同的，一般情况下，分蘖盛期和孕穗期的光合作用能力最强；水稻整株的绿色部分均能进行光合作用。有研究报道，乳熟期的光合能力测定，叶片同化CO_2的量占整株的93.6%、叶鞘与茎秆占4.3%、穗占2.1%。倒一叶即剑叶的光合强度最高；同位叶片的叶片厚度，与光合强度成正相关。有研究报道，亩产500kg的水稻产量水平，光能利用率仅为1%左右；专家预测，水稻群体光能利用率可以达到4.3%左右，相应的水稻亩产量为1 500kg左右。

影响水稻光合作用的因素有以下几个方面：

①光照。水稻的光合作用随光照强度的增加而加快，在一定光强范围内，水稻的光合强度随着光照强度的增加而增加，但达到一定强度时，光合速度不再增加，这时的光照强度即称为光饱和点。水稻单株的饱和点为 4 万~5 万 lx，等于晴天中午光照强度 10 万~20 万 lx 的 40%~50%。但水稻群体的光饱和点远大于此，如从移栽后到分蘖高峰期的光饱和点在 8 万 lx 左右。尤其是从抽穗前后到乳熟期，其群体的光饱和点在晴天中午可达 10 万 lx。光补偿点是光合产物的收支平衡点，水稻处于光补偿点的时间越长，对正常生长极为不利。

②温度。温度对水稻光合作用的影响，与光照强度有关。在光照充足时，温度在 18~34℃ 范围内，温度的高低对其光合量影响甚微。一般认为，低于 18℃ 或高于 35℃ 对水稻的光合作用均明显不利。

③水分。水是光合作用的原料，水分不足气孔不开，CO_2 进入困难，使光合作用难以进行。同时水分不足又妨碍无机盐的运输和有机物的合成，因此适宜充足的水分，有利于光合作用加强。

④ CO_2。环境中有充分的 CO_2 有利于光合作用，水稻同化大气中的 CO_2，也通过根系吸收 CO_2。因此，合理的群体结构和通透性好的土壤对加强光合作用都是必要的。

⑤养分。叶片中足够的氮磷钾等营养元素及其合理的配比，是光合作用不可缺少的。氮、镁、铁、锰等是合成叶绿素必需的成分，钾、磷等参加碳水化合物的代谢。这些元素缺乏都会导致光合作用下降，其中以氮肥的作用最为明显。

根据以上原理，提高水稻群体光能利用率是获得高产的基本途径，主要包括品种的选用及合理的栽培技术。

①选择高光效株型的水稻品种。如茎秆矮而坚挺，根系发达，抗倒伏；叶片短、直、厚，开张角小；分蘖力中等、分蘖密集；叶鞘发达，茎秆粗壮。

②选择生理上高光效的水稻品种。如后期根系活力较强；CO_2 进入叶绿体阻力较小；呼吸和光呼吸强度较低；代谢稳定，抗高低温等抗逆性强。

③适宜的配套高产栽培技术（略）。

034　水稻的呼吸作用

水稻植株从体外吸收氧气，通过酶使体内的有机物氧化而放出能量，将二氧化碳和水排出体外，这种过程即称为水稻的呼吸作用。可用下面的反应式表示：

$$C_6H_{12}O_6 + 6O_2 \longrightarrow 6CO_2 + 6H_2O + 能量$$

呼吸作用的重要意义在于，供给稻株和各种生命活动所需的全部能量。此外，组成植株的物质糖类、脂肪、蛋白质以及酶、维生素、激素、各种色素等，其合成与转化都与呼吸作用有关，这些物质的合成，多由呼吸作用的中间产物提供原料。不过对于呼吸强度而言，不是在水稻生命的全过程都是越强越好。例如，正在旺盛生长的稻株，必须保持较强的呼吸强度才能正常生长。而处在灌浆期的水稻就需要在夜间降低呼吸强度，增加物质积累，才有利于提高产量。储藏的种子也需降低呼吸强度，使其延长寿命不至变质。

035　水稻的水分生理

水是水稻机体的重要组成成分，也是最大的组成成分。田间生长的稻株水分含量占鲜重的 75%~85%，体内的含水量因品种、不同的生育期和生长部位有一定差异。各生育期叶鞘的含水量均高于叶片。叶片的含水量以拔节期最高，在 70% 左右。叶鞘的含水量以分蘖后期最高，在 80% 左右。处在休眠状态的种子含水量最低，一般不超过 15%，故生命活动很微弱。

稻株内的水分，常以自由水和束缚水两种状态存在，在稻株生长期间总含水量中，自由水含量多高于束缚水，二者的比例随生育期、水肥管理条件而变化。水层灌溉、增施氮肥会提高植株自由水含量，降低束缚水含量。在全生育期中，以拔节期和孕穗期自由水与束缚水比值最大，此时生理代谢活动最旺盛。当体内的束缚水含量提高，二者的比值变小时，则水稻的抗旱、抗寒、抗盐碱等能力较强。如水稻旱育苗，由于其体内束缚水含量高，因而抗逆性强，插后返青快或不缓苗。

稻株从外界吸收的水分，约有 1% 用于器官建成，而占总量 99% 的水分则通过蒸腾作用，散失于体外。所谓蒸腾作用，就是从根部吸收水分，再由叶和茎的表面变成气体状态向外蒸散。

根系是水稻吸水的主要器官，叶是散失水分的主要器官，根和叶有一定的距离，通过传导作用把吸水和失水两环节联系起来。根系吸水有主动吸水和被动吸水两种方式。主动吸水是根系自身的生命活动和渗透原理把水分吸入根部、经输导组织送到植株上部的过程。这一过程与蒸腾作用无关，是土壤溶液的水势高于根系水势，根外的水分子向根内扩散进入。伤流现象、叶片吐水现象都是水稻主动吸水的表现，伤流强、吐水多是根系活力强的标志。水稻的被动吸水就是蒸腾作用引起的吸水过程，是水稻吸水的主要方式。水稻吸收的水分绝大部分散失于大气中，水分在水稻植株体内的输导途径是：土壤水分→根毛→根的皮层→根的中柱鞘→根的导管→茎的导管→叶导管→叶肉细胞→叶组织间隙→气孔内室→气孔→大气。白天植株的蒸腾作用强靠蒸腾拉力，夜间的蒸腾很弱靠根压。

水稻的蒸腾系数，是指水稻植株每形成 1g 干物质生理上所需水分的克（g）

数。一般为 250~350。早熟品种、耐旱性好的品种相对低一些。

　　水稻生长过程中供水不足，会降低光合产物的制造和积累，导致减产。水稻一生中对缺水有两个最敏感的时期，叫水稻的水分临界期。第一个临界期是孕穗期，第二个临界期是灌浆乳熟期。前者缺水时会造成空秕率大幅度增加，后者缺水时会导致千粒重严重下降。

　　水分对水稻的生理生态作用非常重要：

　　第一，水是水稻机体的重要组成成分。各部分细胞必须吸足水分，才能维持稻体的固有形态，进行正常生理活动。当体内缺水时，茎叶细胞失去紧张状态，发生萎蔫，内部代谢过程不能正常进行，严重时生理活动停顿，甚至引起死亡。

　　第二，水是稻株制造有机物的原料。光合作用是稻株制造有机物的重要过程，若无水的参与，光合作用不能进行，产量也就落空。

　　第三，水是稻株进行代谢作用的介质。稻株所需的各类物质必须先被水溶解才能进入体内，并在细胞间移动，参与各生化反应。如氮、磷、钾等矿质元素都是首先溶于水，而后被根吸收，并向地上部输送。叶片制造的有机养料也必须溶解在水中，而后输送到其他部位。

　　第四，水分可以调节稻株体温。水的比热较大，这一特性使水成为最好的保温缓冲剂，稻株不断地进行蒸腾，散失热量，调节体温，可避免夏季烈日下过热而受害。

　　第五，水分对水稻的生态作用。灌水可以调节田间小气候，维护一定的温湿度，并能以水调气，以水调肥。如生产上采用低温时灌水防寒，高温时用活水灌溉以降温，遇干热风时灌深水调节田间湿度等。稻田中水和气是两个对立而又统一的整体，长期淹水氧气不足，根系变黄发黑，生命活动衰颓，通过晒田、间歇灌溉可解决需水又需气的矛盾，使根系健壮。水层能提高氮、磷等元素的吸收，排水情况下可促进钾的吸收。因此在分蘖期保浅水层，增强氮磷吸收，促早发；分蘖末期晒田，增加钾的吸收，控分蘖促壮秆。

036　水稻的营养生理

　　水稻正常生长除需要来自二氧化碳、水中的碳、氢、氧之外，还需要来自土壤的、需要量大的必要的大量元素（氮、磷、钾、钙、镁、硫、硅）以及需要量小的必要的微量元素（铁、锰、锌、铅、铜、硼、钼、氯等）。

　　氮（N）

　　氮素对水稻产量影响很大。氮是水稻细胞原生质——蛋白质的主要成分，是形成植物体的主要成分，也是叶绿素的主要成分。氮素充足，分蘖增加，叶色加深，光合作用加速。氮素缺乏时，叶小叶黄、分蘗少、植株矮小，后期早衰，严重影响产量。氮素过多，造成铵态氮、可溶性氮增加，表现为叶片过大过长、松软下披、无效分蘗多、秆软易倒伏、易感病害及螟虫。

水稻植株通过根系主要吸收无机态，即铵态氮和硝态氮。水稻植株的含氮量一般 1%~4%。

磷（P_2O_5）

磷是细胞核的主要组分，对细胞分裂至关重要，在细胞快速分裂的分蘗期，磷对增加分蘗作用明显；磷能促进根系生长，增加分蘗，提早成熟，灌浆饱满。磷对水稻植株体内能量传递和贮藏以及碳水化合物、脂肪、蛋白质代谢都起着重要作用，抽穗以后磷集中转移到稻穗中。水稻植株磷（P_2O_5）含量一般 0.4%~1%。

水稻缺磷时叶片细长，呈暗绿色，严重时产生赤褐色斑点，根系发育不良、分蘗少、生育期延迟甚至僵苗，易感病。磷肥在土壤中移动性小，除被作物吸收利用外，一般不会流失。但在稻体内所有元素中，磷的再利用率最高，苗期吸收的磷，以后可以反复多次从原有器官向新器官转移，谷粒成熟时稻株 60%~80% 的磷集中于籽粒。因此，在水稻生育初期施磷效果最好。

钾（K_2O）

钾是水稻的重要大量元素，但钾与氮磷不同，钾不参与到水稻有机物的组成，几乎完全呈离子状态存在于植株生长最活跃的部分——生长点和幼叶。水稻植株含钾（K_2O）量一般 2%~5.5%。钾的主要生理作用是促进多种酶的活性，进而提高代谢水平。钾与水稻植株内淀粉、纤维素、木质素等合成密切相关，钾能促进碳水化合物的输送，因此，充裕的钾素营养，有利于提高水稻的千粒重、抗倒伏等抗逆性。缺钾时，叶尖发红，易早衰，结实率降低，对稻瘟病、胡麻叶斑病、白叶枯病的抗性下降；茎秆软弱，抗倒伏能力下降。

硅（SiO_2）

水稻是吸收硅最多的植物，以硅酸的形式被吸收，茎叶中硅的含量常占干重的 10%~20%，高产水稻含硅量尤高。每生产百斤稻谷需要吸收硅酸 9kg 左右。在茎叶中，硅集中存在于表皮、维管束、维管束鞘以及厚壁组织中。硅的生理作用主要是促使输导组织发达，使茎叶表面变硬，增强抗倒抗病能力，降低蒸腾速率。硅还有利于叶片增厚、叶较直立减少互相遮阴，提高群体光合作用。硅可提高根的氧化能力，根系发达，避免吸收铁、锰过多而造成的毒害，增强抗病能力。土壤缺硅时，根部和植株发育不良，分蘗减少，结实率降低。易诱发稻瘟病和胡麻斑病，茎秆软弱不抗倒伏。

钙（Ga）、镁（MgO）、硫（SO₃）、锌（Zn）

近年来，这4种元素对水稻生长影响的研究逐渐增多，很多实验研究表明，补充相应的元素有明显的增产效果。但不同地区土壤母质差异很大，不同元素对水稻的影响还没有明确定论，这值得我们去关注、去试验，有针对性地补充某种营养元素，才能达到既定的效果。

钙（Ga）在茎叶中的含量为 0.3%～0.7%，是构成细胞壁的元素之一，约60%的钙集中于细胞壁，有助于细胞分裂。缺钙时，植株略矮，下位叶尖端变白，后转为黑褐色，叶子不能展开，生长点死亡，根短，根尖变褐。水稻缺钙，不利于茎秆健壮、不利于提高粒重。

硫（SO₃）是稻体内半胱氨酸和胱氨酸的组成成分，这些氨基酸几乎是所有蛋白质的构成分子，所以硫是原生质和许多酶结构中不可缺少的物质。稻体含硫量为 0.2%～1.0%，缺硫时影响蛋白质的合成。水稻缺硫，可能延迟抽穗和降低穗粒数；缺硫植株矮小，叶片小，初期色变淡，严重时叶片上出现褐色斑点，茎叶变黄甚至枯死。土壤中含硫过多时，在缺氧条件下转化成硫化氢，会毒害稻根发生根腐病。

镁（MgO）在水稻茎叶中的含量为 0.5%～1.2%，它是叶绿素成分之一，缺镁叶绿素不能形成。镁还是多种酶的活化剂。缺镁时叶片柔软、失绿呈波纹状；下位叶变蓝黑色，再变为铁锈色，叶脉变为黄绿色，从叶尖向下逐渐黄枯。后期叶片失绿，光合作用强度下降，空秕率增加。

水稻缺锌（Zn），植株矮小，叶片短而窄，叶片退绿发黄、嫩叶基部黄白，叶尖白化，叶脉间失绿，叶中脉变白，下部叶片产生棕色斑点，可连成条纹；分蘖慢而少、叶尖内卷、叶片少、根少。

据最新资料报道，不同锌肥品种与施用方法对水稻产量和锌含量的影响明显。研究表明：水稻是对微量元素锌敏感的作物，当土壤锌含量<0.5mg/kg时就容易出现缺锌症状，严重时造成严重减产。土壤施用锌肥、叶面喷施锌肥，均能提高水稻产量及锌含量。土壤施锌后水稻不同部位锌的累积量顺序表现为：茎秆>籽粒>叶片；叶面施锌后水稻不同部位锌的累积量顺序表现为：茎秆>叶片>籽粒。叶面喷施锌肥水稻各部位锌积累量均显著高于土壤施锌。叶面喷锌可以获得富锌水稻种子，富锌水稻种子用于生产，比常规水稻增产 4.6%和提高籽粒锌含量 3.9%。不同锌肥品种之间有较大差异。

037　怎样施肥改善大米品质

水稻施肥可以概括为 4 个层次：一是中低产水平水稻施肥，可谓温饱型施肥，满足水稻生长对氮、磷、钾三大元素的需求；二是高产水平水稻施肥，可谓平衡施肥，要求氮、磷、钾三大元素平衡并辅以某些中量、微量元素，如硅、锌等；三是超高产水平水稻施肥，可谓全量平衡配方施肥，在氮、磷、钾三大元素均衡的基础上，配齐硅、钙、硫、锌、铁等中微量肥料；四是绿色优质水稻施肥，在原来施肥的基础上，突出与稻米品质、尤其是与色泽、美味相关的有关元素的科学利用。

有研究表明：镁（Mg）与稻米食味的关系十分密切。米质食味与品种本身遗传因素具有重要关系，日本品种越光 1956 年育成，至今仍扬名于世，关键因素是米质上乘，食味佳。其糙米中 Mg 的含量明显比一般品种高 15.9%，属于高镁型水稻品种。

土壤中镁（Mg）的含量对稻米食味的影响也是明显的。辽宁优质大米口感好，初步揭秘缘于上述稻米生产的滨海盐碱土。该地区稻田土壤 $0 \sim 20cm$ 全 MgO 含量为 2.24%，代换性 MgO 为 2 758.2mg/kg，占全 MgO 的 12.3%。而非盐碱地 $0 \sim 20cm$ 全 MgO 为 0.4% $\sim$ 1.0%，代换性 MgO 为 76.7 $\sim$ 159.4mg/kg，占全 MgO 1.49% $\sim$ 2.00%，两者相差悬殊。

增施有机肥比例能够改善农作物品质，已被很多人认同，但机理并没有完全研究清楚。所以，发展绿色优质稻米生产，提高稻米质量，增施有机肥用量、减少化肥用量是合理的途径，缘由之一是有机肥中富含丰富的微量元素。

038　肥料三大定律及养分归还学说、肥料报酬递减率

（1）肥料三大定律

①同等重要律。不论大量元素或微量元素，对农作物来说都是同等重要的，缺一不可，缺少了任何一种营养元素，作物都会出现缺素症状，不能正常生长发育、结实，甚至死亡，导致减产或绝收。

②不可替代律。作物需要的各种营养元素，在作物体内都有一定的功能，相互之间不能代替，缺少什么元素，就必须施用含有该元素的肥料。

③最小养分律。要保证作物的正常生长发育，获得高产，就必须满足其所需要的一切元素的种类和数量及其比例。若其中有一个元素达不到需求，生长就会受到影响，产量就受这个最小的营养元素所制约。

（2）养分归还学说

作物生长必须从土壤中吸收大量矿物质养料，而土壤不是取之不尽、用之不竭的养料仓库，必须通过施肥予以补充。如水稻生产从土壤中带走大量养分，使土壤养分减少，地力下降，为了维持水稻高产和地力不断提高、实现水稻以及下

茬作物持续增产，必须通过施肥把带走的养分归还土壤，这就是养分归还学说。

（3）肥料报酬递减率

18 世纪法国经济学家提出的概念。核心内容是，在栽培技术稳定的情况下，在一定施肥范围内，农作物产量随着施肥量增加而增加，当施肥量超过一定量时，农作物产量则随着施肥量的增加而下降。

039　水稻测土配方施肥技术

我国水稻施肥技术经历了传统施肥→施用单一化肥→配方施肥→平衡施肥→测土配方施肥的演变过程。水稻测土配方施肥技术是以测定土壤养分含量和田间肥料试验为基础，根据水稻需肥规律、土壤供肥性能和肥料效应，在合理施用有机肥的基础上，提出化肥（氮、磷、钾肥和中量、微量元素肥料）的施用品种、施用数量、施肥时期和施用方法的科学施肥技术。其原理是水稻的丰产必须使营养元素在适量范围内处于平衡状态，其特点是考虑到水稻、土壤及肥料体系的相互关系。基本原则是在既定产量目标下，尽量减少肥料用量、减少肥料养分损失、提高肥效。

测土配方施肥包含 5 个关键环节：土壤测试→肥料配方→肥料配制→肥料供应→施肥指导。

具体方法包含"测土""配方"和"施肥" 3 个程序。"测土"在整地前进行，根据地块大小、地力均匀情况，取若干个土样，送土壤化验室化验土壤养分。然后依据水稻可能达到的产量水平、达到这一产量水平需要吸收养分的数量、土壤能提供的养分的数量，确定使用肥料的种类和各种肥料的用量，即叫"配方"。"配方"的付诸实施，就是"施肥"。测土配方施肥，既包括有机肥，也包括化肥；既要保证水稻高产，还要保持土壤肥力不断提高。究竟如何施用，还要根据土壤条件、肥料性质、水稻需肥特点来确定肥料的施用时期、次数、部位以及施用方法。

040　怎样取土化验土壤养分含量

用取土铲、取土钻多点取样、充分混合，得到混合样品。取土之前应将地表土刮去，以除去作物残叶类物质。采样深度一般以耕作层 0~30cm 为宜。取土样点越多，代表性越强，但增加了劳动强度和化验成本。具体化验某一地块土壤时，一般应根据田块大小，地力均匀情况，选择下列 3 种采样方法。

①对角线法：适用于面积小（10 亩以下），地势平坦，地块方正，肥力均匀

的田块，取 5 个点混合。

②棋盘法：适用于面积稍大（10~30 亩）、地势平坦、地块方正、肥力不太均匀的田块，取 5~10 个点混合。

③S 形法：适用于面积较大（30 亩以上）、地力不均匀的田块，取 10 个以上点混合。

采样时要注意：一是不要在田边、路边、沟边、肥料堆积过的地方及其他无代表性的地点取样；二是每点取土数量要尽量一致；三是土样必须装入存放袋中，现场填写标签，标签一式 2 份，取土袋内外各置 1 份；标签内容包括：取样人、取样地点、田块土质、采样深度、采样日期、土样编号等。

041 常见肥料的养分含量如何？购买肥料应当注意什么

常见化肥、有机肥的氮、磷、钾养分含量列于表 2-3 和表 2-4。

表 2-3 常见化肥氮、磷、钾含量（%）

肥料名称	化学成分	氮（N）	磷（P_2O_5）	钾（K_2O）
尿素	$CO(NH_2)_2$	46	0	0
碳酸氢铵	NH_4HCO_3	17	0	0
硫酸铵	$(NH_4)_2SO_4$	21	0	0
硝酸铵	NH_4NO_3	34	0	0
磷酸铵	$NH_4H_2PO_4$；$[(NH_4)_2HPO_4+NH_4H_2PO_4]$	12~18	46~52	0
磷酸一铵	$(NH_4)H_2PO_4$	12	52	0
磷酸二铵	$(NH_4)_2HPO_4$	18	46	0
硝酸磷肥	CaH_2PO_4；$NH_4H_2PO_4$	26	13	—
过磷酸钙	$Ca(H_2PO_4)_2H_2O$	—	12~18	
钙镁磷肥	$a-Ca(PO_4)_2CaO$、MgO	—	14~18	—
氯化钾	KCl	—	—	50~60
硫酸钾	K_2SO_4	—	—	48~52
磷酸二氢钾	KH_2PO_4	—	52	34

表 2-4　常见有机肥氮、磷、钾含量（%）

种　类	氮（N）	磷（P_2O_5）	钾（K_2O）
人粪尿	0.6	0.3	0.3
猪　粪	0.6	0.6	0.5
羊　粪	0.8	0.5	0.5
鸡　粪	1.6	1.5	0.8
厩　肥	0.4	0.2	0.5
垃圾肥	0.2	0.2	0.4
堆　肥	0.4	0.2	0.4
草木灰	—	3.5	7.5
棉籽饼	5.5	2.5	1.5
沼　液	0.1	0.1	0.5
沼　渣	1.2	0.6	1.0

为了防止买到假冒伪劣化肥，购买肥料时要注意 4 个方面。一防质量不合格。常见的有尿素中缩二脲含量超标，过磷酸钙中水分超标，复混肥中含量不够，部分厂家生产的肥料达不到标定的重量等。二防假冒。常见的有用国产肥料冒充进口肥料，用复混肥冒充复合肥，用低含量肥料冒充高含量肥料，用小厂、低价格肥料冒充大厂高价格肥料等。三防掺杂使假。常见的有用碳酸氢铵颗粒、有机物颗粒充作尿素销售等。四防标识欺骗。常把含硫氮肥称为尿素，"尿素"两字在醒目位置大写，"含硫"两字在不注意的位置小写或干脆不写，并且标上 N+S 总含量为 46%，让人误认为是 46% 含量的尿素；复混肥只允许在包装上标上氮（N）、磷（P_2O_5）、钾（K_2O）含量，但有的把微量元素计入总含量。

042　水稻生长的适宜土壤条件

水稻由于实行部分时间的淹水管理，使之土壤性质与旱作土壤具有明显的差异。适宜的土壤条件，对水稻高产高效是必需的先决条件。水稻生长适宜的土壤条件一般应为：

一是良好的土壤环境条件。地块平整，灌排系统完善。二是水气和谐的土壤构体。耕层 30cm 以上，容重 1.2g/cm³ 以下。三是协调丰富的土壤养分。土壤有机质含量 15mg/kg 以上，全氮（N）1.0g/kg 以上，有效磷（P）20mg/kg 以上，速效钾（K）100mg/kg 以上，pH 值 7~8。四是土壤质地适中，土壤剖面下黏上壤，渗透性好，保水保肥性好；耕性好、易耕作。

043 什么叫土壤肥力？土壤肥力等级怎样划分

土壤肥力

土壤肥力是指土壤的肥沃性，即土壤为植物生长发育供应和协调水分、养分、空气和热量的能力。包括潜在肥力和有效肥力，潜在肥力是指土壤中暂时不能被植物直接吸收利用的养分；有效肥力是指土壤中当季被植物吸收利用的养分。采取适宜的农艺措施，可以使潜在肥力转化为有效肥力，如深耕、排涝，科学施肥与灌溉等。用土、养土、保土、改土相结合，才能不断提高土壤肥力。

土壤肥力分级

根据拟定指标，对土壤肥力评定的等级称为土壤肥力分级。土壤肥力等级是一个相对的概念，因为气候条件、耕作条件等不断变化，土壤肥力也在不断地发生变化。土壤肥力分级的目的在于揭示不同地区、不同土壤的地力水平，了解土壤的肥力参数和理化性状，为因地制宜指导推广配方施肥、改良培肥土壤、提高耕地质量提供科学依据。

土壤肥力分级的参评项目内容很多，诸如土壤环境条件、土壤物理性状、土壤养分储量、土壤养分有效状态状况等。一般而言，在一个特定地区，土壤的养分含量是最主要的因素。目前国内通常根据土壤有机质、全氮、速效氮、速效磷、速效钾含量等主要指标，把土壤肥力划分为 6 个等级（表 2-5）。

表 2-5　土壤肥力等级标准

级别	有机质（%）	全氮（%）	碱解氮（mg/kg）	速效磷（P_2O_5）（mg/kg）	速效钾（K_2O）（mg/kg）
1 级	>4	>0.2	>150	>40	>200
2 级	3.01～4.00	0.151～0.200	121～150	20.1～40.0	151～200
3 级	2.01～3.00	0.101～0.150	91～120	10.1～20.0	101～150
4 级	1.01～2.00	0.076～0.100	61～90	5.1～10.0	51～100
5 级	0.61～1.00	0.051～0.075	31～60	3.1～5.0	31～50
6 级	≤0.6	≤0.05	≤30	≤3	≤30

国家耕地质量等级及其划分标准

2014 年农业部发布《关于全国耕地质量等级情况的公报》，把全国耕地按质量等级由高到低依次划分为一至十等。其中，一至三等的耕地面积 4.98 亿亩，占 27.3%；四至六等 8.18 亿亩，占 44.8%；七至十等的 5.10 亿亩，占 27.9%（表 2-6）。

表 2-6　全国耕地质量等级面积比例及主要分布区域（2014，农业部）

等级	面积（亿亩）	比例（%）	主要分布区域
一等	0.92	5.1	东北区、黄淮海区、长江中下游区、西南区
二等	1.43	7.8	东北区、黄淮海区、长江中下游区、西南区、甘新区
三等	2.63	14.4	东北区、黄淮海区、长江中下游区、西南区
四等	3.04	16.7	东北区、黄淮海区、长江中下游区、西南区
五等	2.89	15.8	长江中下游区、黄淮海区、东北区、西南区
六等	2.25	12.3	西南区、长江中下游区、黄淮海区、东北区、内蒙古及长城沿线
七等	1.89	10.3	西南区、长江中下游区、黄淮海区、甘新区、内蒙古及长城沿线
八等	1.39	7.6	黄土高原区、长江中下游区、西南区、内蒙古及长城沿线区
九等	1.06	5.8	黄土高原区、内蒙古及长城沿线、长江中下游区、华南区、西南区
十等	0.76	4.2	黄土高原区、内蒙古及长城沿线、黄淮海区、华南区、长江中下游区
合计	18.26	100.0	—

备注：以全国 18.26 亿亩耕地（二调前国土数据）为基数，对全国耕地质量等级进行划分；青藏区耕地面积较小，耕地质量等级主要分布在七至九等。

《公报》称，"这些年来，我国耕地质量呈现出'三大''三低'态势。""三大"指中低产田比例大、耕地质量退化面积大、污染耕地面积大。"三低"指的是有机质含量低、补充耕地等级低、基础地力低。《公报》提出，到 2020 年耕地基础地力平均提高 1 个等级，1 个等级相当于每亩地 100kg 的粮食产能。

2016 年 12 月我国首部耕地质量等级标准《耕地质量等级》（GB/T 33469—2016）经国家质检总局、国家标准委批准发布。

该标准从农业生产角度出发，对耕地地力、土壤健康状况和田间基础设施构成的满足农产品持续产出和质量安全的能力进行评价，将耕地质量分为 10 个等级。一等地质量最高，十等地质量最低（表 2-7）。标准将全国耕地划分为东北区、内蒙古及长城沿线区、黄淮海区、黄土高原区、长江中下游区、西南区、华南区、甘新区、青藏区等 9 大区域，各区域评价指标由 13 个基础性指标和 6 个区域补充性指标组成，明确了相关评价指标的涵义、获取方法和划分标准等。

表 2-7 国家耕地质量等级——黄淮海区耕地等级划分标准
（GB/T 33469—2016）

指　标	等　级									
	1	2	3	4	5	6	7	8	9	10
地形部位	交接洼地、倾斜平原、山前平原、缓平坡地、冲洪积扇			交接洼地、倾斜平原、山前平原、平原高阶、丘陵下部、丘陵中部、河滩高地			滨海地平地、河滩高地、坡地上部、丘陵上部			
有效土层厚度（cm）	≥100			60~100			<60			
有机质（g/kg）	≥12			10~20			<12			
耕地质地	中壤、重壤、轻壤			砂土、砂壤、重壤、黏土			砂土、砂壤、黏土			
土壤容重	适　中						偏轻或偏重			
质地构型	上松下紧型、海绵型			松散型、紧实型、夹黏型			夹砂型、上紧下松型、薄层型			
土壤养分	最佳水平			潜在缺乏或养分过量			养分贫瘠			
土壤健康状况　生物多样性	丰富			一般			不丰富			
土壤健康状况　清洁程度	清洁、尚清洁									
障碍因素	无			存在砂姜层、实砂层、夹砾石层、黏化层、白浆层、黏盘层等			存在砂姜层、夹砾石层、黏化层、或黏盘层等			
灌溉能力	充分满足			满足、基本满足			不满足			
排水能力	充分满足			满足、基本满足			不满足			
林网化程度	高、中			中			低			
酸碱度	pH6.5~7.5			pH5.5~6.5；pH7.5~8.5			pH 4.5~5.5；≥pH 8.5			
耕层厚度（cm）	≥20			15~20			<18			
盐碱化程度	无			轻度			中度、重度			
地下水埋深（cm）	>3			2~3			<2			

注：对判定为轻度污染、中度污染和重度污染的耕地，应提出耕地限制性使用意见，采取有关措施进行耕地环境质量修复。

第三部分　新乡市水稻生产概况

044　新乡市情简介

地理位置

位于河南北部、黄河下游；南临黄河，北依太行。西连焦作，北接鹤壁，南与郑州隔黄河相望，东与山东以黄河为界。东经 113°23′～115°01′，北纬 34°53′～35°50′。

行政管辖

现辖（2015 年）2 市：辉县市、卫辉市；5 县：新乡县、获嘉县、原阳县、延津县、封丘县；4 区：卫滨区、红旗区、牧野区、凤泉区。还有 4 个设置管委会的派出区域机构：城乡统筹平原示范区（副市级）、新乡高新技术开发区、新乡经济技术开发区、西工区。共 107 个乡镇、2 906 个村、93.1 万个农户（2013 年起长垣县划为省单列县，前述数据已不含）。

区域面积

总面积 7 253km²，其中市区面积 140km²。

地势地貌

西北高、东南低。西北向东南地势地貌走向依次为：太行山地（海拔 1 000m 以上）→南村盆地（海拔 450m 左右）→太行山前丘陵岗地（海拔 100～200m）→太行山前倾斜平原（海拔 80～200m）→太行山前交接洼地（海拔 70～75m）→黄河冲积扇平原（海拔 70～80m）。平原面积占区域面积 80% 左右，山丘区占 20% 左右。

海拔高度

最高点是辉县市山区海拔 1 732m，平原区平均海拔 85m 左右；新乡市市区海拔 70m 左右，原阳县黄河滩区 80m 左右。

气候特点

暖温带大陆性季风型气候，年均温 14℃（2016 年均温 15.3℃），年降水 600mm 左右（2016 年 850.4mm），年蒸发量 1 700mm 左右，年日照 2 200h 左右（2016 年日照 1 992.6h）；最冷 1 月，日均气温 -5℃；最热 7 月，日均气温

27℃。无霜期 210d 左右。

水资源、水系

2015 年水资源总量为 12 亿 m³ 左右，人均 201m³ 左右，是河南省的干旱贫水地区（2016 年雨水丰年，全年水资源总量为 20.05 亿 m³，人均 349.05m³）。境内有黄河和海河两大水系，以原阳县祝楼乡→新乡县七里营镇→新乡县古固寨镇→延津县东屯乡→卫辉市庞寨乡→延津县丰庄镇为分界线（西南—东北走向）。两大水系又可分为 5 个流域分区：海河流域的卫河山丘区、卫河平原区；黄河流域的天然文岩渠区、金堤河区、黄河内滩区。

耕地资源

2014 年年末全市耕地面积 608.26 万亩，人均 1.0 亩，低于全省、全国水平。同期全国耕地 20.27 亿亩，人均 1.48 亩；全省耕地 1.22 亿亩，人均 1.14 亩。

土壤资源

主要有两种：一是潮土，占 85% 以上，主要分布在黄河冲积平原；二是褐土，占 4% 左右，主要分布在太行山前倾斜平原；还有棕壤土、风砂土、水稻土、红黏土、砂姜黑土等。

交通条件

豫北地区唯一国家公路运输枢纽城市，京广高铁、京广铁路、新菏铁路、新月铁路 4 条铁路，以及京港澳、大广、济东、新晋、鹤辉 5 条高速公路穿境而过。高铁到北京 3h，高速公路距山东日照港 658km、距天津港 643km、距新郑国际机场 100km。

人口资源

2016 年全市总人口 610.82 万人，常住人口 574.30 万人。

经济发展

2016 年全市生产总值 2 140.73 亿元，比上年增加 8.3%。其中，第一产业增加值 222.89 亿元，第二产业 1 049.85 亿元，第三产业 867.98 亿元，一、二、三产比重为 10.4∶49.1∶40.5。地方财政一般预算收入 148.06 亿元，增长 4.1%。城市居民年可支配收入 26 893 元，农村居民年收入 12 679 元。农村居民家庭恩格尔系数 0.304、城市 0.291。全市城镇化率 50.44%。

特色农产品

全市获国家农产品地理标志登记特色农产品有：原阳大米、封丘金银花、延津胡萝卜、新乡小麦、辉县山楂、封丘芹菜、获嘉黑豆、获嘉大白菜、卫辉卫红花、凤泉薄荷等。

历史文化

新乡古称庸国，春秋属卫，战国属魏，汉为获嘉，隋开皇六年（公元586年）始置新乡县，至今1 400余年。1948年新乡市政府成立，1949年为平原省省会。具有古老的历史，仰韶、龙山文化遗址依稀可辨，周武王率八百诸侯牧野大战古迹依存；姜尚垂钓、比干忠谏、围魏救赵、张良刺秦、官渡之战、陈桥兵变都源于这方热土。

旅游资源

南太行在新乡绵延上千平方千米，集雄、险、峻、奇、秀于一身，荟萃了南太行山水精华；牧野文化厚重，以牧野大战为代表的历史遗存遍布全市，其中国家级文保单位20处、省级43处。全市现有国家A级景区21处，其中4A级景区8处。主要景点有：宝泉、白云寺、百泉、万仙山、八里沟、比干庙、潞王陵等。

045　新乡市水稻生长期气候条件

新乡市属暖温带大陆性气候（远离海洋的大陆气候。风向随季节转换而变化，冬季风多来自西北、干燥；夏季风多来之东南、湿润），四季分明，冬寒夏热，秋凉春旱，雨热同季，冷暖干湿交替明显。常年水稻生长期间≥10℃积温4 000℃左右，降雨470mm左右，日照时数1 200h左右（表3-1）。7—8月降雨集中，非常有利于水稻的生长，9月秋高气爽，温差大，非常有利于水稻结实灌浆。总的来看，热量和光照基本能够满足水稻正常生长和安全成熟的需要，降雨虽然是一年四季中的集中雨季，但不能满足水稻高产的需要，仍然需要大量补充灌溉。

046　新乡市水稻生产土壤条件

新乡市位于黄河冲积平原和太行山前倾斜平原的交接地带，按土壤成因可划分为山前洪积倾斜平原的褐土（约占全市13%），以及黄河冲积平原的潮土（约占70%）两大土壤类型。其他还有棕壤土、风砂土、砂姜黑土等。目前的水稻生产区域全部处于黄河冲积平原的潮土地区，土层深厚，地力肥沃，通透性好，适耕期长，pH值一般在8以上。

表 3-1　新乡市水稻生长期气候要素情况

时间		积温（℃）	降雨（mm）	日照时数（h）
5 月 （育秧期）	上　旬	191.0	13.4	77.3
	中　旬	204.0	14.1	78.3
	下　旬	249.7	16.6	90.4
	月　计	644.7	44.1	246.0
6 月	上　旬	244.0	18.3	78.2
	中　旬	258.0	12.8	79.3
	下　旬	262.0	36.4	77.0
	月　计	764.0	67.5	234.5
7 月	上　旬	263.0	66.4	62.3
	中　旬	268.0	45.5	63.0
	下　旬	303.6	47.8	77.1
	月　计	834.6	159.7	202.4
8 月	上　旬	271.0	54.7	70.9
	中　旬	259.0	34.7	67.4
	下　旬	270.6	27.9	73.5
	月　计	800.6	117.3	211.8
9 月	上　旬	229.0	28.5	58.4
	中　旬	210.0	16.0	61.4
	下　旬	193.0	11.4	65.7
	月　计	632.0	55.9	185.5
10 月	上　旬	173.0	11.9	61.2
	中　旬	152.0	15.7	56.1
	两旬计	325.0	27.6	117.3
全生育期 合　　计	育秧期小计	644.7	44.1	246.0
	本田期小计	3 356.2	428.0	951.5
	总　　计	4 000.9	472.1	1 197.5

047　新乡市水稻生产地力条件

近年来，随着秸秆还田的普及和科学施肥水平的提高，新乡市土壤肥力总体是稳步提高的趋势，稻区土壤肥力亦然。按全国土壤肥力六级分级标准，总体上处于中等水平，属于3~4级。但全市不同地区和土壤类型之间存在着较大差异，西、北部平原高于东、南部平原，近郊地区肥力最高，黄河故道沙丘区肥力最低。原阳县、封丘县可作为稻区土壤肥力的参考，所有养分指标略低于全市平均值（表3-2）。长期以来，引黄灌溉稻田的黄河水，含有大量的泥沙，泥沙中含有80%以上的黏土，以及丰富的氮、磷、钾养分和有机质，对改良培肥土壤具有良好效果。

表3-2　2008—2016年新乡市土壤肥力监测结果

行政区域	有机质（g/kg）		全氮 N（g/kg）		有效磷 P（mg/kg）		速效钾 K（mg/kg）	
	2008 年	2016 年	2008 年	2016 年	2008 年	2016 年	2008 年	2016 年
获嘉县	18.0	19.9	1.15	1.36	14.1	34.1	174	185
新乡县	18.6	16.8	1.19	1.19	17.9	28.5	137	149
牧野区	28.4	28.5	1.82	1.82	24.8	32.8	240	227
卫辉市	18.1	18.1	1.16	1.14	11.4	17.1	144	181
辉县市	19.0	22.6	1.20	1.46	18.2	31.7	97	178
原阳县	13.8	15.5	0.88	1.10	22.4	22.4	125	150
封丘县	13.8	12.1	0.85	0.90	13.4	16.5	101	163
延津县	13.2	15.5	0.84	1.01	12.1	23.1	87	147
全市平均	17.5	17.3	1.13	1.17	16.1	23.9	136	170

注：1. 新乡市土壤肥料检测中心监测；2. 土壤有效磷以单质磷 P 表示，$P \times 2.2913 = P_2O_5$，土壤速效钾以单质钾 K 表示，$K \times 1.2046 = K_2O$。

048　新乡市水稻生产灌溉与机械化条件

新乡市地跨黄河、海河两大流域，黄河流经170km。平原占地总面积80%，全市农业整体灌溉条件较好，水稻产区全部实现了引黄灌溉与井灌双配套。

2015 年年末全市农业机械总动力 650.1 万 kW，大中型拖拉机 1.95 万台。农用运输车 15.1 万辆。农业生产燃油消耗 8.7 万 t。农村用电量 59.29 亿 kW·h，农作物综合机收率 74%。但是，水稻产区的机械化水平相对较低，育苗、插秧、收获等环节机械化率 20% 以下，远低于小麦、玉米生产的机械化水平。

049　新乡市水系与灌溉体系

（1）新乡市水系概况

新乡市水系主要有黄河水系、卫河水系。

黄河水系。黄河是我国第二大河流，发源于青藏高原巴颜喀拉山北麓的约古宗列盆地，干流长 5 464km。新乡市地处黄河下游北岸，自平原示范区桥北乡姚口村入境，至长垣县瓦屋寨村出境，河长 165km，堤长 153km。黄河主要支流有天然文岩渠、金堤河两大一级支流。

卫河水系。卫河是海河流域一大支流，呈西南—东北走向。发源于山西陵川县夺火镇，流经山西、河南、河北，于河北馆陶县与漳河汇流，全长 344km。其中新乡市境内河长 74km（卫河干流：新乡县合河乡—卫辉市小河口村），属于卫河上游。卫河航运，始于东汉曹操时期，盛于隋唐，是起于新乡、终于京津、全长 2 400km 的北方航运大通道。中华人民共和国成立后卫河航运再次繁荣，最高年货运量百万吨以上、运客 6 万余人。后因河道淤积、水源缺乏，卫河航运于 1969 年中断。卫河左岸主要支流有：大沙河、大辛庄排、八支排、石门河、黄水河、刘店干河、百泉河、公利渠、民生渠、香泉河、仓河等；右岸主要支流有：镜高涝河、孟姜女河、人民胜利渠等。共产主义渠是卫河水系中重要的水利工程，介绍如下。

共产主义渠。1958 年开挖、并引黄放水。自武陟县嘉应观乡秦厂引水，经获嘉县、新乡县、新乡市、卫辉市、淇县，至浚县老观嘴入卫河，长 155km。卫河左岸的支流大沙河、石门河、黄水河等，均被拦截入共产主义渠，与卫河平行东流，在刘庄节制闸与卫河平交汇流，到浚县老观嘴入卫河。在新乡县合河乡范岭村以上两岸均有堤防；以下到新乡市区，只有右堤（南堤）；再以下至卫辉市，共产主义渠右堤即卫河左堤，一堤隔两河，洪涝分流，严禁共产主义渠洪水南窜入卫，保卫新乡市区。

（2）新乡市农业灌溉体系

新乡市农业灌溉体系有三种类型：库（泉）灌体系、井（提）灌体系、河灌体系。

库（泉）灌区。主要分布在太行山南侧的辉县市、卫辉市的北部山丘区，以河泉、水库作为水源。大约占全市耕地的 4%。主要有 4 个自流灌区：一是群库灌区。位于辉县市西北部山丘区，主要由宝泉、石门、三郊口、陈家院等中型水库组成以及柿院、拍石头等小型水库组成，总蓄水量 1.3 亿 m³，设计灌溉面积 50 万亩，目前实际灌溉面积不足 20 万亩。二是仓河灌区。位于卫辉市西部山丘区。主要有正面、狮豹头、塔岗水库组成，目前实际有效灌溉面积不足 5 万亩。还有百泉灌区（地处辉县市百泉镇等）、三泉灌区（位于辉县市的北云门镇），这两个自流灌区目前已经因地下水位下降报废。

井（提）灌区。主要分布在全市大部分平原地区。现代的机电井灌溉于 20 世纪 60 年代才开始发展起来，全市机电井数量、井灌面积 1965 年才 2 000 余眼、可灌面积 75 万亩；70 年代发展到 3 万余眼、200 万亩；90 年代发展到 5 万余眼、300 余万亩；目前发展到 7 万余眼、360 万亩左右，约占全市耕地的 69%（指只能井灌、不与引黄灌溉重复计算），是全市农业灌溉的主要方式。

引黄灌区。主要分布在东南部的近黄河地区，与大部分井灌区相重复，井灌、河灌配套。大约占全市耕地的 25%。目前水稻种植主要分布在河灌区，大部分能够实现井灌河灌双配套。

引黄灌溉始于 1952 年，可惠及全市除辉县市、凤泉区以外全部农区，不仅对农作物生产很重要，同时对全市地下水补源、生态气候调节具有重大意义。目前，全市引黄灌区有 8 处（表 3-3），设计灌溉面积（新乡市）386 万亩，但小浪底水库建成运行后，河床下切，引水困难，实际引黄灌溉大幅度缩减。据新乡黄河河务局资料：黄委会分配给新乡市的黄河引水指标为 5.88 亿 m^3，实际上近 5 年平均年引水量仅 4 亿 m^3 左右。

表 3-3　新乡市引黄灌区基本概况（均为新乡市辖区内；万亩，万 m^3）

灌区名称	设计灌溉面积	有效灌溉面积	2001 年		惠及区域
			实灌面积	引提水量	
人民胜利渠灌区	82	60	59.7	28 283	牧野区、新乡县、获嘉县、原阳县、延津县、卫辉市
武嘉灌区	18	10	9.7	5 626	获嘉县
大功灌区	105	16	16.26	7 250	封丘县、长垣县
韩董庄灌区	58	31	17.28	14 635	原阳县
祥符朱灌区	36	14	14.24	12 960	原阳县、延津县
堤南灌区	35	14	13.55	12 800	原阳县
石头庄灌区	35	11	11.85	5 208	长垣县
辛庄灌区	17	9	9.24	3 320	封丘县
合　计	386	167	151.82	90 082	

现将八大引黄灌区简介如下。

①人民胜利渠灌区。中华人民共和国成立以来黄河下游兴建的第一个大型引黄灌溉工程，由 1952 年 4 月 10 日举行开闸放水典礼大会上时任平原省政府副主

席罗玉川讲话中提出"把引黄灌溉济卫过程改为人民胜利渠吧"而得名。它结束了"黄河百害，唯富一套"的历史，拉开黄河下游引黄种稻的序幕。

人民胜利渠渠首位于黄河北岸焦作市武陟县嘉应观乡秦厂大坝上，经东西孟姜女河流入卫河。对岸桃花峪为黄河中游和下游分界处，故人民胜利渠位于黄河下游的最上端，总干渠全长50余km。1950年规划、1951年施工、1952年4月开闸放水。1952年10月31日，毛泽东主席视察了人民胜利渠渠首，亲启闸门放水。灌区惠及武陟、新乡县、获嘉、原阳、延津、卫辉及新乡市区等。还向天津、安阳送水。灌区由灌溉、排水、机井、尘沙4套系统组成，灌溉系统由总干、干、支、斗、农5级渠道组成。

②武嘉灌区。从共产主义渠渠首闸东孔作为引水口，1975年开挖，不断完善建设。灌溉惠及武陟县（13万亩）、获嘉县（18万亩）、修武县（5万亩）。

③大功灌区。始建于1958年，从封丘县黄河大堤（桩号166+600处）建穿堤闸（称红旗闸）引黄河水，惠及封丘县、长垣县、延津县以及安阳市、鹤壁市、濮阳市。红旗闸位于封丘县荆隆宫乡大宫村附近。1992年形成新的大功灌区，将总干渠由红旗闸延伸到滑县的八一闸，长79.5km。

④堤南灌区。位于原阳县黄河大堤以南，西起武陟县詹店镇老田庵控导工程，东到封丘县荆隆宫乡，长73.5km。渠首闸叫幸福闸，引水渠叫幸福渠。

⑤韩董庄灌区。位于黄河北大堤、原阳县中西部，西连人民胜利渠灌区，东接祥符朱灌区，惠及原阳县大堤以北大部分乡镇。始建于1967年，后陆续续建。引水闸均在黄河大堤以南，主要有马庄、东坝头、双井、柳园、穿堤闸等引水渠、闸。

⑥祥符朱灌区。1970年建成。南北走向，惠及原阳县东部、延津县南部的乡村，设计灌溉面积36.5万亩。引水闸处于黄河大堤以南的原阳县郭庄乡祥符朱村东穿堤闸等。

⑦辛庄灌区。位于封丘县东南部。惠及封丘县的油坊乡、黄陵镇的全部，以及曹岗乡、潘店乡、留光乡、尹岗乡、李庄乡的部分耕地。1956年始建，后陆续续建。由厂门口、堤湾、辛庄等吸水工程引水。

⑧石头庄灌区。惠及长垣县东北部的7个乡镇，1968年始建，后不断完善。引水口有冯楼引水闸、石头庄引水闸等。

050 新乡水稻在全国、全省属于哪个生态类型区

影响水稻分布主要生态因子：a. 热资源。一般≥10℃积温2 000~4 500℃的区域适种一季，4 500~7 000℃的区域适种两季稻，5 300℃是双季稻的安全界

限，7 000℃以上的地方才可种三季稻。b. 水分，原则是"以水定稻"。c. 日照时数。d. 海拔高度，通过气温变化影响水稻的分布。e. 良好的土壤，具有较高的保水、保肥能力，酸碱度接近中性。

我国各地均有水稻种植，气候和生态条件差异很大。从大处看，全国可以分成两个水稻生产类型大区，即以秦岭、淮河为分界线的南方稻区和北方稻区。南方稻区主要种植双季籼稻，水稻面积占全国 80% 以上；秦岭、淮河以北属于北方稻区，主要种植单季、粳稻品种，水稻面积占全国 20% 左右。20 世纪 60 年代初，著名水稻科学家中国农业科学院院长丁颖教授主编的《中国水稻栽培学》（1961），以生态条件、种植制度和稻种类型为主要依据，把全国稻区划分为 6 个稻作带，后又陆续完善补充修订，形成 6 个稻作带、细分为 16 个稻作亚区。

（1）华南湿热双季稻作带

位于南岭以南，我国最南部的闽、粤、桂、滇的南部以及台湾省、海南省和南海诸岛全部。又可细分为 3 个亚区：闽粤桂台平原丘陵双季稻亚区；滇南河谷盆地单季稻亚区；琼雷台地平原双季稻多熟亚区。

（2）华中湿润单、双季稻作带

东起东海之滨，西至成都平原西缘，南接南岭，北毗秦岭、淮河。包括苏、沪、浙、皖、赣、湘、鄂、川 8 省（市）的全部或大部和陕、豫两省南部，是我国最大的稻作区，占全国水稻面积的 60% 以上。又可细分为：长江中下游平原双单季稻亚区、川陕盆地单季稻两熟亚区、江南丘陵平原双季稻亚区。

（3）西南高原湿润单双季稻作带

地处云、贵、川、青、藏的高原。可细分为 3 个亚区：黔东湘西高原山地单双季稻亚区、滇川高原岭谷单季稻两熟亚区、青藏高寒河谷单季稻亚区。

（4）华北半湿润单季稻作带

位于秦岭，淮河以北，长城以南，关中平原以东。包括京、津、冀、鲁、豫和晋、陕、苏、皖的部分地区，属于暖温带半湿润季风气候，种植制度以单季稻为主，多麦稻两熟。本区又可分为两个亚区：华北北部平原中早熟亚区、黄淮平原丘陵中晚熟亚区。

（5）东北半湿润早熟单季稻作带

位于辽东半岛和长城以北，大兴安岭以东。包括黑、吉全部，辽宁大部及内蒙古东北部。本区可分两个亚区：黑吉平原河谷特早熟亚区、辽河沿海平原早熟亚区。

（6）西北干燥区单季稻作带

位于大兴安岭以西，长城、祁连山与青藏高原以北，银川平原、河套平原，天山南北盆地的边缘地带是主要稻区。面积很小，但可以分为 3 个亚区：北疆盆地早熟亚区、南疆盆地中熟亚区、甘宁晋蒙高原早中熟亚区。

根据以上区划方案，河南省隶属"华中湿润单、双季稻作带"和"华北半湿润单季稻作带"两个稻作带，新乡市属于"华北半湿润单季稻作带"的"黄淮平原丘陵中晚熟亚区"。

2000 年出版的《北方节水稻作》一书，按省划分描述了北方 13 个省（区、市）的水稻种植区（黑、吉、辽、冀、津、豫、晋、蒙、宁、甘、京、陕、新）。其中河南省按照地理分布、自然条件、品种熟制等因素，划分为淮南稻作区、淮北稻作区、南阳稻作区、颖（沙）河稻作区、引黄稻作区、伊洛河稻区 6 个稻作区，新乡市属于引黄稻作区。

051 新乡市水稻生产与全球、全国、全省对比

新乡市水稻面积占比较小（表 3-4），列小麦、玉米之后，居第三位，仅占粮食作物面积的 5.6%。

表 3-4 2014 年全国、全省及新乡市三大主粮作物生产概况

作 物	区 域	面积（万亩）	亩产（kg）	总产（万 t）
水 稻	全 国	45 464.8	454.2	20 650.7
	河 南	974.5	542.4	528.6
	新 乡	45.3	443.7	20.1
夏 粮	全 国	41 372.4	330.2	13 659.6
	河 南	8 149.9	409.7	3 338.8
	新 乡	433.6	459.6	199.3
玉 米	全 国	55 685.1	387.3	21 564.6
	河 南	4 925.8	351.6	1 732.1
	新 乡	301.4	422.1	128.1

注：表内均为统计数据。新乡市数据均不含长垣县

全球近 90% 的水稻产于亚洲，印度种植面积最大，中国总产最多，日本单产最高。

2013 年全球水稻面积 24.71 亿亩，总产 74 571 万 t，亩产 301.8kg。种植面积最大的前十名国家依次是印度、中国、印度尼西亚、孟加拉国、越南、泰国、缅甸、菲律宾、巴西、日本。此外还有韩国、美国等。

全国水稻面积 4.5 亿亩，居小麦、玉米、水稻三大粮食作物第二位，但单产是三大作物最高的，也高于世界平均水平。

河南省水稻面积 970 万亩左右，列粮食作物第三位、单产是三大粮食作物之首。

052　新乡市水稻生产发展重大成就

中华人民共和国成立以来，新乡市水稻生产发展的主要成就，可以归纳为两个大方面。一是开辟了黄河下游引黄种稻的新纪元；二是培育了"原阳大米"全国的知名农产品品牌。

（1）引黄种稻是黄河下游农业发展的伟大创举

中华人民共和国成立以来，新乡市在低产贫困的洼碱地区，大力发展引黄水利事业，充分利用黄河水沙资源，经过艰苦曲折的历程，积极发展麦茬水稻生产，不仅水稻获得了高产稳产，由于改土培肥，还带动了稻茬小麦的丰收，逐步由低产变高产，稻区农民由缺粮变余粮，由贫困变小康，促进了农村各项事业的发展，彻底改变了昔日重灾区的凄惨面貌，成为富饶的鱼米之乡，成为黄河下游引黄种稻面积最大的地市，单产居粮食作物首位。在生长季节里，喜看稻浪滚滚，稻谷飘香，一派丰收景象，不是江南似江南。生产的稻谷商品率高，加工为无公害优质粳米，畅销华北各地。水稻成为全市大宗粮食作物中经济效益最好的作物。此外，还带动稻草打草绳、编草包等副业发展，使历史老灾区的旧貌换了新颜，为新乡市农业发展增添了光彩。引黄种稻的成功实践，打破了"黄河百害，唯富一套""天下黄河富宁夏"的历史说法，开创了黄河下游种稻改土的新途径，于 1981 年荣获河南省政府重大科技成果二等奖。

（2）知名品牌"原阳大米"享誉全国

新乡市水稻生产的社会品牌，以"原阳大米"为标志。一是原阳大米种植历史悠久，东汉时期已成为宫廷专用大米。二是在全市种植水稻面积最大，1968 年引来黄河水试种水稻成功；1973 年 8 月 14 日《人民日报》二版"引来黄河水 碱区稻花香"为题，对原阳发展引黄种稻进行了高度评价和赞扬。三是稻米加工和品牌营销开始早、规模大、影响大，现在提起新乡市水稻生产，"原阳大米"成为了代名词。1990 年"原阳大米"被作为第十一届亚运会指定食品；1991 年原阳县举办了首届"大米节"，还在北京人民大会堂召开了新闻发布会，"大米节"至今坚持，现更名为"中国·原阳稻米博览会"（2016 年为第 24 届）；1992 年全国首届农业博览会，原阳大米参展名列榜首，获得金奖，被誉为"中国第一米"；1996 年"原阳大米"通过中国绿色食品发展中心认证，成为河南省首个绿色食品；2001 年"原阳大米"获得国家工商总局颁发的"原产地证明商标"，成为河南省第一枚获准注册的原产地证明商标；2003年"原阳大米"获得国家质检总局原产地域产品保护认证，成为河南省粮食类产品中首家实施原产地域保护的产品；2003年"珍玉牌""原阳大米"出口到吉尔吉斯斯坦，2005年"黄蕊牌""原阳大米"出口到加拿大，开创了河南粳米出口先河。

053 新乡水稻发展史与生产规模变化

水稻是中原地带的古老沼泽作物，春秋战国时期已广泛种植，列为"五谷"之首。秦汉以来，由于气候变迁、森林破坏、水土流失和旱灾频繁等原因，水稻面积一直较小。到中华人民共和国成立初期，新乡市仅辉县百泉灌区、薄壁及卫辉顿坊店等太行山前交接洼地，利用泉水自流灌溉有零星种植，面积只有3.7万亩，亩产仅85kg，是一个微不足道的粮食作物。

水稻又是新乡市的新兴粮食作物。中华人民共和国成立以后，全市水稻生产迅速发展，由小面积的泉灌老稻区，向广大的低洼盐碱地区扩展，通过发展引黄灌溉种稻，彻底改变了水稻生产状况，使沿黄地区的低产贫困面貌发生了历史性的变化，后来随着水资源、劳动力、生产效益等条件变化，21世纪以来面积又快速下降。从发展过程看，依据产量水平及其他综合因素，大体上可划分为五个大的阶段，参见表3-5，但表中列出的生产数据是统计数据，实际上与农业生产上的统计数据有较大出入，单产水平差距较小，种植面积差距较大。笔者在生产实际调查中了解，水稻的"实际种植面积"，农业数据更接近实际情况，年际间变化大，列出（表3-6）供参考，更能够考察了解全市水稻生产规模变化以及农民种植水稻积极性的实际变化情况。

（1）交接洼地泉灌老稻区低产阶段（1949—1956年）

1956年以前，基本上仍沿用中华人民共和国成立前的耕作栽培制度，多为一熟春稻，少数为麦茬稻；品种多为"8号稻"，也有少量名特品种，如辉县香稻；实行泉水自流串灌，保持水层；大丛稀植（33cm×17cm）栽培。中华人民共和国成立后的农民生产积极性很高，充分利用水源，扩大种稻面积。采取精耕细作，增施肥料，组织防治为害很重的稻苞虫等措施，使产量有所提高。1956年，全市水稻面积达到5.3万亩，比1949年扩大了1.6万亩，亩产达到106kg，亩增产21kg，增长24%，水稻生产在低水平下较快发展。

表 3-5　1949—2016 年新乡市水稻生产情况（统计数）

年　份	面积 （万亩）	亩产 （kg）	总产 （亿 kg）	发展阶段
1949	3.78	85	0.03	
1950	3.66	89	0.03	
1951	3.75	96	0.04	
1952	3.89	128	0.05	1. 交接洼地泉灌老稻区低产阶段
1953	3.75	167	0.06	（1950—1956 年）
1954	3.37	157	0.05	
1955	4.05	119	0.05	
1956	5.36	106	0.06	
1957	7.50	90	0.07	
1958	84.15	57	0.48	
1959	49.64	68	0.34	
1960	35.11	36	0.13	2. 引黄种稻大发展和受挫调整阶段
1961	4.53	88	0.04	（1957—1964 年）
1962	2.70	124	0.03	
1963	3.30	78	0.03	
1964	3.55	173	0.06	
1965	3.80	213	0.08	
1966	3.50	175	0.06	
1967	3.71	125	0.05	
1968	4.25	123	0.05	
1969	5.33	208	0.11	3. 引黄种稻重新探索再发展阶段
1970	7.78	173	0.13	（1965—1973 年）
1971	8.57	262	0.22	
1972	14.61	236	0.35	
1973	19.17	235	0.45	

（续表）

年　份	面积 （万亩）	亩产 （kg）	总产 （亿 kg）	发展阶段
1974	27.84	203	0.57	
1975	25.59	256	0.66	
1976	28.30	212	0.60	
1977	28.60	259	0.74	
1978	34.70	289	1.00	
1979	36.60	271	0.99	
1980	39.47	304	1.20	
1981	39.29	271	1.06	
1982	42.08	319	1.34	
1983	48.20	366	1.76	
1984	53.29	330	1.76	
1985	52.10	339	1.77	
1986	45.68	364	1.66	
1987	40.14	387	1.56	
1988	38.97	408	1.59	
1989	42.76	423	1.81	4. 引黄种稻高产高效发展阶段
1990	48.01	446	2.14	（1974—2005 年）
1991	47.87	431	2.06	
1992	43.65	435	1.90	
1993	43.50	445	1.94	
1994	49.31	432	2.13	
1995	52.34	449	2.35	
1996	62.10	456	2.83	
1997	64.90	475	3.08	
1998	60.60	511	3.09	
1999	64.60	530	3.42	
2000	64.40	455	2.93	
2001	70.50	442	3.12	
2002	72.30	436	3.16	
2003	80.60	292	2.35	
2004	50.20	439	2.20	
2005	58.50	455	2.66	

（续表）

年　份	面积（万亩）	亩产（kg）	总产（亿 kg）	发展阶段
2006	71.00	475	3.37	
2007	69.00	470	3.24	
2008	62.20	476	2.97	
2009	64.00	450	2.88	
2010	60.90	460	2.80	
2011	62.20	468	2.91	5. 引黄种稻面积萎缩生产转折转型阶段（2006 年以后）
2012	57.10	459	2.62	
2013	51.60	469	2.35	
2014	45.30	444	2.01	
2015	44.30	449	1.99	
2016	27.08	527	1.43	

备注：1. 依据新乡市农技站站志《新乡农技推广 50 年》。2. 从 2013 年起，长垣县划为省直管县，"新乡市统计数据"，理应不包括"长垣县"，但为了把握区域性水稻生产情况，此表数据仍包含长垣县。2013 年长垣县水稻面积 4.4 万亩、2014 年 4 万亩、2015 年 3.5 万亩、2016 年 3.1 万亩。

表 3-6　2003—2016 年新乡市水稻生产情况（农业数）

年　份	面积（万亩）	亩产（kg）	总产（亿 kg）
2003	69.3	399	2.76
2004	71.2	433	2.99
2005	70.1	453	3.04
2006	75.0	437	3.28
2007	71.3	479	3.41
2008	67.8	479	3.25
2009	62.2	503	3.13
2010	64.0	508	3.25
2011	58.4	523	3.05
2012	49.7	537	2.67
2013	46.0	542	2.49
2014	37.0	546	2.04
2015	32.7	557	1.82
2016	33.7	549	1.85

（2）引黄种稻大发展和受挫调整阶段（1957—1964 年）

当时，新乡市的沿黄地区属于低洼盐碱地区，是黄河侧渗和泛滥造成的，也是新乡市粮食生产的低产地区。流经新乡市南面的黄河河床，是条"悬河"，比平原地区高 5~8m，原阳、封丘、长垣的黄河浸润地带、故道古阳堤浸润地带，以及历史上黄河泛滥形成的低洼盐碱地区，"冬春白茫茫，夏秋水汪汪"，长期处于种不保收的低产甚至荒芜状态，直至中华人民共和国成立初仍是吃粮靠统销、花钱靠救济、生产靠贷款的老灾区。1956 年，国家农业部发出扩大高产作物的号召，推广天津地区低洼盐碱地改种水稻发展粮食生产的经验。在此背景下，农业科技人员科学地分析新乡市洼碱地低产的原因和改良途径，针对低洼盐碱限制旱作物正常生长的涝害和盐碱害两个因素，运用水能排盐洗碱改土、水稻耐水的特点，改旱作为水田，是改良和利用洼碱地、大幅度提高产量的有效途径。1956 年在新乡县小河农场试种水稻成功。1957 年开始，为引黄稻改做大量的准备工作。新乡地区农业、水利等部门在背河洼地、重碱区的原阳荒庄村盐碱地上搞种稻试点，利用"锅驼机"提井水灌溉，获得成功，试验田亩产达到 100kg；指导群众种稻 70 亩亩产 100kg 以上，首战告捷，实践证明稻改之路是可行的。1958 年在原阳县靳堂建立试验站，开展河灌种稻的综合试验工作。品种试验对照为 8 号稻，亩产 418.6kg，竹秆青亩产 454.3kg，水源 300 粒亩产 422.1kg。

之后，多次组织各级领导和科技人员，赴天津地区洼改稻现场考察取经，又组织去广东、福建稻区参观学习；同时，大力兴修引黄灌溉工程及若干个平原水库，解决种稻的水源问题；通过国家和省有关部门协调，调进天津地区、湖北黄冈地区及河南省信阳地区有经验的县、乡领导干部和大批农民技术员，开展技术培训，并引进优良品种；成立了新乡地委水稻委员会办公室，加强组织领导和技术指导，为稻改的大发展奠定了坚实的思想、物质、技术基础。

盐碱地种稻成功，引起政府重视，得到领导的支持。1958 年在新乡地委的直接领导下开展引黄稻改工作，提出"黄河欠债黄河还，誓把新乡变江南""咬紧牙关，苦战三年，三红变三白，豫北变江南（甘薯、高粱、辣椒；白面、白米、棉花）"的豪迈口号，大引、大蓄、大灌黄河水，稻改面积快速发展到 84.15 万亩，较 1956 年泉灌老稻区面积猛增了 14.9 倍。在技术上也有所改进，如胶泥水选种、变温浸种、合式秧田水育秧，培育扁蒲壮秧、实行小株密植、试用马拉插秧机等，大多数稻田获得了丰收，当年总产达到 0.479 亿 kg，较 1956 年总产增长 7.6 倍。1959 年由于水源供应不足，面积下降到 49.6 万亩，1960 年面积下降为 35.1 万亩。由于当时"五风"严重，水稻生产受挫，加之次生盐碱地大量产生，水稻产量下降，1961 年领导决定停止引黄种稻，有人提出"要想吃大馍，必须平大河（渠道）"的主张，除人民胜利渠外，所有引黄灌渠平毁殆尽，稻区改种旱作，对引黄种稻彻底否定。其实，当时的稻改，其增产、改土的作用是明显的、肯定的，仅仅是由于缺乏经验，引黄工程太大、太急，设计不够完善，有灌无排，渠系不畅通，又搞了平原水库蓄水，使地下水位普遍迅速提高，产生了大量次生盐碱地，水稻产量降低，甚至绝收，1962 年引黄稻改迅速被迫停止。水稻试验站也随之撤销，之后仅有小面积种稻。1964 年水稻面积下降到 3.5 万亩，但亩产提高到 173kg。

（3）引黄种稻重新探索再发展阶段（1965—1973 年）

1961 年引黄渠道平毁停灌后，广大低洼盐碱地只好改种旱田作物。根据农民传统的和外地的除涝治碱经验，采取了一系列的稳产保收措施，如兴修条田台田，刮盐起碱，冲沟躲盐巧种，热犁热种，改种耐盐耐水作物。

经过对引黄种稻经验教训的认真分析后，农业科技人员继续下乡搞试点，积极地重新摸索，顶住政治压力，搞样板，摸规律，再实践，再认识。新乡地区农业局、水利局、原阳县水稻办公室、封丘县水稻办公室等，在原阳县太平镇、原武、祝楼、马新庄、大宾，封丘县水驿，获嘉县尹寨、李道堤，武陟县后赵、小赵庄等地建立 32 个基点，研究引黄种稻和井灌种稻。对洼碱地区旱改和水（稻）改进行比较分析，人们认为还是水（稻）改的优越性大，认识到在有排水条件的情况下，黄河水灌溉能排盐洗碱，培肥改土，水稻耐水又高产，这是客观规律。新乡地区农业技术推广站科技工作者谢茂祥等，先后在封丘、原阳的背河洼地蹲点搞稻改样板 9 年，取得了预期的效果。封丘县荆隆宫公社洛寨大队，是紧靠黄河大堤的穷队，土地低洼盐碱。1965 年在地区科委支持下，打了 1 眼机井，提水种稻 40 亩，平均亩产 350kg，比邻地旱作增产 6 倍，农民十分满意。第二年该大队自力更生打井 3 眼，种稻 150 亩；1967 年再打井 4 眼，共种稻 330 亩，都获得了较高产量，使该大队由缺粮变余粮。洼碱地井灌种稻的实践，受到驻该县的中国科学院南京土壤研究所所长熊毅教授的赞许，重新引起了有关领导的重视。

1968 年、1969 年原阳县原武公社南关大队，在公社书记乔永庆带领下，发动群众，开展洼碱地渠灌、井灌相配套的稻改工作，也获得成功。1970 年、1971 年在全公社开展引黄种稻示范，获得丰收。以稻改比种旱作物增产 3～5 倍的事例教育农民，喊出口号"早种早翻身、晚种晚翻身，大种大翻身、小种小翻身，不种难翻身"。1972 年原阳县政府在原武公社召开现场会，号召有引黄条件的公社都开始稻改，1973 年原武公社平均每人 1.5 亩水稻，成为集中连片的新稻区。全公社由缺粮公社变为余粮公社，成为全新乡地区第一个人产粮食超千斤的公社，受到地委的表彰。同时，总结出了"以排定引、以水定稻"的引水原则，使引水与种稻协调进行。新乡地区召开引黄稻改会议，肯定原武稻改"灌水与排水结合、渠灌与井灌结合、种稻与淤灌结合、种稻与种绿肥结合"的四条经验，号召有引黄条件的原阳、封丘、获嘉、新乡县、市郊区等，积极稳步地推广原武经验，发展水稻生产。至此，新乡地区引黄种稻进入大面积推广阶段。1973年全市水稻面积扩大到19.1万亩，亩产达到235kg，高产地块亩产达到600kg以上，实现了稻麦两季超吨粮，成效非常显著。

同时，新乡县七里营、小冀镇，辉县北云门乡、赵固乡等地，实行井灌种稻，也获得高产。当时群众对发展水稻的认识很是高昂，"有水皆宜稻，管好就高产"。从此以后，全地区所有的县都逐渐有了水稻种植。

（4）引黄种稻高产高效发展阶段（1974—2007年）

1974年以后，新乡地区和有关县的领导都十分重视引黄稻改工作，大力推广原武经验，积极稳步地发展水稻生产。大搞农田基本建设，实行灌、排、路、林、电"五配套"，引黄稻区呈现出一派高产丰收景象。每年的春季育秧、大田管理、成熟期和冬季，都要召开几次水稻专业会议，进行部署、交流、参观、培训和总结。新乡地区农业技术推广站有专人负责水稻生产技术工作，最多时有3名技术干部专抓，及时指导生产，推广先进技术。原阳、封丘两县还专门成立了稻改办公室。因此，这一时期水稻种植面积稳步发展，单产大幅度提高，面积与单产同步增长，没有出现大起大落现象。根据产量的显著变化情况，这一阶段可分为以下3个发展台阶：

1974—1982年，低产变中产，面积扩大幅度大，亩产提高到300kg。

1983—1994年，中产变高产，一度卖粮难。普遍控氮增磷，培育带蘖壮秧，放宽行距减少基本苗，普及化学除草技术，亩产上升到400kg以上。

1995—2005年，高产优质并重，面积继续扩大。高产品种豫粳6号、豫粳7号相继育成推广，实行配方施肥，稀播多效唑调控，培育分蘖壮秧，进一步放宽行距，减少亩丛数，依靠分蘖成穗等技术，全市水稻亩产提高到450kg以上，并且出现了大量亩产700kg以上的地块。

此期，水稻优质化更加被市场认可，栽培技术推广开始更加注重水稻品种的品质；同时，新世纪之后，米价走低，水稻面积波动较大。

（5）引黄种稻面积萎缩生产转型转折阶段（2008年以后）

2008年是全市水稻面积、产量逐年持续下降的拐点，并且水稻种植范围在全市大面积缩小，只有原阳县、获嘉县、封丘县还有较大面积，新乡县仅有一些科研和稻种繁殖面积，其他县（市区）基本不再种植水稻了。通过4个侧面的数据比较，反映了新乡市水稻面积与产量变化趋势（表3-7）。

表 3-7　2008—2016 年新乡市水稻面积变化情况（万亩；亿 kg）

年份	统计数（含长垣）		农业数（含长垣）		良种补贴面积	原阳县（统计数据）	
	面积	产量	面积	产量		面积	产量
2008	62.2	2.97	67.8	3.25	—	34.5	1.588
2009	64.0	2.88	62.2	3.13	50.8	36.6	1.590
2010	60.9	2.80	64.0	3.25	50.0	34.8	1.562
2011	62.2	2.91	58.4	3.05	50.7	35.3	1.655
2012	57.1	2.62	49.7	2.67	49.8	32.0	1.421
2013	56.0	2.63	46.0	2.49	47.6	31.1	1.417
2014	48.9	2.24	37.0	2.04	39.8	30.7	1.415
2015	48.3	2.13	31.2	1.74	—	30.3	1.398
2016	27.9	1.47	32.6	1.79	—	17.5	0.951

全市水稻面积下降的主要原因有以下 3 个方面。

一是引黄灌溉条件恶化。2000 年小浪底水库建成后，减轻了新乡市黄河防汛压力，但对引黄灌溉不利。受小浪底调水调沙影响，目前黄河主河槽南移，且下切 3m 左右，引水口和穿堤闸相对被抬高，与渠系不配套，过去黄河水 500m³/s 流量即可顺利引水，现在即使达到 5 000m³/s 流量也引水不畅。尤其是在稻区急需用水的 6 月中下旬，黄河水流量小，引水困难，不能满足水稻生产需要。据稻区乡村干部讲，"群众不愿种水稻，关键是用不上黄河水，井水浇灌成本太高，而且没有黄河水'肥'。如果能用上水，群众还是愿意种水稻的"。由于插秧也用不成黄河水，群众就不得不改种玉米或大豆了。

二是种植水稻比较效益低。种水稻比种玉米物质投入多、成本高，育秧、插秧等人工成本也明显高于玉米，种植管理技术也没有玉米容易掌握，易受病虫为害而减产。所以，尽管水稻效益绝对值高于玉米 150~200 元/亩，但对农民没有太大的吸引力（表 3-8）。同时，水稻生产效益在农民收入的占比也不断下降，意味着稻农从事水稻生产的机会成本也增加了。多数农民认为，种玉米比种水稻减少的收入，打几天工就赶平了。于是，有外出务工条件的农民，多数都将水稻改种为玉米了。此外土地流转费用连年上涨，又成为水稻规模化生产的一个制约因素。2014 年稻区土地流转费用普遍涨到 1 200 元/亩以上。

三是种水稻费工费事。水稻生产包括整地、育秧、插秧、灌溉、施肥、病虫害防治、收割、晾晒等，历时 6 个多月，需用工 10 个以上，而玉米生产过程仅需 4~5 个工。特别是育苗、插秧、收割用工量大，劳动强度高。以前雇人插秧每个工（1d）几十元，后涨到 100 元以上，2014 年涨到 180~200 元。2016 年获嘉县亢村 1 亩地含起秧、插秧收费达 250 元以上。与此同时，水稻生产机械化水平较低，全市平均机械插秧仅占 20% 左右，机收率不足 40%。与小麦机播率 100%、机收率 95% 相差甚远。

与此同时，水稻生产技术逐渐被拓宽，现场观摩、品牌推进、注重与二产、三产融合的增产、增效途径被日益重视。

表3-8 2008—2014 年新乡市稻谷、玉米价格与生产效益情况比较

年份	水　　稻			玉　　米	
	国家保护价 （元/500g）	市场价 （元/500g）	效　益 （元/亩）	市场价 （元/500g）	效　益 （元/亩）
2008	0.82	1.12	492	0.80	417
2009	0.95	1.20	639	0.90	680
2010	1.05	1.20	992	0.95	768
2011	1.28	1.45	935	1.05	788
2012	1.40	1.50	918	1.05	757
2013	1.50	1.55	910	1.05	747
2014	1.55	1.65	940	1.09	745
变化	+89%	+47%	+91%	+36%	+79%

注：2010 年之前标准工 20 元/个；2011 年起，标准工 30 元/个

054　新乡市稻区耕作栽培制度的变迁

新乡市水稻的布局，是大分散小集中的状况，除泉灌老稻区和一些零星稻区外，主要集中在两个黄河背河洼地区，即现在的黄河背河洼地的原阳、封丘、长垣和古背河洼地的获嘉、新乡县等地。

20 世纪 50—60 年代，基本是一熟制的春稻。

70 年代，随着生产力的提高和科技进步，栽培制度为一熟春稻和稻麦两熟的麦茬稻各占一半。

80 年代以后，除极少数不能排水种麦的地块外，全部是稻麦两熟制的麦茬稻。

土壤耕作方法，一熟春稻为冬耕或春耕，施足有机底肥；稻麦两熟的夏耕浅、秋耕深并重；新世纪以后，稻田撒套小麦几乎普及，这时的地块，一年只在插秧前进行一次深耕（夏耕），施足底肥管全年。

育秧移栽是水稻栽培的基本方式，几经改进，90 年代时形成了稀播化控培

育壮秧、宽行小丛移植为主要内容的先进栽培模式。直播栽培具有省工节水的优点，是轻型栽培模式，50—60 年代就有零星种植，因草害问题未能大面积推广；麦茬稻直播旱种技术，采用化学除草解决了草害问题，主要在非盐碱地上种植，80 年代中期曾推广 7.5 万亩；90 年代后期，示范推广了塑料软盘育秧、抛秧技术，因省去了起苗、插秧的劳动，深受稻农欢迎，是水稻栽培制度的一次全新改革，1998 年全市已推广 7.1 万亩，发展势头良好，由于秧盘市场供应混乱，这项技术在 2000 年以后基本不再应用。但在 2013 年以后，随着劳动力成本快速上升，盘育抛秧技术又开始逐渐扩大应用，以获嘉县稻区应用面积最大，2016 年获嘉县亢村镇几个水稻集中种植村抛秧面积达到 90%以上。

055　新乡市水稻栽培技术的改进与创新

中华人民共和国成立以来，新乡市农技部门在总结群众经验的基础上，积极探索新的水稻栽培技术。在育秧、密植、灌溉、化除、化控、旱种和盘育抛秧等方面，有明显的改进与创新。

（1）育秧技术的改进

育秧是水稻生产的重要环节，秧苗的质量对产量有很大影响。育秧技术的改进，基本上是由水育秧到湿润育秧、由湿润育秧再发展到旱育秧（含盘育）的演变过程。这 3 种育秧方式的演变，实质是用水量越来越少，秧苗素质越来越好，促进水稻产量的提高。

20 世纪 50 年代沿用传统的水育秧技术，为大块秧田。由于发芽、生长都在水层里，氧气供应不足，温度低，烂芽、烂秧现象严重，成秧率低，秧质很差。

60 年代逐步示范推广湿润育秧，改大块秧田为合式秧田，改冷水浸种为石灰水浸种，防止种子带病，改水层灌溉为二叶前湿润、以后保水的灌溉方法，有效地解决了烂种、烂芽和黑根多的问题，成秧率显著提高，秧质也好，育出"扁蒲壮秧"。部分春稻秧田推广了塑料薄膜育秧技术，解决了早播早栽问题。

70—80 年代仍使用湿润育秧技术。常规品种多为中晚熟、晚熟，秧田亩播量降低为 30~50kg，培育带蘖老壮秧；杂交稻秧田亩播量 15kg，培育分蘖嫩壮秧。70 年代初期，曾示范"场地育秧"和"蒸汽育秧"，未能推广。80 年代后期秧田应用多效唑，在稀播基础上更容易实现带蘖壮秧的要求，使育秧技术又上了一层楼。

90 年代主要推广旱育技术，以原阳县为重点。旱育秧的秧田期只保持湿润，不保水层，在旱地状态下生长，需要用硫酸调酸和敌磺钠（敌克松）防治立枯病，培育出旱根系的矮壮秧。旱育秧的优点是秧田土壤氧气充足，根系发达，发根力旺盛，无黑根现象；地上部健壮，干物质积累多，束缚水含量高，抗逆力强；插秧后返青快，发苗早，生长快，低位分蘖大大增多，促进穗多穗大，一般比其他育秧方式增产 10% 左右，还能提早成熟 5~7d，的确是目前最先进的育秧技术。

（2）合理密植的演变

不同历史时期产量水平的高低，是合理密植程度的重要决定因素，与品种特性、施肥水平、秧苗素质和插秧期等是息息相关的，相适应的。几十年来，水稻产量是由低产到中产，由中产到高产的过程，而合理密度是由低产稀植，中产密植，又高产稀植的演变，这也是客观存在的规律，所谓"低产靠插（主穗），高产靠发（分蘖穗），中产插发并举"的说法，表明了主茎和分蘖与产量水平高低的相辅相成关系，是很科学的。

20 世纪 50—60 年代主要是泉灌老稻田，平均亩产在 250kg 以下。此期稻田肥力低，施肥量少，插的是水育"牛毛"弱秧，因而采取大丛稀植方式，行丛距为（22~33）cm×17cm，每亩 1.2 万~1.7 万丛（比中华人民共和国成立前每亩 6 000 丛增加了 1 倍多），每丛插 10 株左右的弱秧，形成穗小穗少的稀植低产局面。

70—80 年代中期，产量水平不断提高，达到 250~400kg 的中产水平。施肥量增多，秧苗素质显著提高，培育的是扁蒲壮秧，部分为带蘖壮秧，本田分蘖能力增强，因为实行主茎与分蘖并重的办法来提高产量。一般插秧方法为（20~22）cm×（10~13）cm，每亩 2.5 万~3 万丛，每丛 6~8 苗。增加亩穗数和穗粒数并举，是达到中产水平的有效措施。

80 年代后期以来，亩产量由 400kg 提高到 500kg 以上。施肥水平大大提高，秧苗素质好，为常规的稀播化控分蘖壮秧和旱壮秧，如仍采取中产时的高密度，势必形成田间荫蔽严重，病虫害发生多，容易倒伏的状态，达不到高产的目的。所以要宽行距，减少亩丛数和丛株数，依靠分蘖成穗而高产。一般插秧方式为 30cm×（12~13）cm，有部分为宽窄行，亩丛数 1.7 万~2 万，丛插 3~5 株壮秧。

（3）灌溉技术的演变

"水稻水稻就得水泡（淹灌）"，这是形成传统水稻水层灌溉的指导思想。淹灌可分为固定水层灌溉和变动水层灌溉两种。20 世纪 50 年代以前，泉灌老稻田沿用串灌的固定水层灌溉，田与田间靠串流保持固定的水层，没有田间灌水渠道。以后，随着科学技术的进步，改进为变动水层灌溉技术，即按水稻不同生育时期，确定水层的深浅，如大水扶秧（插后返青前）、浅水分蘖、大水孕穗等，比固定水层稍有进步，但仍是淹灌。淹灌对田间小气候有一定的调节作用，然而利少弊多，本田长期水层灌溉，土壤空气很少，还原物质多，根系发育不良；土温低，影响有效养分的分解；大量生态用水被耗费；以及蚊虫滋生，亟待改进。

70年代，新乡地区农技站河南省卫生防疫站、新乡地区农科所协作，开展稻田湿润灌溉技术的试验示范。一般原则是每4~7d灌1次水（根据土壤保水情况而定），使水层与湿润（持水量80%以上至饱和状态）交替，不影响正常生长，不同生育期掌握浅水返青分蘖，够苗晒田，深水孕穗灌浆。这种先进灌溉技术优点很多：a. 土壤供氧充足，根系发达，白根多黑根极少；b. 有效氮、磷等养分分解快而多，促进植株健壮生长，基部节间短，叶片不徒长，不易倒伏；c. 只充分满足水稻的生理需求，大大减少了生态需水，可节省灌水30%；d. 减轻了蚊虫对人的危害，稻田无水层3d以上，蚊子的幼虫和蛹就会死亡，可以控制90%的蚊虫发生，有利于人体健康。因此，湿润灌溉技术在生产上已被长期推广应用。

（4）除草技术的革新

稻田水分充足，杂草滋生严重，容易造成草荒，轻则减产，重则绝收，所以除草是稻田的一项重要农活。20世纪50年代的泉灌老稻田，除草措施是水淹和分蘖期用大锄中耕除草两次，劳动强度大，十分辛苦。60年代改进为用五齿爪中耕除草两次，辅之以手工拔除，劳动强度仍然较大。

进入70年代，引黄种稻面积日益扩大，黄河水还带来了大量杂草种子，杂草滋生严重，面积又大，除草时间紧，手工除草的劳动量远远超过拔秧插秧，成为难解决的大问题，稻农感叹说："大米好吃草难拔"。从此时开始试验示范化学除草技术，群众有迫切要求。秧田先后推广了除草醚、敌稗和幼禾葆等进行土壤封闭和茎叶处理，效果都在90%以上。本田推广了除草醚、二甲四氯、杀草丹、恶草灵、丁草胺、乐草隆、稻得利等，有触杀型也有内吸型除草剂，有单一剂型也有混合剂型，正确使用的效果都很好。90年代在本田返青后，及时将除草剂与分蘖肥、多效唑3种物质混合撒施，省工省事，一举三得。化学除草技术的好处很多。一是除草较彻底，可达90%以上，辅以人工扫残；二是由于防除早，减轻了草苗争光争肥现象，一般增产10%；三是化除后无须再行中耕，省工省时；四是减少了投入，增加了产出。因此，稻农乐于使用化学除草，使用面积逐年扩大，到1998年化除面积已占水稻面积的80%，到2000年以后化学除草技术在生产上基本普及。

（5）化学调控技术的应用

作物化学调节控制是20世纪中叶出现的先进技术，也是投入少产出多、效应直观明显的增产新途径。先后应用于水稻的有萘乙酸、赤霉素和多效唑3种调节剂，产生的效应、效果、效益十分显著。

60 年代中后期，曾用植物生长促进剂萘乙酸进行试验示范，在插秧前用 10mg/kg 萘乙酸溶液浸秧根，促进返青分蘖，提高成穗率，使籽粒饱满，增产显著，后因药剂供应中断而停止使用。

赤霉素也是植物生长促进剂，70 年代后期至 80 年代中期，赤霉素用于杂交水稻的制种，有效地调节花期和解决包颈问题，对提高制种产量有重要作用。

多效唑是 80 年代中期国内生产的三唑类新型植物生长延缓剂，具有调节生长、抑杀杂草、防治病害的三大功能，有减弱顶端生长优势、缩短节间长度、促花保果、增强抗逆性的四大效应。新乡市农技站 1988 年开始试验示范，可用于秧田和本田，以及两者均用的全程化控技术，效果显著。用于培育壮秧，是在秧苗二叶一心时，亩用 300mg/kg 溶液 75kg 喷洒，其效应一是控制秧高、增加根数、促进分蘖、茎叶健壮；二是增强抗旱、抗盐等的抗逆能力；三是抑杀杂草；四是防治恶苗病、绵腐病，一般可增产 10%左右，并提早成熟 2d 左右。本田是在返青时使用，根据品种对多效唑的敏感程度，每亩 40～70g 药剂配制成药土或药肥均匀撒施，有促进早分蘖、多成穗的作用，并能缩短基部节间的长度和增强充实度，有较强的抗倒伏能力，一般可增产 10%～15%，1990 年开始在全市示范推广，《河南日报》给予了专题报道（1989 年 12 月 9 日 2 版）。新乡市农技站是中国水稻研究所牵头的全国作物化学调控科研推广协作组的成员单位，当初多效唑货源少，成员单位可以优先供应，并连续 6 次参加全国作物化学调控学术研讨会，总结经验，交流信息。河南省农业厅在新乡召开会议，使本市水稻化控经验向全省推广。到 1998 年，全市水稻化控面积已达水稻种植面积的 70%，之后到目前为止，水稻多效唑调控已成为必不可少的常规增产技术措施。

（6）水稻旱种技术的发展

稻麦两熟的水稻旱种，就是选用水稻品种，免耕直播，利用夏秋水热同步的条件，像种旱作物一样只浇几次水，进行旱田状态的栽培，这是水稻生产的一次革命。这种栽培制度具有良好的社会、经济和生态效益：一是省水，只满足生理需水，充分利用降水，可以减少 70%以上的灌水量；二是省工，省去育秧整地插秧 7 个工左右，劳动强度也大为降低；三是生产成本低，亩纯收益可增加百元以上；四是增加大米的供应量，改善了粮食结构；五是稻田没有蚊子滋生，有利健康。

水稻旱种技术的出现和推广，有其特定的历史背景。20 世纪 70 年代中后期至 80 年代前期，大米供应紧缺，人民群众有改善生活需求，吃大米难的问题十分突出；当时玉米价格较低，种稻的经济效益远远超过种玉米，农民迫切要求改种水稻，但按常规栽培水稻水源又不足；兼以解决苗期草荒的化学除草技术已经成熟，这些条件都为发展水稻旱种提供了可能性。

麦茬水稻旱种技术的改进点和关键主要是：选用耐旱、早熟、丰产的水稻品种，经过筛选，黎优57、秀优57杂交稻最为适宜；实行免耕直播、浅播、达到全苗的目的；化学除草，水稻幼苗期生长缓慢，杂草滋生快，容易形成草荒，所以必须化除，以封闭为主，辅以茎叶处理；浇好5~8次关键水，主要是全苗水、分蘖水、孕穗水、灌浆水，尽量使土壤保持80%以上至饱和的含水量，满足生理需要，促进正常生长。涝年少浇，旱年多浇，亩产可以达到400~500kg。

70年代后期，新乡地区农技站以获嘉县、武陟县为重点试验示范，形成了完整的配套技术。80年代前期，作为重点项目来抓，向全区各县示范推广，最高年份种植面积达到7.5万亩。同时，省农业厅在新乡召开旱种现场会，向全省推广新乡经验。国家农牧渔业部把水稻旱种列为重点推广项目进行推广。1983年、1984年，全国农技推广总站（现全国农业技术推广服务中心）两次在新乡召开北方水稻旱种现场会，总结交流经验，并于1983年冬在新乡召开全国水稻旱种技术培训班。1982—1985年，地区农技站谢茂祥高级农艺师应有关单位邀请，赴陕西、河北、山东、安徽（阜阳地区）、江苏（丰县）、上海市、上海县及中国农业科学院科研部等举办技术培训班，传授交流技术。中国农学会曾两次组织北方水稻专家，来新乡考察指导。1983年夏，河南省农业厅购进日本井关农机株式会社的全套水稻旱种机具，河南省农学会邀请日本著名水稻直播专家、前冈山大学一级教授赤松诚一先生，与新乡地区农技人员在新乡县七里营公社东王庄村，开展百亩旱种机械化作业的中日协作活动，同时中国农学会还邀请京、津、冀、鲁、苏五省（市）农技干部跟班培训，百亩机械化示范田平均亩产402kg，高产地块达505kg，达到了高效高产的预期目的。世纪之交，水稻旱种，再度提起，缘于劳动力的快速升值。2003年市农技推广站和市农机推广站合作，在原阳县葛埠口乡游堂村进行水稻机械旱直播试验，水稻直播机为丹阳市河阳华昌条播机厂生产的江南2BG-10型半精量条播机，集旋耕、播种、覆盖一体化作业，每小时可以播种10亩左右。

水稻麦田附泥撒套播是直播旱种技术的延伸和发展，为80年代后期至90年代的试验示范项目，江苏农学院等单位的专家教授，曾来新乡市封丘县、长垣县现场考察交流，给予较高评价。撒套播技术要点是：选用田间荫蔽较好的中高产麦田，在浇灌浆水后，随即用浸种露白、附泥包衣的种子（亩播种量8~9kg），均匀撒在麦田里，包衣种子一半入泥，趁潮湿发芽扎根，收麦时两三片叶不影响割麦，共生期20d左右，收麦后及时浇水、追肥、化除，田间管理与常规栽培基本相同。撒套播有的在旱作区水浇地试验示范，有的已进入常规栽培稻区，旱播苗期旱长，中后期水管，效果很好。这项技术好处甚多，首先是由于生育期较长，产量比麦茬直播旱种增产15%~20%，与常规插秧的平产或略增；其次是免除了育秧插秧用工，缓解了三夏大忙的农活紧张状态，是一项节水省工的技术。

（7）水稻盘育抛秧技术的推广

盘育抛秧技术是改湿润育秧为旱育壮秧，改插秧为站立抛秧的综合重大改革，不仅解决了育壮秧难的问题，又解决了"脸朝黄土背朝天，弯腰插秧两千年"的难题，高产省工，是20世纪最先进的水稻栽培技术，列为国家重点推广项目。新乡市1992年开始试验示范，1995年开始推广，《新乡日报》给予了专题报道。同年秋，河南省农业厅在新乡市获嘉县召开现场会，向全省各市地推广。新乡市1999年盘育抛秧面积达10万亩，占全市水稻面积1/6左右。新乡市农技站该项技术获得新乡市1998年科技进步二等奖，1999年获河南省星火二等奖，1997年、2000年全国农技推广总站（现全国农业技术推广服务中心）给予专项表彰。后来育秧盘的市场混乱以及水稻面积的萎缩，盘育抛秧面积亦成萎缩趋势。

盘育抛秧的关键技术是：在旱田状态下育旱秧，秧龄30~40d，秧高15cm左右；用腐熟粉碎鸡粪或猪粪配好营养土，无须调酸；亩用2kg种子浸种不催芽，与营养土混匀装盘，保湿促全苗；多效唑调控促壮秧，适当浇水促稳长；田整平软，汪泥汪水状态分次抛秧（地不平的可以插秧、摆秧），务求均匀；本田管理与常规栽培基本相同。优越性有四点：第一是能够高产稳产。塑料软盘旱育、化控育成旱壮秧，全根带土带肥抛秧无植伤，入泥浅，扎根快，返青早，能早生快发，低位分蘖多，成穗率高，穗多穗大易高产。第二是降低生产成本，增加经济收入。省秧田、省种子、省水肥，省拔秧插秧用工。仅需购买秧盘20余元/亩（可用3年），亩纯增收入120元。第三是省工节力，免去了高强度劳动。盘育秧起秧快，一人一天抛秧6~7亩，比常规拔秧插秧提高工效10倍以上，免去了繁重体力劳动，有利健康，且加快了移栽进度，有利于早栽增产。第四是便于育秧专业化、商品化和种稻机械化。

时至2015年、2016年，面对水稻生产用工多，成本高，节本难度大，机械化程度低，特别是劳动力成本快速提升后，水稻盘育抛秧面积又开始恢复性扩大。获嘉县亢村镇吴厂村一带，水稻抛秧再度被广大稻农热捧运用。2016年6月21日市电视台采访村民焦庆文："现在人工太贵了，手插秧加上起秧、运秧一亩地仅人工起码得250块钱以上。而采取抛秧花50来块钱就行，一亩地光人工就能省200块钱呢。再加上省种子、省秧田，管理得好还增产，效益更高，俺家今年种了9亩多水稻，全部抛秧。今年俺村抛秧面积达到了90%以上"。获嘉县2016年全县水稻抛秧栽培面积达1.5万亩，占水稻面积近20%。

链接

《新乡日报》1997年10月6日第1版报道

我市水稻盘育抛秧新技术取得新进展

本报讯　大旱之年，新乡市5.6万亩盘育抛秧水稻喜获丰收。

国庆节前夕，市委副书记赵胜修、副市长高义武带领有关人员实地考察了我市水稻盘育抛秧技术示范田后，连连称赞这项技术很好，要加大推广力度。

9月27日，市科委组织10名省、市农业专家，对我市农技推广站引进、推广的水稻盘育抛秧田进行了现场测产，亩均单产543kg，比常规栽培增产8.4%，同时通过了技术鉴定验收。专家们认为，我市从1991年以来，引进、试验、改进、示范、推广这项实用高效技术，始终走在全省前列。该项目经过6年来的试验示范，已经形成了一套比较完整的、适应我省条件的综合配套技术，经济效益和社会效益十分显著，在我省具有广泛的推广应用前景。

被群众誉为"天女散花"式水稻栽培法的盘育抛秧技术，是水稻栽培史上的突破性改革，它改变了几千年来稻农"面朝黄土背朝天"的育秧、起秧、插秧等繁重的体力劳动。这一项目已经被列为全国重点推广项目。姜春云副总理曾批示："水稻旱育稀植和抛秧，是两项重要的增产技术，应作为一项重大的技术措施推广。"

市农业技术推广站1991年派人到黑龙江、吉林等地考察后，随即引进此技术，并进行改进、提高。他们组织市、县、乡农技部门进行联合攻关，在各县（市）、区开展了广泛的试验示范，并积极组织育秧盘供应。初见成效后，市政府即将其列入全市重点农业科技推广项目。每年在插秧和水稻生长期间，多次召开现场观摩会，促进了这项技术的推广。到今年为止，全市累计推广此技术17.3万亩，节资增效累计达2 750.7万元。

（8）水稻优质化、标准化、无公害化技术推广

进入21世纪以后，水稻生产技术开始在高产、优质的基础上向优质化、标准化、无公害化、绿色化转变，2002年新乡市农技站参加了全国农业技术推广服务中心在江苏淮安市召开的全国优质米博览会，回来后在《新乡日报》撰写了"发展优质无公害稻米迫在眉睫"的专家呼吁，年底新乡市农技站组织了优质大米等农产品口感鉴定（表3-9），虽然科学性未必严谨，但水稻优质化确实被提到水稻生产的重要议程。同年，原阳县水稻办起草了无公害大米标准，新乡市农技站起草了无公害稻米生产技术规程，并把复杂的"标准"简化成"明白

纸"，发给广大稻农参考使用。

表3-9 新乡市农技站大米品质品尝鉴定结果（2002年12月25日）

品种名称	评选结果（分类/位次）	产地与大米提供者
H301	较好/1	原阳县·原阳县水稻办公室
新丰1号（矮优）	较好/2	新乡县·新乡新源稻业有限公司
新丰2号（175）	较好/3	新乡县·新乡新源稻业有限公司
豫粳6号95-35	较好/4	新乡县·新乡新源稻业有限公司
新世纪	较好/5	原阳县·原阳县水稻办公室
黄金晴	较好/6	原阳县·原阳县水稻办公室
水晶3号	较好/7	原阳县·原阳县水稻办公室
豫粳6号95-30	一般/8	新乡县·新乡新源稻业有限公司
白香粳	一般/9	原阳县·原阳县水稻办公室
华育13	一般/10	原阳县·原阳县水稻办公室
金粟米	较差/11	江苏省·新乡市农技站
杂交稻	较差/12	新乡市·新乡市种子公司
啤酒稻"蓖露1号"	较差/13	原阳县·原阳县水稻办公室

056 新乡市水稻生产发展趋势

进入21世纪以后，随着小浪底水库建成后引黄河水困难、劳动力价格大幅度上涨、种稻比较效益下降等因素的影响，水稻面积呈递减的趋势明显。但是，沿黄种稻是黄河背河洼地粮食生产的一大优势，同时对改善全市地下水状况、改善全市生态环境等都具有非常重要的意义。因此，作者与省市县同行专家多次研讨探索，对新乡市水稻未来发展提出建议与对策。

（1）充分发挥引黄灌溉优势

水稻主产县（区），应针对新情况，调整水利规划，结合平原引黄蓄水工程建设、灌区改造，划定大中型引黄灌区中的"水稻灌区"，优化和提升稻区引黄灌溉功能，确保稻田灌溉全部实现以黄河水灌溉为主，为保持"原阳大米"质量奠定基础。一是引黄灌溉部门要加快武嘉、人民胜利渠、祥符朱、大功、韩董庄、堤南、新庄七个大中型引黄灌区引水闸口重新设计和配套建设，降低闸门，确保能够顺利引水。二是加快平原引黄蓄水工程建设，把平原引黄蓄水工程建设、景观蓄水湖建设与水稻灌区工程建设结合起来，为水稻生产顺利灌溉提供便利。三是市、县两级加大对引黄水费补贴，建议把目前水费"稻区多交、旱作区少交"改为"旱作区少交、稻区不交"（因为水稻生产具有保护环境、补充地下水的公益性功能），调动农民种稻积极性。同时推广工程节水、农艺节水新技术，有效降低灌溉成本。

此外，要积极探索引黄用水、管水机制，建立县—乡—村（合作组织）—户（专业管护人员）用水管护体系，与引黄灌溉部门有机对接，确保发挥好引黄工程作用。

（2）立足科技与装备支撑

改进传统栽培技术，普及水稻生产机械化。一是支持新乡市农业科学院、丰源种子有限公司和驻新高校，不断选育出适合新乡市种植的高产优质、节水、抗病水稻品种。二是推进农科教一体化，加大国内外新品种的引进和推广工作，筛选出综合性状优良的品种，全覆盖推广无公害标准化生产技术，提升稻米品质和产量。三是试验示范水稻旱种、盘育抛秧等节水、节劳型新技术。最近几年来，水稻旱种和盘育抛秧越来越受到不少稻农青睐，主动在探索实践，发展趋势明显。四是加快水稻插秧、收获机械的引进和技术推广，加大水稻机械补贴额度和办法，培育、扶持各种水稻种植合作社、农机合作社发展，鼓励专业大户开展工厂化育秧、普及水稻机插、机收技术，降低劳动强度。2016 年农业部门联合实施的重大农业技术项目对原阳县原生种植农民专业合作社扶持装备的最新型水稻生产机械——2BZP-800 育秧播种机（每小时可摆放 600 个秧盘）、2ZGQ-6B 乘坐式高速插秧机（每小时可插 8 亩地），非常实用高效，给水稻生产机械化开创了新的尝试。

（3）强化加工与品牌带动

培育龙头企业，进一步做强"原阳大米"品牌。制定优惠政策，招商引资，加快培育组建"原阳大米产业集团"，加强品牌建设。协调 4 个水稻主产县（区）建立"原阳大米"品牌共用机制，联合做好"原阳大米"品牌资源的开发、利用、保护，不断提高产品认知度，提升市场影响力。加强市场监管，取缔无照经营的小作坊式大米加工企业，严厉打击以次充优、用外地稻谷加工成"原阳大米"销售等行为，维护"原阳大米"品牌形象。同时要积极做好稻米品牌营销，借助互联网高效信息化工具，进一步做强"原阳大米"品牌。

（4）开拓产业与文化引领

弘扬黄河稻米文化，提升稻米产业内涵。坚持举办"原阳大米文化节"并丰富内涵。谋划筹建"新乡·原阳大米产业博览园"，与黄河滩区综合开发、休闲农业开发、黄河湿地保护、河南省农业科学院科研基地、黄河南岸邙山景区、平原示范区城市化建设结合起来，把沿黄稻区作为一个"大景观"来建设，集水稻科学研究、品种博览、种植生产、大米加工、科学普及、餐饮游园、休闲观光、黄河旅游等为一体，弘扬沿黄稻米文化，提升稻米产业内涵。近年来，原阳县太平镇水牛赵村支部书记赵俊海领办原生种植农民专业合作社创建的水牛稻观光园区是个成功的案例——流转土地种植优质大米，建了大米加工厂，注册了"水牛稻"商标，集稻麦种植、河蟹养殖、农事体验、游园休闲、餐饮观光、科技培训为一体，探索了粮食主产区以水稻为载体的农业融合发展的新途径。

057 新乡市水稻生产效益与农民收入

改革开放后，水稻生产一直是全市粮食生产中效益较高的作物，加之综合利用价值，水稻可以说是属于"准经济作物"了，不少稻农依靠种稻走上致富道路。21世纪以后，水稻单产稳步提高，稻谷市场价同步快速提升，种水稻的效益主要来自稻谷市场价的上涨。笔者从2004年国家实施水稻最低收购政策后，坚持对全市水稻生产效益调查，结果表明，同期全市农民年收入增长幅度明显快于种水稻收益的增长，每亩水稻生产纯效益占农民年收入的比重则持续下降（表3-10、表3-11）。这种情况表明，稻农靠种水稻增加家庭收入的机会成本明显提高了，人们对种水稻增收的重视程度显著下降。

据资料报道，全国水稻生产效益概况为：2010年全国水稻亩产值1 076.45元，亩成本766.63元，亩利润309.82元；2013年亩产值1 305.90元，亩成本1 151.11元，亩利润154.79元。可以看出，在农民年收入显著低于全国平均水平的情况下，新乡市的水稻生产效益远高于全国平均水平。

表3-10 新乡市水稻生产成本与效益调查（保留整数；农业数据）

项　　目		2005年	2006年	2007年	2008年	2009年	2010年	2011年	2014年
成本 （元/亩）	种子	12	15	18	18	19	24	36	54
	化肥	93	91	143	228	188	151	179	167
	农药	20	34	57	65	49	54	73	38
	机械	40	51	86	87	65	40	44	50
	灌溉	50	50	52	52	43	57	60	81
	用工	80	120	177	205	226	213	266	442
	合计	295	361	533	655	590	539	658	832
产量（kg/亩）		455.0	475.0	478.5	492.5	503.0	508.0	523.0	562.3
产值（元/亩）		910	988	1 014	1 103	1 207	1 473	1 569	1 913
效益（元/亩）		615	627	481	448	617	934	911	1 081
当年市场价 （元/500g）		1.00	1.04	1.06	1.12	1.20	1.45	1.50	1.70

表 3-11　新乡市农民人均年收入及其构成（元/年）

年份	人均收入	收入构成			
		工资性收入	家庭经营收入	财产性收入	转移性收入
2000	2 165	551	1 485	93	36
2001	2 220	574	1 561	53	32
2002	2 294	615	1 572	76	31
2003	2 409	699	1 613	47	50
2004	2 748	765	1 859	61	62
2005	3 133	912	2 092	57	77
2006	3 653	1 119	2 344	82	108
2007	4 355	1 400	2 722	101	131
2008	5 038	1 670	3 052	131	185
2009	5 431	1 823	3 239	131	239
2010	6 241	2 251	3 501	214	275
2011	7 533	3 266	3 813	141	313
2012	8 647	3 935	4 145	225	342
2013	9 728	5 253	3 653	287	535
2014	10 730	5 937	3 924	223	647
2015	11 772	5 325	4 455	128	1864
2016	12 679				

第四部分　新乡水稻品种

058　新乡水稻主要品种的更新换代

中华人民共和国成立以来，新乡市水稻品种进行了多次更新，对不同时期水稻产量的提高，都起到了重要作用。但从大的时段和品种群来看，可以划分为4次大的品种更新换代阶段（表4-1）。

（1）传统当地老品种以及大引大调外地品种时期（1949年至20世纪70年代初期）

中华人民共和国成立后，泉灌老稻区仍沿用抗日战争时期引入辉县的8号稻、辉县香稻、金锦9号、竹秆青等传统老品种。1958年前后，水稻有一个短暂的快速发展，大量调入了天津的"银坊"和湖北的"胜利籼"两个品种。"银坊"是天津著名的"小站米"品种，米质优良，但产量低。"胜利籼"是南方籼稻区的主导品种，但因易落粒和适口性差，种植面积逐渐缩小。20世纪60年代中至70年代初，是引黄种稻试验、大面积多点示范时期，先后引进了农垦57、田边10号、京引119（日本原名山法司）、桂花球、竹秆青、竹单5号、新稻2号等品种，大部分为生育期长的品种，适用于春稻，少数可以春夏兼用。由于没有建立水稻良种繁育体系，一些生产队以丰产田去杂后当种子，混杂退化严重，产量徘徊不前。

这一阶段，全市种植水稻面积很小，主要靠太行山前泉水自流灌溉。但品种真是"多乱杂"。农业科研与推广部门先后引进了不少籼型或粳型外地品种。如"8号稻"是日本引入的晚粳品种，株高110～120cm，适应性强，米质优，抗病。"银坊稻"是1950年由天津军粮城农业试验场引入的中粳品种，品质稍差，但早熟，适合稻麦两熟种植。株高100cm左右，茎秆强硬不易倒伏，叶小、色浓，码密，一般亩产200～250kg。"金锦9号"是1950年自南京金陵大学引入的中籼品种，株高140cm，茎秆粗壮，抗倒伏。"竹秆青"是1958年引入的山东省的农家品种，属晚粳，株型紧凑，株高中等，分蘖力适中，秆硬抗倒，抗病，一般亩产250～400kg。"辉县老香稻"是辉县栽培历史悠久的地方品种，稻米味香，最适煮粥和做糕点、酿酒，为待客珍品；植株高大，茎秆粗壮，叶片宽长，穗大粒多，每穗250粒左右，最多达500粒以上；密植易倒伏减产，一般亩产300~350kg。

（2）新稻68-11为主导品种时期（20世纪70年代中至80年代末）

1968年新乡市农科所从日本品种山法师中系统选育出新稻68-11，20世纪70年代初开展示范、随即大力推广，成为主导品种，直到20世纪80年代末。1970年代中期，还引进了郑粳12、豫粳1号（郑粳107）、豫粳3号（花粳2号）等新品种，作为搭配品种。这些品种的推广应用，对促进新乡市水稻亩产量水平由300kg上升到400kg，起到了较大作用。新稻68-11作为主导品种长达20年，主要是该品种比较稳产，适于亩产400kg水平栽培，大米品质好；其次是提纯复壮做得好，基本实现了三年三圃制，防止了混杂退化。80年代中期还引进了日本的优质品种"越富"，米质很好，但产量低，由于当时优质不能优价，因此没有推广开来。此期，引进了陕西黑糯、陕西香糯、绿米稻、香血糯及本地的新香糯等特色水稻品种，在生产上开始广泛种植。陕西黑糯、香血糯、新香糯保持较大面积分散种植，除食用外，带动了黑米醋、黑米元宵的生产。

此段时间前期，新乡地区农科所的水稻科研优势渐强，采用系统选育和杂交育种等手段，先后选育推广了新稻2号、竹单5号、新稻18、新稻29等品种替代了8号稻、银坊稻、竹秆青和水源300粒等农家品种和外引品种，促进了稻改和沿黄稻区水稻生产。如"新稻2号"，1957年用秋水仙碱处理银坊稻种子诱变，于1961年育成，为中熟粳稻，是1964—1970年沿黄稻区主要种植品种之一。"新稻5号"是陆羽132×8号稻于1961年育成，中晚熟粳稻，1964—1967年大面积种植，适宜于亩产250~350kg中产水平种植。"竹单5号"是从竹秆青中系统选育于1964年育成，晚熟粳稻，是1966—1975年种植面积最大的春稻品种。"新稻18"由秋引59（粳）×南特16（籼）于1965年育成，中熟中产粳稻，具有早熟、省肥、耐瘠薄、稳产的优点，是20世纪60年代末至70年代初沿黄稻区盐碱薄地搭配品种之一。"新稻29"由秋引59（粳）×南特16（籼）于1967年育成，中晚熟粳稻，米质优，食味好，是70年代初沿黄稻区主要种植品种之一。"新糯1号"是济农大粒1号×水源300粒于1968年育成，中晚熟粳型糯稻，米质优，食味好，是70年代初沿黄稻区种植的稀贵品种之一。"新稻68-11"是从山法师变异株中系统选育，于1968年育成，中晚熟粳稻，春稻、夏稻皆宜，突出优点是米质优，抗病性较好，适应性广。

此段时间后期，新乡市农科所常规育种和杂优利用并重，常年做大量杂交新组合30~70个。育成新稻75-164、新稻77-30、新稻82-988、新稻83-275、新稻85-12、新稻87054和新香糯等常规品种，但总体上看没有大的突破。育成的主要品种有："新稻75-164"，由新稻18×红旗20于1975年育成，米质优，亩产略低于新稻 68-11。"新香糯"，由新稻 2 号×辉县老香稻于 1977 年育成，该品种比原来的名贵品种辉县老香稻秆子低 1/3，产量提高 1 倍多，且保持了老香稻的糯性和食味浓香的特色，米色乳白光泽好，是制作各种高档甜食和糕点的优质原料。落色活顺，适应性广，产量高而稳定，一般亩产 400~500kg。"新稻 83-275"，由新稻 75-164×新稻 77-145 于 1983 年育成，中晚熟粳稻，作麦茬稻、春稻均可，比新稻 68-11 增产 3%~5%，1987 年新乡市农作物品种审查小组审定。"新稻 85-12"于 1985 年从山法师中系统选育而成，产量略高于新稻 68-11，但抗倒力较差，是一个很好的亲本材料，用其作母本育成了豫粳 6 号。

（3）豫粳 6 号为主导品种时期（20 世纪 90 年代至 21 世纪初）

进入 20 世纪 90 年代，要求实现高产、高效、高质量的"三高"农业，示范推广的豫粳 6 号、豫粳 7 号，优质的黄金晴，是生产上应用的 3 个主要品种，高产品种与优质品种并举，平均亩产突破 500kg 大关，高产田可以达到 650kg 以上，对增加稻农收入，做出了重要贡献。豫粳 6 号以高产优质面积扩大很快，占水稻面积比重突出，引领了水稻产量上了一个新的台阶。特优品种黄金晴产量水平为 400~500kg/亩，虽然较豫粳 6 号、豫粳 7 号低 50~100kg/亩，但却能在生产上长期大面积种植：一是特优米与一般米的价格拉开了，每 1kg 高 0.4 元左右；二是出米率高，每 50kg 稻谷可多出 2~3kg 大米，亩产值高；三是特优米在市场上畅销，原阳大米名扬华北各地，主要是靠黄金晴的特优大米，在市场疲软时特优米好卖，优先出售。

这一时期是水稻理想株型育种与多类型品种选育阶段，新乡市农科所水稻育种和全国一样，经过 20 年的爬坡，终于取得重大进展和突破。标志是豫粳 6 号的育成推广，带动了沿黄水稻生产出现了第二次飞跃。"豫粳 6 号"，原名新稻 90247，杂交组合是新稻 85-12×郑粳 81754，于 1990 年育成。具有分蘖力强、根系发达、穗大粒多、群体与个体协调、产量高、米质优、抗病性好等优点；竖叶半直穗，具有高光效的株叶型，是黄淮稻区首次应用的竖叶半直立穗型品种。1995 年河南省审定，1996 年被指定为全国北方粳稻试验对照种，1997 年被国家科委列为"九五"国家重点推广项目，1998 年通过国家审定，是河南省第一个通过国审的粳稻品种，1999 年获国家农作物新品种"后补助"项目。

此后还培育出了"豫粳 8 号"，原名新稻 90261，用新稻 68-11×郑粳 107 于 1990 年育成，该品种比豫粳 6 号早熟 10~13d。"新稻 11 号"，2003 年 4 月河南省审定，抗白叶枯病，抗倒伏。"新稻 10 号"，2004 年河南省审定、2005 年国家审定，沿黄地区作麦茬稻，全生育期 140~145d，比豫粳 6 号早熟 12~14d，能早腾茬，大米早上市。

（4）高产优质多品种共同主导时期（21 世纪初至今）

进入 21 世纪之后，高产、优质、抗倒伏、抗病的品种虽然不断出现，但总体上仍然处于一个相似的品种群状态，只是水稻新品种的数量增加了许多。尤其是 2014 年之后，全市水稻品种至少增加到 15 个以上（表 4-2）。从优质性状看，黄金晴仍然是消费者最认可的品种。从产量性状看，新稻 10 号、新稻 18 号、新稻 22 号、玉稻 518、新丰 2 号、新丰 5 号、新丰 6 号、新丰 7 号、郑稻 19、五粳 04136、五粳 519、获稻 008 等，亩产都可以达到 700kg 以上，米质也与黄金晴相似。

这一时期超级稻育种在全国兴起，背景是主导豫粳 6 号在生产上当家已 10 多年，虽然表现产量高，品质好，但生育期较长，对水稻条纹叶枯病抗性较差；黄金晴品质虽好，但产量较低。培育集高产、优质、多抗、广适于一体的超级粳稻新品种是沿黄水稻生产发展的迫切需要。新乡市农业科学研究院乘势而上，以王书玉研究员为主的水稻育种团队，育成了全省第一个超级稻品种"新稻 18 号"，该品种 2007 年河南省审定，2008 年通过国家审定，2008 年获农业部植物新品种权保护授权。突出特点是：产量高。2008 年河南省农业厅组织专家对新稻 18 号百亩示范方现场验收，实收 788.5kg/亩。还培育出了具有高产、稳产、优质、多抗等优点的"新稻 19 号"，2009 年通过河南省审定。

此期河南丰源种子有限公司，以王桂凤为主的民间水稻育种也是成果颇丰。新丰 2 号、新丰 5 号、新丰 6 号、新丰 7 号等新丰系列水稻品种，各有秋色，在沿黄稻区"风景这边独好"。

表 4-1　中华人民共和国成立以来新乡市水稻品种更新换代情况

代次	大致时段（年）	实际亩产水平（kg）	主要种植品种
第一代次：当地老品种及引调外地品种时期	1949—1970	≤250	辉县 8 号稻、辉县香稻、金锦 9 号；银坊、胜利籼农垦 57、田边 10 号、京引 119、桂花球、竹秆青、竹单 5 号、新稻 2 号等
第二代次：新稻 68-11 为主导品种时期	1971—1990	250~450	新稻 68-11、郑粳 12、豫粳 1 号（郑粳 107）、豫粳 3 号（花粳 2 号）；以及新香稻、白香粳、陕西黑糯、香血糯等
第三代次：豫粳 6 号为主导品种时期	1991—2005	450~600	豫粳 6 号、豫粳 7 号（卷叶粳）、黄金晴；H301、水晶 3 号；郑稻 19；新稻 10、新稻 18、新稻 22、玉稻 518；新丰 2 号、新丰 5 号等
第四代次：高产优质多品种共主导时期	2007 年至今	600~700	新丰 5 号、新丰 6 号、新丰 7 号；新稻 18、新稻 22、玉稻 518、新稻 25；郑稻 19、五粳 04136、五粳 519、获稻 008；黄金晴等

表4-2   不同年份新乡市水稻品种利用概况

年份	主要品种利用概况
2004	推广豫粳6号（95-30系、95-35系）、黄金晴等；示范H301、新世纪、新稻11等
2006	豫粳6号58万亩，占80.5%；黄金晴、新稻10号、白香粳等12万亩，占16.7%；郑稻18、新稻18等2万亩，占2.8%
2010	新稻18号、郑稻19号、新丰2号等
2011	新稻18号、郑稻19号、新丰2号等
2012	新稻18号、郑稻19号、新丰2号等
2013	新丰2号、郑稻19号、新稻18号等
2014	新丰2号8.7万亩，新稻18号7.5万亩，新丰5号6.8万亩，方欣4号4.8万亩，黄金晴2.1万亩。还有新稻22、新丰6号、五粳519等
2015	新稻22、新丰2号、黄金晴、新丰6号、五粳01436为主，搭配品种新稻25、五粳519、获稻008、新稻18等
2016	新丰2号、6号、7号12万亩；新稻22 5.8万亩；黄金晴3.0万亩；获稻008号2.5万亩；五粳519号2.0万亩；郑稻19号1.6万亩；新稻18号1.5万亩等

059   新乡市是否适合种植杂交水稻

杂交稻品种的利用在新乡市也经历了两次明显的"重视"阶段。

第一次：1975年我国北方杂交粳稻宣布三系配套成功后，新乡师范学院生物系李振宇老师，随即从辽宁省农科院稻作所引进黎优57、秀优57两个组合，与地区农技站协作开展试验示范。经过3年的研究，根据杂交稻营养生长期短、灌浆期长的特性，摸索出稀播培育分蘖壮秧、宽行小丛单株、早促重促争取早分蘖为主要内容的杂交粳稻栽培技术，然后示范推广。20世纪80年代初期到中期，黎优57和秀优57同时用于插秧水种和直播旱种栽培，"水种"的较新稻68-11增产15%~20%，"旱种"的较郑州早粳增产10%，产量优势显著，最高年份杂交稻种植面积达10万亩左右。1982年，时任农业部副部长、中国农学会理事长相显东来新乡考察杂交稻的高产田，给予很高评价。在示范推广的同时，开展了制种工作，种子达到自给有余，居河南省领先地位。"杂交粳稻制种技术的研究与推广"，获得省政府科技成果三等奖。20世纪80年代后期，由于应用杂交稻种植的旱种面积减少和制种科技人员的调离等原因，以黎优57为主的杂交稻推广工作停止。

黎优57（秀岭A×C57）：作麦茬稻插秧的全生育期为130d左右，麦茬旱种为118d左右，属中粳。株高90cm，叶厚上举，浓绿，分蘖力强，为大穗型组合，亩有效穗数 20 万~24 万，穗粒数 110~130 粒，千粒重 26g 左右，一般水种亩产 500~600kg，旱种亩产 400~500kg。

第二次：1988—1992 年，新乡市农业技术推广站引进示范亚种间化杀杂交的亚优 2 号组合，优势特强，增产幅度大，但因品质较差、种子价格较高而没有推广开。

20 世纪 90 年代末，新乡市农业技术推广站又从北方杂交粳稻研究中心引进屉优 418（屉锦 A×C418）的三系杂交粳稻，经过 3 年试验示范，表现出既高产又优质的特点，其产量比豫粳 6 号增产 5%~8%，米质相当于新稻 68-11，且成熟期较早，利于适时种麦，1997 年 9 月 25 日《河南科技报》对此进行了报道（见下链接）。1998 年在省农业厅立项，示范与制种同步进行（附当年制种及示范总结），全市累计示范推广 10 万余亩，但由于制种产量低、种子价格高，项目支持力度小，两年后停止推广。

生产实践表明，总体上看，目前杂交稻品种在新乡市还没有普及推广的优势和必要，主要是产量和品质与当地常规稻品种相比没有明显优势，尤其是品质，还难以达到目前的常规品种。

链接

新乡市农技站引进屉优 418 新组合

本报讯　今年 9 月 25 日记者随新乡市农业局有关领导到新乡市获嘉县冯庄镇了解杂交粳稻屉优 418 的推广情况。示范推广区内粳稻长势喜人，穗大粒多，表现出良好的适应性。

1995 年新乡市农技站从北方杂交粳稻研究中心引进三系杂交粳稻新组合。经过 3 年的试验示范，该组合表现出穗大粒多、千粒重高、品质好、生育期短、抗病抗倒、耐旱耐水、适应性强等特点，具有广阔的推广前景。新乡市农技站马玉霞副站长告诉记者，屉优 418 经专家严格测产，平均亩产在 713.6~802kg，产量比新稻 68-11 增产 20% 以上，比豫粳 6 号增产 5% 以上，且早熟 7~15d。

1998 年 10 月 26 日《河南科技报》

1998 年新乡市屉优 418 制种工作总结（删减）

屉优 418 是我市 1996 年从北方杂交粳稻研究中心引进的三系杂交粳稻新组合。1998 年初，报省农业厅立项。在试验示范的同时，开展制种技术研究，今年全市安排落实制种面积 31.6 亩，经过科技人员和农民共同努力，初获成功。

一、关键技术环节

1. 播种错期与插秧错期

播种错期：父本 C418 于 5 月 7 日、5 月 14 日分两期播种，每亩制种田用种量按 1kg 各播 50%。母本屈锦 A 待 C418 四片叶时即 5 月 31 日，亩制种田用种量按 2.5kg 播种。

插秧错期：父本 C418 于 6 月 12 日将两期秧苗一次性插入大田，母本屈锦 A 于 6 月 22 日插秧。在插秧期间，田间保持浅水层，防止土壤板结。

2. 确定插秧规格与行比

幅宽 7.2 尺，父母本行比为 2：9。父本 2 行，插秧规格为 8×4（寸），每穴 3 株；母本 9 行，插秧规格为 6×4（寸），每穴 2 株。父本与母本的间距为 8 寸。

3. 花期预测与调节

插秧时在每个制种点分别选择有代表性的 2 个固定调查点，每个调查点定第一期父本 5 穴 15 棵主茎、母本 5 穴 10 棵主茎分别从插秧之日起用黑漆在叶片上做好标记，每 5d 调查 1 次。7 月 21 日调查时发现父本出叶速度减慢，此时父本 13 片叶、母本 11 片叶，于是开始剥茎调查，每 3 天剥查父、母本单穴 10 个，每穴取一个主茎，调查主茎的幼穗发育进程。7 月 27 日调查时，第一期父本幼穗分化处于三期，母本处于二期，对照制种方案，父本应比母本先分化 3 期，遂作好花期调节准备。8 月 5 日实行调节措施，母本待水层落干亩施 10kg 尿素，父本亩施 0.5g "九二〇" 加 50g 磷酸二氢钾。8 月 10 日，对父本亩喷 0.7g "九二〇" 加 50g 磷酸二氢钾。8 月 12 日父、母本均见穗，先对父本亩喷 1g "九二〇"，同时割去母本剑叶 1/2。8 月 13 日，父、母本同时亩喷 2g "九二〇"，8 月 15 日又喷一次。通过调节，基本实现了花期全遇。

4. 辅助授粉

从 8 月 12 日父、母本均见穗开始，进行人工赶粉。每天露水散后，父、母本均见开颖，即开始赶粉，每 20min 进行 1 次，每天赶粉 4~8 遍，雨天趁雨停放晴时及时赶粉 1~2 遍。授粉持续 15 天。

5. 去杂保纯

苗期、抽穗期及时拔除异型杂株，齐穗前连续拔除母本散粉株，成熟期反复拔除母本正常结实株，收获时先收父本，后收母本，单打单晒，防止混杂。

二、成果与问题

获嘉县太山乡程操村制种点实现了花期全遇，制种田平均亩产种子 95kg，最高亩产 146kg，同时亩产恢复系平均为 99kg，最高为 130kg；郊区平原乡刘庄营制种点花期未能相遇，制种田仅产种子 17.5kg，恢复系亩产 95kg。

新乡市农技站

一九九八年十二月

杂交粳稻屉优 418 示范总结

新型杂交粳稻屉优 418 已引进两年，在省农业厅支持下，今年在全市开展杂交粳稻屉优 418 高产示范。

概况：在全市 4 个县 6 个乡共落实 6 个示范点，分别在获嘉县冯庄镇职庄村、太山乡罗旗营村、新乡县翟坡镇牛任旺村、郊区平原乡刘庄营村、原阳县祝楼乡新城村和葛埠口乡大张寨村，示范面积共计 325 亩。

产量结果：屉优 418 平均亩穗数 19.17 万，每穗实粒数 141.4 粒，千粒重 27g 克，按 85% 折亩产 622kg，水稻收获后实产，亩产稻谷 606kg，比当地主导品种豫粳 6 号增产 32kg，增长 5.6%（见附表）。

综合评价：屉优 418 株高 110cm 左右，植株偏高，茎秆弹性好，虽少有倾斜，但尚无倒伏现象；全生育期 140d，成熟期较当地主导品种豫粳 6 号提前 10~15d，有利于新米早上市，每千克大米价格比豫粳 6 号高 0.6~0.7 元。

附表　屉优 418 示范测产结果

示范地点	行株距（cm×cm）	亩穴数（万）	穴穗数（个）	亩穗数（万）	穗实粒数（个）	千粒重（g）	实产（kg/亩）	比对照±kg/亩	比对照±%
冯庄乡职庄	31×13	1.6	13.3	21.25	139.0	27.0	652	+32	+5.2
太山罗旗营	27×13	1.85	10.2	18.90	147.0	27.0	635	+65	+11.4
祝楼新城村	30×1	1.65	10.8	17.80	141.3	27.0	585	平	
葛埠口大张	27×14	1.73	12.4	21.37	128.0	27.0	600	平	
翟坡牛任旺	28×14	1.65	11.1	18.24	137.1	27.0	556	+40	+7.7
平原刘庄营	28×15	1.62	10.8	17.50	155.9	27.0	610	+55	+10.0
平　　均		1.68	11.4	19.17	141.4	27.0	606	+32	+5.6

新乡市农技站

一九九八年十二月

060　新乡市主要水稻品种有哪些

新乡市水稻育种科研实力较强，现将 20 世纪后半叶以来生产中主要推广的品种简介如下。

（1）新香糯

新乡地区农科所以新稻 2 号为母本，辉县香稻为父本杂交于 1977 年育成，1985 年河南省审定。属于中晚粳香糯稻。株高 95cm，茎秆粗壮，叶片宽上举，色浅，成穗率高。散码大穗，穗长 20cm 左右，每穗 100 粒，千粒重 25g。米粒短圆形，乳白色，有浓香味。抗稻瘟病、白叶枯病，不抗纹枯病。作麦茬稻种植，全生育期 138~140d，一般亩产在 400kg 左右。

（2）香血糯

江苏省武进县以紫糯和香粳用复合杂交法育成。株高 75cm，叶片短而挺，色浓绿，株型紧凑，分蘖力较强，植株有香味。每穗 80~100 粒，千粒重 24g。大米紫黑色，味清香，含有多种微量元素，是极佳的保健食品。作春稻、麦茬稻插秧栽培都适宜，麦茬栽培的全生育期为 150d 左右。

（3）新稻 68-11

新乡地区农科所自中国农业科学院引入材料的变异株中系统选育而成，1978 年获河南省科技大会奖。株高 105cm，分蘖力较强，抗倒伏力中上等。成熟时叶青籽黄，落色活顺。穗松散呈鸡爪状，长 20cm 左右，穗粒数 70~90 粒，结实率高，千粒重 25~26g，米质好。该品种属中晚熟粳稻，春夏播均可，适应性强，秧龄不敏感，易管理，不抗恶苗病，较稳产。作麦茬稻栽培，全生育期 140~145d，春稻 155~160d，亩产一般 350~450kg。

（4）黄金晴

1987 年河南省农业厅从日本引进的品种。株高 90cm，叶色淡，分蘖力强，属多穗型品种。亩有效穗 30 万左右，穗粒数 80~90 粒，千粒重 25~26g。籽粒饱满，空秕率仅 5% 左右。后期落黄好，根系发达，茎秆弹性好，抗倒伏。株型前期松散，后期紧凑，穗长而松散。糙米率 83%，精米率 75%，透明度高，无腹白，粒长 6.6mm，胶稠度 67mm。米质特优。属中粳早熟品种，适于麦茬稻种植，全生育期 138~140d，亩产 450~500kg。

（5）豫粳 6 号

国审稻 980002；来源：新稻 85-12/郑粳 81754；新乡市农业科学研究所选育；1995 年河南省审定、1998 年通过国审，原名新稻 90247。是河南省第一个国审水稻品种。荣膺 4 项国家级荣誉：国家审定、列入国家成果推广计划、获国家农作物新品种"后补助"项目、被指定为国家水稻试验对照品种。

特征特性：中晚熟品种。株型紧凑，茎基部节间短，株高100cm左右，主茎叶片16~17片，亩穗数23万左右，穗呈纺锤形，穗长15~17cm，每穗平均粒数110~130粒，结实率90%，颖尖紫色。谷粒椭圆形，千粒重25~26g，糙米率83.8%，直链淀粉含量16.8%。生育期150d，中抗稻瘟病，中感白叶枯病，耐稻飞虱。

品质：糙米率84.6%，精米率77.3%，整精米率73.1%，垩白粒率10%，垩白度1.0%，胶稠度70mm，直链淀粉含量16.2%，综评达国家优质稻谷一级标准。

产量表现：省粳稻区试两年均居第一位，较对照增产13.9%，最高亩产738.7kg；省粳稻生产示范两年均居第一位，较对照增产21.2%，最高亩产730.0kg；全国北方粳稻区试综评第一位，较对照种泗稻9号增产13.6%，最高亩产705.0kg。在沿黄稻区表现突出，增产幅度之大，推广速度之快，普及范围之广，前所未有。后被定为国家北方及河南省粳稻区域试验、生产试验对照种。

适宜范围：黄淮粳稻区。

（6）豫粳7号

新乡市万农集团（公司）以新稻68-11和郑粳107杂交种F₁为母本，以"IR26"为父本杂交选育而成。为中晚熟大穗型品种，麦茬稻全生育期145~150d。株高100cm左右，剑叶直立微卷，茎秆坚韧，基部节间短，抗倒伏。穗纺锤形，无芒，半散穗，穗粒数120~130粒，千粒重25~26g。分蘖力较强，抽穗整齐，结实率95%。籽粒椭圆型，心腹垩白小，适口性好，品质优。抗病耐病性较好，一般亩产500~600kg。1996年通过河南省审定，原名89277，又名卷叶粳。

（7）豫粳8号

新乡市农科所以新稻68-11为母本、郑粳107为父本杂交，于1990年育成，1998年河南省审定，原名新稻90261。

特征特性：在沿黄稻区作麦茬稻全生育期145d左右，比新稻68-11早熟1~2d，比豫粳6号早熟7~10d。株高105cm，幼苗叶挺直，色较淡；本田期株型紧凑，茎秆粗壮，叶片上举，分蘖力较弱。每穗120粒左右，结实率93%~95%，千粒重26~27g，糙米率83%，精米率75%，整精米率69%。稻米营养品质、外观品质及食味品质优。抗病性较强，成熟落色好。

产量水平：1993年省区试亩产542.8kg、1994年亩产525.8kg、1995年亩产512.1kg。1996年、1997年省示范，亩产分别为450.5kg和483.6kg。

适应于河南沿黄稻区及河北邯郸地区作高肥水地麦茬稻。

（8）新稻 11 号

新乡市农科所用黄金增为母本，豫粳 6 号作父本杂交育成；2003 年通过河南省审定；2000 年、2001 年两年省区试平均亩产 541.2kg，2002 年省生产试验平均亩产 560.2kg。

特征特性：幼苗叶较小，挺直，色较淡。本田期型较紧凑，叶片上举，主茎 19~20 片叶。株高 89cm，比豫粳 6 号低 10cm 左右。茎基部节间短。亩成穗数 25 万~30 万；穗呈纺锤形，半直立，着顶芒，籽粒密度较大，穗长 15~17cm，每穗枝梗数 8~12 个；每穗籽粒数 110 粒左右，结实率 90%，千粒重 23g 左右，谷粒椭圆形。米质优。在沿黄稻区作麦茬稻全生育期 155d 左右，比豫粳 6 号早熟 1~4d。分蘖力很强，成穗率 80% 左右，谷草比 1.1:1，抗倒伏，抗病性好。

品质性状：出糙率 83.6%，整精米率 67.9%，垩白粒率 8%，垩白度 0.4%，直链淀粉含量 16.4%，胶稠度 87mm，粒长 4.7mm，长宽比 1.7；综评达国标 1 级米标准。

抗性：对白叶枯病表现抗病，对纹枯病表现中抗，对稻瘟病表现感病。

适宜地区：河南及苏北、皖北、鲁中南等。

（9）红光粳 1 号

豫审稻 2005001；新乡县新科麦稻研究所（河南省新农种业有限公司）选育；来源：豫粳 7 号×黄金晴。

特征特性：属中晚粳类型，全生育期 161d。分蘖力强，株型紧凑，株高 101.3cm，剑叶短，宽窄适中，叶势直立型；茎秆粗壮、坚韧有弹性，抗倒性强；半散形穗，穗长 15cm，有红芒；亩有效穗 25.3 万，平均每穗实粒数 115 粒，结实率 86.1%，粒型椭圆，粒色淡黄，粒长 5.2mm，长宽比 1.7，千粒重 24.7g。2005 年品质测定：出糙率 84.5%，精米率 75.7%，整精米率 70.3%，垩白粒率 3%，垩白度 0.2%，直链淀粉 16.62%，胶稠度 86mm，综合评价达国标优质米 1 级。2004 年抗性鉴定：中抗纹枯病、白叶枯病；中感穗颈瘟病，感稻瘟病。

产量表现：2003 年省粳稻区试亩产 432.9kg，2004 年续试亩产 520.9kg；2004 年省粳稻生产试验亩产 521.5kg。

适宜区域：河南沿黄粳稻区及豫南籼改粳种植。

（10）新丰 2 号

豫审稻 2007003；河南丰源种子有限公司选育；来源：豫粳 6 号×新丰 9402。

特征特性：属常规粳稻，全生育期为 161d。株高 105cm，株型紧凑，茎秆粗壮，叶片上倾，叶色绿中带黄；分蘖力较强，每亩成穗数 24 万；颖尖紫红色，种皮浅黄色；穗呈纺锤形，穗长 16cm 左右，着粒密度中等，每穗实粒数 135

粒，结实率85%，千粒重26g。

抗性：对稻瘟病表现为感病，对穗颈瘟感病（3级）；对白叶枯表现中抗（3级），对纹枯病表现为高抗。

品质：2005年/2006农业部检测：出糙率83.8%/85.8%，精米率75.8%/77.3%，整精米率68.4%/73.0%，垩白粒率14%/29%，垩白度1.4%/2.3%；直链淀粉17.0%/17.2%，胶稠度76mm/80mm，粒长5.0mm/5.3mm。透明度1级，米质达国标2级优质米标准。

产量表现：2004年省区域试验平均亩产494.7kg，2005年亩产478.6kg；2006年省生产试验平均亩产548.9kg。

适宜地区：沿黄稻区，豫南籼改粳稻区做优质品种种植。

（11）新稻18号

豫审稻2007001，新乡市农业科学院选育；来源：盐粳334-6（津星1号×豫粳6号）。

特征特性：属常规粳稻，全生育期161d。株高107cm，株型紧凑，茎秆粗壮，剑叶上举，叶鞘绿色，分蘖力较强，每亩成穗数24.3万，穗长15.4cm，着粒较密，易脱粒；平均每穗总粒数133粒，结实率85%，千粒重25g；成熟落黄好。

品质分析：2005年/2006年农业部检测：出糙率84.7%/85.8%，精米率75.7%/78.7%，整精米率68.9%/77.8%，垩白粒率40%/67%，垩白度4.8%/5.4%，粒长4.7mm/4.8mm，直链淀粉16.8%/16.2%，胶稠度64mm/74mm，透明度2级。

产量表现：2005年省区域试验，平均亩产593.6kg、2006年续试平均亩产613.7kg；2006年省生产试验平均亩产579.2kg，比对照豫粳6号增产10.2%，居8个参试品种第一位。

该品种2010年被评为全国第四批超级稻品种，是河南省第一个超级稻品种。2007年通过省审定，2008年通过国家审定。2009年原阳县祝楼乡蒙城村"新稻18号"千亩示范方（1 580亩）测产，亩产795.8kg，比国家北方超级稻产量指标（780kg/亩）高出15.8kg。

适宜地区：河南沿黄稻区和豫南籼改粳稻区。

（12）新丰5号

豫审稻2010005；河南丰源种子有限公司选育；来源：豫粳6号×秋丰。

特征特性：属中熟常规粳稻品种，全生育期159d。株高104.9cm，株型紧凑，茎秆粗壮，根系发达，叶片挺直、肥厚，分蘖力中等；平均每亩有效穗21.0万，每穗粒数117.7粒，结实率85.7%，千粒重24.3g。

品质分析：2008 年/2009 年农业部检测：糙米率 82.6%/82.7%，精米率 73.5%/74.8%，整精米率 72.3%/71.2%，粒长 5.4mm/5.4mm，粒型 2.0/1.9，垩白粒率 4%/12%，垩白度 0.2%/0.8%，透明度 1/3 级，胶稠度 85mm/85mm，直链淀粉 15.0%/16.2%；米质分别达国家优质稻谷标准 1 级和 2 级。

产量表现：2007 年省粳稻区域试验平均亩产 515.3kg，2008 年平均亩产 555.0kg，2009 年省粳稻生产试验平均亩产 558.9kg，比对照豫粳 6 号增产 11.3%。

适宜地区：河南省沿黄稻区和豫南籼改粳稻区。

（13）新农稻 1 号

豫审稻 2010004；河南省新农种业有限公司选育；来源：（豫粳 7 号×黄金晴）×黄金晴。

特征特性：属中熟常规粳稻品种，全生育期 158d。株高 101cm，株型紧凑，茎秆粗壮，坚韧有弹性；穗长 16.2cm，粒色淡黄，粒型椭圆，成熟落黄好。平均每亩有效穗 21.2 万，穗粒数 120.2 粒，结实率 86.4%，千粒重 24.1g。

品质分析：2008 年/2009 年经农业部食品质量监督检验测试中心（武汉）检测：糙米率 84.0%/84.6%，精米率 74.6%/76.8%，整精米率 71.4%/73.2%，粒长 5.2mm/5.4mm，粒型 1.9/1.8，垩白粒率 10%/20%，垩白度 0.8%/1.6%，透明度 1 级/1 级，胶稠度 86mm/83mm，直链淀粉 15.4%/15.2%；米质等级分别达国家优质稻谷标准 1 级和 2 级。

产量表现：2008 年省粳稻区域试验平均亩产 561.8kg，2009 年续试亩产 585.9kg；2009 年省粳稻生产试验平均亩产 558.8kg。

适宜地区：沿黄稻区和豫南籼改粳稻区。

（14）新粳优 1 号

豫审稻 2011001；新乡市农业科学院选育；来源：新稻 97200A×新恢 3 号。

特征特性：属三系杂交粳稻品种，全生育期 161.2d，比对照 9 优 418 早熟 0.8d。株高 125.4cm，分蘖力较强，穗大粒多，穗长 19.7cm，平均每穗总粒数 211.5 粒，每穗总实粒数 154.3 粒，结实率 73.4%，千粒重 23.7g。

抗病鉴定：2010 年经江苏省农业科学院植物保护所抗病性鉴定：抗苗瘟（R），中抗（MR）穗颈瘟，中抗（MR）纹枯病，抗（R）白叶枯病。

品质分析：农业部测试：2010 年出糙率 83%，精米率 74.9%，整精米率 71.2%，垩白粒率 14.0%，垩白度 1.1%，直链淀粉 16.8%，胶稠度 79mm，粒长 5.2mm，粒型长宽比 1.9，透明度 1 级，碱消值 4.0 级。米质达国标 2 级。

产量表现：2008 年省粳稻区试平均亩产 606.7kg、2009 年续试亩产

602.4kg；2010 年省粳稻生产试验亩产 600.2kg，居参试品种第 1 位。

适宜地区：河南省沿黄稻区以及南部籼改粳稻区。

（15）新丰 6 号

豫审稻 2012005；河南丰源种子有限公司选育；来源：豫粳 6 号×秋丰。

特征特性：属常规粳稻品种，全生育期 155.4d，比对照豫粳 6 号早熟 2.4d。株型紧凑，株高 106.9cm；茎秆粗壮，穗大粒多；亩基本苗 6.6 万株，最高分蘖 24.9 万株，有效穗 20.3 万头；穗长 24.6cm，平均每穗总粒数 182 粒，实粒数 156.4 粒，结实率 85.9%，千粒重 29.7g。

品质分析：2011 年农业部检测：出糙率 84.9%，精米率 74.1%，整精米率 71.6%，垩白粒率 20%，垩白度 2.0%，直链淀粉 17%，胶稠度 77mm，粒长 5.0mm，粒型长宽比 1.8，透明度 1 级，碱消值 5.0 级，米质达国家优质稻米 2 级标准。

产量表现：2009 年省粳稻品种区域试验平均亩产 557.2kg、2010 年续试亩产 552.2kg；2011 年省生产试验平均亩产 542.4kg，比对照豫粳 6 号增产 9.2%。

适宜地区：河南省沿黄稻区及南部籼改粳稻区。

（16）新稻 22

豫审稻 2012001；新乡市农业科学院选育；来源：镇稻 99×01D41LB88。

特征特性：属常规粳稻品种，全生育期平均 159.5d，较对照豫粳 6 号晚熟 1.7d。株型紧凑，株高 98.2cm；剑叶短挺，叶色稍深，成熟落黄好；亩基本苗 6.6 万株，最高分蘖 28.5 万株，有效穗 20.9 万头；穗长 16.3cm，每穗总粒数 122.6 粒，实粒数 104.8 粒，千粒重 26.7g。

品质分析：2011 年农业部检测：出糙率 84.8%，精米率 76.7%，整精米率 73.2%，垩白粒率 3%，垩白度 0.3%，直链淀粉 15.2%，胶稠度 55mm，粒长 5.2mm，粒型长宽比 1.8，透明度 1 级，碱消值 6.0 级；达国家优质稻米一级标准。

产量表现：2009 年省粳稻品种区域试验平均亩产 568.9kg，2010 年续试亩产 570.3kg；2011 年省生产试验平均亩产 530.8kg，比对照豫粳 6 号增产 7.0%。

适宜地区：河南省沿黄稻区及南部籼改粳稻区。

（17）玉稻 518

豫审稻 2012004；新乡市农业科学院、河南师范大学联合选育；来源：新稻 03518 诱变。

特征特性：属常规粳稻品种，生育期平均 158.1d，比对照豫粳 6 号晚熟 0.3d。株型较紧凑，株高 103.9cm；茎秆粗壮，剑叶短、宽、挺，叶色稍深；亩基本苗 6.2 万株，最高分蘖 25.3 万株，有效穗数 19.5 万头；穗长 16.8cm，每穗总粒数 138.4 粒、实粒数 116.7 粒，千粒重 27.8g。

品质分析：2011 年农业部检测：出糙率 84.7%，精米率 74.5%，整精米率 72.4%，垩白粒率 18%，垩白度 1.4%，直链淀粉 16.5%，胶稠度 68mm，粒长 4.8mm，粒型长宽比 1.7，透明度 1 级，碱消值 6.0 级；米质达国家优质稻米二级标准。

产量表现：2009 年省粳稻品种区域试验平均亩产 594.5kg、2010 年续试平均亩产 581.6kg；2011 年省生产试验平均亩产 538.4kg，比对照豫粳 6 号增产 8.5%。

适宜地区：河南省沿黄稻区。

（18）新科稻 21

国审稻 2012035；新乡市农业科学院选育；来源：镇稻 99×01D41LB88。

特征特性：属粳型常规水稻品种。黄淮地区种植全生育期平均 157.1d，比对照徐稻 3 号长 1.2d。株高 96.4cm，穗长 15.5cm，每穗总粒数 125.7 粒，结实率 82.7%，千粒重 25.8g。中抗稻瘟病，抗条纹叶枯病。2011 年经农业部食品质量监督检验测试中心（武汉）检测，该品种米质达到国家优质稻谷标准 2 级。

产量表现：2009—2010 年参加国家黄淮粳稻组品种区域试验，两年区域试验平均亩产 612.1kg，比徐稻 3 号增产 4.8%。2011 年生产试验，平均亩产 592.4kg，比徐稻 3 号增产 7.1%。

适宜区域：河南沿黄稻区、山东南部、江苏淮北、安徽沿淮及淮北地区。

（19）五粳 04136

豫审稻 2012002；新乡市新粮水稻研究所选育；来源：豫粳 6 号×镇稻 88。

特征特性：属常规粳稻品种，全生育期平均 155.6 天，比对照豫粳 6 号早熟 2.2 天。株型紧凑，株高 98.7cm；剑叶挺直，成熟落黄好；亩基本苗 6.6 万株，最高分蘖 27.3 万株，有效穗数 20.5 万头；穗长 17.1cm，平均每穗总粒数 134.1 粒，实粒数 112.5 粒，结实率 83.8%，千粒重 26.0g。

产量表现：2009 年河南省粳稻品种区域试验亩产稻谷 587.5kg，2010 年续试亩产 559.1kg；2011 年河南省生产试验亩产 543.4kg，比对照豫粳 6 号增产 9.5%。

适宜地区：河南省沿黄稻区及南部籼改粳稻区。

（20）新丰 7 号

豫审稻 2013008；新乡市远缘分子育种工程技术研究中心选育；来源：镇稻 99×金世纪。

特征特性：属中晚熟常规粳稻品种，全生育期 163d。株型半紧凑，株高

104.7cm，茎秆粗壮，分蘖力强；主茎叶片数 18 片，剑叶夹角小，叶色绿；穗长 21.7cm，着粒较密，成熟落黄好，抗倒性较好。平均亩有效穗数 18.1 万，每穗总粒数 159.2 粒，结实率 90.5%，千粒重 25.6g。

品质分析：2011 年/2012 年农业部检测：出糙率 84.2%/86.0%，精米率 75.0%/77.6%，整精米率 71.5%/75.4%，垩白粒率 22%/12%，垩白度 1.5%/0.6%，直链淀粉 14.4%/16.2%，胶稠度 84.0mm/65.0mm，粒长 4.8mm/5.1mm，长宽比 1.7/1.9，透明度 1 级/1 级，碱消值 7.0 级/7.0 级。2012 年品质检测结果达到国家优质稻谷 2 级标准。

产量表现：2010 年省粳稻品种区域试验，平均亩产 564.7kg，2011 年续试平均亩产 585.9kg；2012 年省粳稻生产试验，平均亩产 585.6kg，较对照新丰 2 号增产 5.5%。

适宜区域：河南沿黄稻区及南部籼改粳稻区。

（21）新稻 25

国审稻 2014045；新乡市农业科学院选育；来源：郑粳9018×镇稻88。

特征特性：粳型常规水稻品种。黄淮稻区种植，全生育期 155.5d，比对照徐稻 3 号短 1d。株高 103.9cm，穗长 17.5cm，亩有效穗数 18.6 万穗，穗粒数 163.2 粒，结实率 85.6%，千粒重 23.5g。中抗稻瘟病，高抗条纹叶枯病。

米质指标：整精米率 69.5%，垩白粒率 20.8%，垩白度 1.6%，胶稠度 78mm，直链淀粉含量 18.2%，达到国家优质稻谷标准 3 级。

产量表现：2010 年国家黄淮粳组区域试验平均亩产 607.7kg，2011 年续试亩产 620.3kg。2011 年生产试验亩产 697.7kg，比徐稻 3 号增产 5.7%。

适宜地区：河南沿黄稻区、山东南部、江苏淮北、安徽沿淮及淮北地区。

（22）获稻 008

豫审稻 2014004；新乡市卫滨区科丰种植农民专业合作社选育；品种来源：五粳008/豫粳6号。

特征特性：属粳型常规水稻品种。株高 97.4~98.1cm，株型紧凑，分蘖力强，茎秆粗壮，剑叶挺直；主茎叶片数 16 片，穗长 16.9cm，着粒较密，每亩有效穗 21.9 万~22.3 万，每穗总粒数 132.4~143.2 粒，实粒数 115.1~119.7 粒，结实率 83.6%~86.9%，千粒重 23.8~25.4g。

品质分析：2014 年品质分析：出糙率 84.0%，精米率 74.0%，整精米率 68.8%，粒长 5.2mm，长宽比 1.9，垩白粒率 12%，垩白度 1.1%，透明度 1 级，碱消值 6.2 级，胶稠度 78mm，直链淀粉 16.2%，达国家优质稻谷 2 级标准。

产量表现：2011 年河南粳稻区域试验平均亩产稻谷 574.0kg，2012 年续试亩产 654.5kg；2013 年河南粳稻生产试验亩产 641.5kg，较对照新丰 2 号增产 6.3%。

适宜区域：河南省沿黄稻区及豫南籼改粳稻区。

（23）五粳519

豫审稻2014005；新乡市新粮水稻研究所选育；来源：新粮501/镇稻88。

特征特性：属粳型常规水稻品种，全生育期157～164d。株高97.4～105.1cm，株型紧凑，茎秆粗壮，主茎叶片数18片，穗长17.3cm，着粒较密，每亩有效穗22.3万～23.1万，每穗总粒数137.0～145.3粒，实粒数118.0～121.4粒，结实率83.6%～86.2%，千粒重24.0～25.5g。

品质分析：2014年品质分析：出糙率85.7%，精米率76.0%，整精米率72.4%，粒长5.1mm，长宽比1.9，垩白粒率22%，垩白度2.6%，透明度1级，碱消值6.0级，胶稠度85mm，直链淀粉15.9%，达国家优质稻谷3级标准。

产量表现：2011年河南粳稻区域试验平均亩产581.8kg，2012年续试亩产663.6kg；2013年河南省粳稻生产试验亩产650.7kg，较对照新丰2号增产7.8%。

适宜区域：河南沿黄稻区及豫南籼改粳稻区。

（24）新科稻29

审定编号：豫审稻2015007；新乡市农业科学院、河南九圣禾新科种业有限公司选育；来源：圣稻806×（镇稻99×01D41LB88）。

特征特性：属粳型常规水稻品种，全生育期155～161d。叶色深绿，剑叶短挺；株高100～105cm，株型半紧凑，茎秆粗壮；穗长15.6～16.7cm，籽粒椭圆形，种皮为浅黄色，颖尖秆黄色，有短芒；亩有效穗20.7万，每穗总粒数137.5～159.1粒，实粒数121.6～134.9粒，结实率84.8%～88.5%，千粒重26.9～28.1g。

产量表现：2012年河南省粳稻品种区域试验平均亩产682.3kg，2013年续试亩产657.4kg；2014年河南省粳稻品种生产试验平均亩产622.4kg，较对照新丰2号增产7.0%。

品质指标：2013年检测，出糙率83.0%，精米率73.0%，整精米率69.5%，粒长5.1mm，长宽比1.9，垩白粒率12%，垩白度1.2%，透明度2级，碱消值6.3级，胶稠度76mm，直链淀粉15.5%，米质达国家标准优质3级。

适宜区域：河南沿黄及豫南籼改粳稻区。

（25）新稻69

豫审稻2016002，新乡市农科院育成，来源：新稻18号×苏北9号。这是河南省2012年启动豫南粳稻品种试验第一个通过审定的、适宜豫南"籼改粳"种植的粳稻品种。也是新乡市农科院将育种目标定为异地应用通过审定的首个水稻品种。

特征特性：属粳型常规水稻品种，全生育期 151～157d，叶绿色，主茎叶片数平均 19 片；株高 100.7～105.6cm，株型较紧凑，茎秆粗壮，穗长 17.2～18.1cm，颖尖秆黄色，有短芒；谷粒椭圆形，种皮浅黄色；亩有效穗 19.0 万穗～21.8 万穗，每穗总粒数 148.8～152.9 粒，实粒数 128.6～130.5 粒，结实率 79.0%～87.7%，千粒重 25.4～25.9g。

品质分析：2015 年检测，出糙率 83.4%，精米率 74.8%，整精米率 71.8%，粒长 4.8mm，长宽比 1.8，垩白粒率 18%，垩白度 5.3%，透明度 1 级，碱消值 7.0 级，胶稠度 78mm，直链淀粉 14.8%。

产量表现：2013 年参加豫南粳稻区域试验平均亩产 570.4kg，2014 年续试平均亩产 582.4kg；2015 年豫南粳稻生产试验平均亩产 600.4kg，较对照郑稻 18 号增产 21.2%。

适宜区域：河南南部稻区。

061　水稻新品种引种、选育、推广要坚持哪些原则

根据本地光热资源情况及稻麦两熟耕作方式，水稻新品种引种、选育要坚持高产、优质、多抗、中晚熟粳稻的基本目标。坚持以下五大原则：

一是高产优质并重的原则。当地群众将水稻看做粮食作物中的经济作物，稻米商品率高，稻米品质的优劣直接影响到稻农的经济利益。只有稻米优质又高产的品种才能被稻农接受，在生产中得到推广。单纯"优质"至上、或单纯"高产"至上的指导思想，在实践中都难以落实，经不起市场的检验。

二是中晚熟生育期类型品种为主的原则。大面积生产当家品种要选用生育期 145～155d 的中晚熟品种。既能充分利用本区光热资源，又能在 10 月中旬成熟，不耽误下茬小麦适时播种。同时，秧龄弹性大，抽穗灌浆期吻合于昼夜温差大的气候条件，有利于养分的制造、运转和积累，获得较高的产量以及优良的品质。当然，种植一些早熟品种，新米早上市，也是一种谋财之道。

三是兼顾抗病性、抗倒性、稳产性的原则。随着稻谷产量水平的不断提高，倒伏和病害问题就愈加严重，只有兼顾了抗倒抗病性好的高产优质品种才能最大限度地满足生产需要。同时对不同年份、不同生产条件下有良好的适应性，表现稳产，也是生产上必要的。

四是新品种选育与良种繁育紧密结合的原则。选育出了好品种，必须搞好提纯复壮和良种繁育工作，才能使之尽快得到推广，并保持其优良种性。基本经验是"多点试验摸索技术，重点繁殖备足良种，高产攻关创造牌子，大面积推广获得效益"，试验、示范推广、提纯复壮、良种繁育，同时进行，加速水稻良种

推广。

五是良种良法良机相配套的原则。良种是农作物高产的内因，栽培条件是外因。根据品种特征特性研究其相应的栽培技术，才能充分发挥其增产作用。栽培技术是复杂的系统工程，科研育种单位要与农业推广部门联合开展配套栽培技术试验研究，既能加速新品种推广，又能延长新品种利用年限。机械化育苗、插秧、收获，是适应劳动力价格上涨的现实需要，大面积水稻机械化是今后水稻稳定发展的必由之路。

062 什么叫假劣种子？购买水稻良种应当注意什么问题

假劣种子包括劣种子和假种子，各有五层含义。

劣种子

一是种子质量低于国家标准；二是种子质量低于标签标注的指标；三是种子变质不能作种子使用；四是杂草种子比率超过规定；五是带有国家规定的检疫对象。

假种子

一是非种子冒充种子；二是此品种种子冒充他品种种子；三是种子种类与标签标注内容不符；四是品种名称与标签标注内容不符；五是种子产地与标签标注内容不符。

一旦发现购买的种子属于假劣种子时，可以持购买种子的发票，及时到购买种子的公司反映情况，协商经济赔偿和补偿办法。如果协商不成，立即到当地种子管理部门或工商管理部门投诉，要求进行现场鉴定，索求经济赔偿。切忌不要等到庄稼收获以后才去反映情况，不便进行现场鉴定，难以追求赔偿。

为了避免购买假劣种子，一是最好去正规的、有固定企业场所的种子公司（有《种子经营许可证》《营业执照》）购买种子，这个种子公司最好是自己了解的、当地的公司，尽量不要购买流动商贩销售的种子以及网上购买种子；二是要索取购种发票和该品种配套的栽培技术资料，发票上要注明种子数量和质量，并要将种子包装袋、内标签以及发票等资料保存，以备发现种子有问题时作为索赔依据。

选择了好的水稻种子，就是种植水稻成功的一半。在选购水稻种子之前，一定要了解本地的气候条件，来选择适合本地气候条件生长的品种，避免跨地区种植，造成经济损失。要选择优质抗病，在上年表现好的品种，尽量不要盲目追求只有宣传，没有种植过的品种，要选择审定的品种。购买水稻种子时要看"三证"：种子销售许可证、种子质量合格证和经营执照。要重点查看种子标准：常规粳稻种子纯度 99.9%，净度 98% 以上，出芽率 85% 以上。同时还要看标准化包装，正规公司的水稻种子都是小袋包装，上面应标有"品种名称、生产厂商名称、地址及联系方式、生产日期、生产许可证编号、经营许可证编号、品种审定编号、净含量和质量标准等"。

第五部分　水稻高产栽培技术

063　新乡水稻高产栽培技术

新乡市目前水稻实际亩产 550kg 左右，统计数据产量低于实际生产产量（2015 年统计数据为 449.2kg），亩产超过 600kg 的农户已经很多。新乡市水稻高产栽培，一般指亩产达到 650kg 以上的栽培技术措施。从近几年的高产实践来看，麦茬水稻高产栽培需要把握好 3 个关键环节：一是选好良种，二是育好壮秧，三是管好大田。

（1）选用高产优质品种

优良品种是水稻高产的内在因素和首要条件，要实现水稻亩产 600～700kg 的高产目标，必须选用竖叶直穗，根系发达，茎秆粗壮，分蘖力强，穗大粒多的高产优质品种；目前首选的品种有新稻 18 号、新丰 2 号、新丰 5 号、获稻 008 等；随着新品种的育出，要不断地更换更新的、更高产优质的新品种。同时，要做到种子级别原种化、种子质量标准化。

（2）培育适龄带蘖壮秧

培育水稻壮秧，是水稻高产栽培的基础。要抓好选种晒种、药剂浸种、适温催芽处理等环节，加强管理，落实好掌控播期、掌控播量、掌控灌水、掌控徒长和防治病虫害的"四控一防"技术措施，实现苗齐苗全苗壮。

大致时间段：5 月 1 日至 6 月 15 日。

秧田选择：土壤肥沃，排灌方便，无盐碱；杜绝利用沟边河沿、路旁和肥力较差的地方作秧田。秧田最好冬耕冬灌，活化土壤。播前结合干整地浅层施肥。亩施腐熟有机肥 3～4 方、磷酸二铵 10～15kg、硫酸钾 15～20kg，或施用相当数量的水稻专用肥。土肥混匀，搂平待播。秧田面积一般按 1 亩大田设计 45～50m² 秧田的大约比值规划安排。

优质秧苗长相指标：秧龄 35～45d，苗高 15～25cm，叶龄 5.5～7.5 叶，带蘖率 80% 以上，单株分蘖 2 个以上，单株白根 8 条以上，单株鲜重 1g 以上，单株干重 0.25g 以上；茎基扁粗，叶挺色绿，植株矮健有弹性，根多色白；无病虫为害、无黑根。

育苗方法：采取稀播化控湿润育秧，或盘育秧，或旱育秧。

种子处理：播前晒种 2~3d，再进行风选、水选种子，达到种子饱满，发芽势强。然后要进行种子消毒，每100kg水加25%多菌灵150g浸种48h，捞出清水冲洗后沥干，直接播种，或捞出催芽，至破胸露白播种。对易感恶苗病的水稻品种，必须搞好浸种预防。新乡市稻农对水稻催芽把握温度的经验总结为3句话：高温破腹（35℃）、适温催芽（28℃）、低温炼芽（22℃）。

适期播种：播种偏早、偏晚都不利于培育壮秧，播种过早，秧龄老化，分蘖缺位，插后分蘖慢，分蘖少；播种过晚，秧苗嫩弱，插秧后返青慢。新乡市麦茬稻5月5日前后播种，春稻4月中旬播种。

适宜播量：每亩秧田播种 30kg，播期推迟、秧田不肥沃，要适当增加播量。

播种方法：播种前 1~2d 放水浸透床面，精细整地，播种时秧畦灌水塌平，达到上层糊下层实，泥烂面平，待秧床水分下渗没有泥水时，平整田面，然后精细播种。湿泥状态撒种，半籽入泥，不能撒籽不见籽，以防播种过深；播后用铁锨轻拍，使种子和泥面平。覆盖 1:2 的过筛、腐熟的细粪土 0.5~1cm。严禁稀泥下种，严禁泥浆上盖粪土。秧田面盖的粪土要适度干燥，透气性好，对促进种子发根很重要，也可以起到保墒增温，控制地下水上升，抑制盐碱上升，促使根系下扎的目的。

秧田水肥管理：①播后至二叶期，保持畦面湿润，一般不用浇水，足墒出苗即可。②播种后 7~10d（秧苗二叶1心期），浇水、施肥、化控。灌水后亩施尿素 10kg；落水后，亩用多效唑 30~50g，对水 30kg 混匀均匀喷雾，保水 3~4d；7d 后再追尿素 15kg，浅水勤灌，保持足墒，促苗生长。③播后 25d 左右，秧苗 4~5 片真叶时，少浇水、多晾田保持湿润，控叶徒长，促根发达，使秧苗稳健苗壮，足肥节水保稳长。④插秧前 7~10d，停水晾田 5d 左右，晾田炼苗，使秧苗组织老健，基部发粗，叶片上挺，提高抗逆力。插秧前 2~3d 灌水润苗催根，即可铲苗或拔苗移栽。

秧田除草：播种后 2~3d 出苗前，每亩用60%丁草胺 100ml 对水 30kg，均匀喷雾；或播种前 3~4d，秧田干整地搂平后，均匀喷雾，用量同上。

秧田病虫害防治：5月25日选用适宜农药防治二化螟、稻蓟马、叶蝉、稻飞虱等，起秧前 3~5d 再喷一次。秧田立枯病，要主动防治，当发现有立枯病株时就立即防治。检查立枯病的方法是若秧苗叶尖不吐水，就是水稻立枯病发生的征兆。另外秧田附近的麦田要防治好麦蚜，兼治稻飞虱，可以控制传毒媒介，达到治虫防病效果，抑制水稻条纹叶枯病的发生。

（3）科学管理大田

基本要求：大田灌水要做到：大水泡垡，小水整地，薄水插秧、浅水分蘖，够苗少浇水多晾田,促根蹲节控叶壮秆育大穗。孕期打苞期小水勤灌,齐穗后干湿交替直至成熟,后期适期断水保活熟和顺利机收。大田施肥要做到:前期早施重施,中期不施或少施,穗肥轻施或不施,达到前期早发、中期稳长、后期活熟的要求。可分为3个时段来描述其管理措施。

一是整地、插秧与分蘖期管理。大致时间段:6月15日至7月20日。

主攻目标:促苗 早发 足头 壮蘖。

分蘖期长相指标:亩群体28万~33万头。分蘖初期叶面积系数1.8~2.0,高峰期3.4~3.8。

主要管理措施:①及早整地施肥:麦收后浅旱耕,施足底肥。除有机肥外,亩施尿素5~7kg、磷酸二铵15kg、硫酸钾10kg、硅肥50kg、硫酸锌1.5~2kg;或水稻专用多元复合肥50kg,随耕随耙,泡垡整地。②合理密植,早插、浅插。高水肥田行距30~33cm,一般田26~30cm,穴距13.3~16cm,穴插2~3苗,每亩1.8万~2.2万穴,亩基本苗5万~7万。插秧深度3.5cm为宜,稻农语言形容浅插的重要性:"浅插如做梦,深插似活埋"。③化学除草:插秧后5d,亩用60%丁草胺100ml加细土2kg拌匀后再加尿素5kg撒施,或5%丁草胺1kg拌肥料撒施,或使用其他适宜除草剂,之后保浅水层3~5d,水层不淹苗心。④插秧后10d左右,重施分蘖肥,亩施尿素15kg,浅水灌溉。⑤灌水管理:薄水插秧,浅水分蘖,够苗晾田。新乡市稻农对水稻分蘖期水分管理的经验形象地比喻为3句话:"晾干是自杀,深水如结扎,浅水勤灌促苗发"。⑥病虫害防治:6月下旬至7月上旬,防治二化螟、稻象虫等,亩用50%氧化乐果100ml或其他对路农药对水喷雾;7月15日前后用井冈霉素+三唑酮(粉锈宁)防治纹枯病。

二是孕穗期管理。大致时间段:7月20日至8月25日。

主攻目标:促根 稳叶 壮秆 育大穗。

孕穗期长相指标:不过早封行,叶色绿中透黄。亩穗数24万~28万头,穗粒数110~130粒。分蘖末期最大叶面积系数为6,拔节至抽穗前叶面积系数6~8。

管理措施:①灌水。7月20日至8月10日少浇水多晾田,达到地皮发硬,走路陷半脚,之后浅水勤灌。②施肥。7月底8月初视苗情巧施增粒保花肥3~5kg/亩尿素。原则是叶色早褪色早施、晚褪色晚施、不褪色不施。③病虫害防治。7月20日至8月20日前后,选用对路农药,综合防治纹枯病、稻卷叶螟、二化螟、稻苞虫、稻飞虱等;破肚期用三环唑防治穗颈瘟,最好于始穗期和齐穗期分别防治一次。注意防治白叶枯病,点片发生即封锁发病中心。喷药时对水量要大,喷到稻株下部。

三是灌浆结实期管理。大致时间段:8月25日至10月20日。

主攻目标：养根护叶　保活熟　促灌浆　增粒重。

灌浆期长相指标：蜡秆、叶青、粒黄、不倒伏。千粒重 25~26g，叶面积系数 6.0~7.6。

管理措施：①灌水。浅水、湿润交替直至成熟，切忌停水过早。②病虫防治。9月上旬注意防治稻飞虱、稻纵卷叶螟等害虫。③喷施叶面肥。灌浆期可喷施磷酸二氢钾等叶面肥，保活熟促进灌浆。

064　水稻高产高效配套生产措施

现在的水稻高产纪录已经很高，就全国整体水稻生产而言，主攻目标不应该是创造高产纪录，而应该追求均衡增产。目前全国水稻高产纪录亩产 1 067.5kg，是全国水稻平均亩产 454.2kg 的 2.35 倍；新乡市水稻高产纪录亩产 795.8kg，是全市水稻平均亩产 443.7kg 的 1.8 倍。即使水稻大面积生产的产量达到这些高产纪录的六成，全国的水稻亩产将是 640kg，比目前平均亩产高出 186kg；新乡市的水稻亩产将是 477kg，比目前平均亩产高出 34kg。所以，对一个区域而言，水稻大面积均衡高产是很难实现的，受诸多因素制约。不单纯涉及普及高产技术，同时需要综合的配套政策、机制、措施、土壤、灌溉等配套的生产措施，才能把高产栽培技术落实得更加精准，实现均衡高产、优质和节本增效。这些生产措施，多数是稻农自身难以解决的，需要政府以"绿箱政策"间接性支持。

一要有高标准的农田。培肥地力，土壤肥沃；排灌配套，旱涝保收。

二要有良好的灌溉条件。引黄灌溉成本低、水质好，要进一步发挥好这个优势，是高产优质高效的重点，完善引水闸门工程、完善用水机制，确保不误农时，科学灌溉。同时辅以井灌、井渠配套，确保灌溉有保障。

三要有配套的农业机械。目前的机械效率难以满足稻农需求，要引进适宜沿黄稻区条件的水稻生产各种机械，降低人力劳动成本。

四要有高质量的水稻原种。高产优质的水稻品种，必须成为农民需要的原种，才能真正发挥良种自身的增产增效作用。

五要有成熟的社会化服务。工厂化育秧、机械化插秧、病虫害防治、机械化收获等环节社会化服务。

六要有适度的种植规模。要培育大量的合作社或家庭农场，以 300~2 000 亩为单元规模化种植，统一措施，节本增效。

065　新乡水稻壮秧形态标准

在长期生产实践中，新乡市科技人员与稻农把水稻壮秧的形态标准总结成 6 句话，通俗易懂易记易运用："根旺而白，扁蒲粗壮；苗挺叶绿，苗身硬朗；均匀整齐，秧龄适当"。

"根旺而白"——秧苗白色的短根，移栽后能够快速生长，是秧苗返青快，甚至没有返苗过程的基础。

"扁蒲粗壮"——秧苗扁蒲粗壮，表明植株体内养分充足，也是腋芽发育好的标志，移栽后发根快、分蘖早。

"苗挺叶绿，苗身硬朗"——叶色正常，苗身挺直，表明个体健壮，移栽后能够早发快长。

"均匀整齐，秧龄适当"——麦茬稻秧苗秧龄一般 35~40d，同时秧龄要协调，不徒长、不僵苗，分蘖与叶龄最接近水稻分蘖规律的对应关系；秧苗高低、粗细比较一致。

066　水稻插植后僵苗原因及预防措施

水稻僵苗，又称坐蔸，是指水稻栽插后，返青分蘖阶段，受到各种不良条件影响，导致秧苗发根受阻，根系变黑，出叶、分蘖迟缓，生长停滞，稻株簇立、矮缩，叶色暗绿或发黄叶面布满红褐色斑点等现象，是一种生理性病症，这种病症在水稻田中大量发生，严重影响水稻产量。稻农形象地描述这种僵苗的表征："头戴红帽（叶尖发红）、脚长黑毛（黑根）、身穿黄袍（叶片发黄）"。

水稻苗期出现僵苗的原因很多，从僵苗发生程度来看，轻度者表现为出叶与分蘖缓慢，中度者表现为生长停滞，重者则植株矮缩，甚至死亡。僵苗发生的内因是品种抗逆性能差，秧苗素质低；外因是土壤环境不良，栽培措施不当，概括起来可分为以下 5 种情况。

中毒型僵苗。地下水位高，或长期淹水，土壤缺氧；有机肥分解过程产生大量硫化氢等还原性物质，毒害稻根，导致稻苗僵而不发。栽插后久不返青或返青慢，分蘖迟，苗变矮，叶发黄，稻株簇立；根深褐色并伴有大量黑根、畸形根发生，白根少细，土壤发黑，有臭味。防治办法：浅水勤灌与排水晒田相结合，施用腐熟的有机肥，提高土壤通透性，改善土壤环境。

缺素型僵苗。①缺锌僵苗：缺锌引起的僵苗症状出现在插秧后 2~4 周，以 20d 左右发病率较高。新叶小，出叶慢，叶鞘短；新叶基部失绿而发白，老叶沿叶脉两侧呈褐色斑块，或有不规则的褐色斑点。下部完全叶的尖端干枯，新抽出的叶片短而窄，出叶缓慢，不分蘖，植株矮缩，稻农称为"倒缩苗"。防治办法：亩用硫酸锌 1~2kg 拌土均匀撒施田里。或亩用 0.2% 硫酸锌溶液 50~70kg 均匀喷雾，间隔 7~10d 再喷雾 1 次。②缺钾僵苗：一般是在返青后出现，在移栽后 20~30d 内达到高峰。主要症状是：生长停滞，植株矮小，叶色深绿，分蘖少。下部叶片从叶尖向叶基逐渐出现黄褐色到赤褐色斑点，并连成条斑。严重时叶片自下而上出现叶缘破裂的症状以至于枯死。防治办法：补充钾肥，亩施用氯化钾或硫酸钾 10~20kg。③缺磷僵苗：缺磷形成的僵苗症状是新叶暗绿，下部叶色紫红，叶片小而直立，叶鞘长而叶短；分蘖少，根系少，呈褐色，无白根。防治办法：可亩施 7~10kg 磷酸二铵或叶面喷施 0.2% 磷酸二氢钾水溶液 2 次，间隔 7d。④缺氮僵苗：植株矮小，分蘖少，叶片小，呈黄绿至黄色。黄叶从叶尖开始至中脉，然后扩展至全叶。防治办法：补施氮肥。

栽培不当型僵苗。插秧过深，地下节长，根位上移；或还田的秸秆不够细碎，腐烂过程灼烧秧苗根系等。还有因为叶稻瘟、稻蓟马在秧田期为害而没能及时防治，导致栽后病虫害加重而发生的生长停滞、分蘖生长迟缓，严重时导致成片枯死。防治办法：尽可能在旋耕整地时切碎麦秸并分散均匀；化学防治稻瘟病、稻蓟马等病虫害。

药害型僵苗。秧苗根系发育、生长不正常，易形成"鸡爪根"，稻株叶色变淡，叶片枯黄，极少分蘖，稻株僵缩。前茬麦田连续使用碘酰脲类、甲氯磺隆及其复配剂等残留期长的除草剂，增加了土壤农药残留。防治办法：预防为主，前茬尽量避免或减少磺酰脲类、甲氯磺隆及其复配剂除草剂。僵苗发生后立即排水，换水洗田，减少除草剂药害。

冷害型僵苗。移栽后若遇天冷（寒潮侵袭或低温阴雨）、水冷（灌溉水温度低），导致秧苗生长迟缓，黄褐根多，新根细而少，叶尖有褐色针头状斑点或干枯，严重时出现"节节白"或"节节黄"现象。防治办法：排水露田，以水调温，以水保温。

067　水稻遭受涝灾后怎样采取补救措施

水稻遭受涝灾全部被水淹没时，生长发育几乎停滞。在淹没 10d 以内，随着淹没天数增加，减产愈加严重。淹没超过 10d 以上，则严重减产，或可能绝收。出现这种灾害后，要采取综合措施予以补救，尽力减少损失。

第一，要判断植株是否死亡、还有没有补救价值。观察一定数量植株，看分蘖有无活力、根系、心叶是否成活。轻拔稻株，容易折断、分蘖节变软、心叶已死亡，表明稻株已经死亡；反之，根系尚有活力，分蘖节坚实、有弹性，心叶存活，表明稻株没有死亡。

第二，对有生产补救价值的稻田，要尽快排水。淹没时间较短的、淹水较浅的，直接快速排水。淹没时间较长的稻田，最好在下午排水，使水稻植株露出水面有个缓冲过程，避免高温强光暴晒。

第三，排水后立即追施磷酸二铵、碳酸氢铵等速效肥料，或喷施磷酸二氢钾叶面肥；根据田间具体情况搞好后期水层管理。

第四，叶面喷清水冲刷叶面泥土等附着物，有利于强化光合作用。

第五，受淹后稻株抗逆性下降，要加强病虫害防治。

068　水稻"吐水"现象是怎么回事

清晨在稻田观察，会发现水稻叶尖有很多晶莹欲滴的水珠。这些水滴，不是露水，而是水稻以及多数植物叶片的"吐水"现象。

怎样区分水稻叶片上的水滴是露水还是"吐水"呢？简单的方法就是看水珠在叶片上哪个位置。露水的水珠处于叶面上，"吐水"的水珠集中在叶尖。这是由于水稻的叶尖有一个水孔，稻株夜间吸收的水分，多数从水孔中吐出。根系旺盛时，吸水多，吐的水就多；反之，吐的水就少，甚至没有。有经验的稻农，只看叶片吐水状况，就能判断出根系发育的好坏。

根据水稻"吐水"现象可以判断水稻的生长发育状况。水稻插秧后、返青前，返苗期间，一般没有"吐水"现象，开始"吐水"，即开始返青。中后期"吐水"多，表明生长健壮；晒田过重时，"吐水"明显减少。这些都可以作为管理上采取措施的重要参考。

069　水稻倒伏的原因及预防

高产水稻田发生倒伏并不鲜见，其原因主要有3个方面。

一是生理性原因。①品种自身抗倒伏性差，茎秆细弱，株高偏高；②施肥不合理导致植株营养失衡，如土壤缺硅、缺钾等；③土壤通透性差，根系活力差；④插秧密度大，中后期群体过大，基部节间长而薄。

二是病理性原因。①污水灌溉，根部受害，诱发倒伏；②施肥不合理诱发病害，茎秆发育不良，诱发倒伏。

三是物理性原因。大风、暴雨内涝、严重低温、严重干旱等，导致倒伏。

针对倒伏原因，采取针对措施预防倒伏。如选用矮秆抗倒品种，合理密植，科学施肥与灌溉，控制好病虫害等。

070　近年全国水稻高产纪录摘录

2011 年云南"楚粳 28 号"亩产 977.07kg

2011 年 9 月 22 日《云南日报》报道：受农业部委托，四川省农业厅组织有关专家，对弥渡县寅街镇头鹭村东风村委会下邑村的百亩试验田进行了验收测产。百亩方由 69 户组成、面积 104.4 亩。随机选择 3 块田测产，平均亩产 977.07kg。

2012 年浙江 105 亩"甬优 12 号"亩产 963.65kg

新华网杭州 2012 年 12 月 18 日电：全国农业技术推广服务中心、中国水稻研究所等 14 位水稻专家，对浙江省宁波市单季晚稻 105 亩籼粳杂交超级水稻甬优 12 号高产示范方验收，平均亩产 963.65kg，最高地块亩产 1 014.3kg，创下了中国超级稻的新纪录。

2013 年浙江 103.2 亩"甬优 2 640"亩产 992.6kg

2013 年 11 月 15 日扬州大学农学院与兴化市农技中心共同实施的国家粮丰工程"江淮下游（江苏）粳稻持续丰产高效技术集成创新与示范"项目经浙江大学、安徽农业大学等单位水稻专家验收，平均亩产 961.2kg。其中最高田块亩产 992.6kg。品种为杂交粳稻甬优 2640，面积 103.2 亩。刷新了我国稻麦两熟条件下水稻高产纪录。

2015 年云南百亩"协优 107"亩产 1 067.5kg

2015 年 9 月 17 日，湖南省科技厅组织专家、教授对云南个旧市大屯镇新瓦房村百亩水稻精确定量高产攻关示范田进行验收。随机抽取了 3 块攻关田，得出百亩片平均亩产 1 067.5kg。是继 2006 年利用南京农业大学水稻所品种协优 107 在云南省永胜县涛源乡创造小面积（1.17 亩）单产 1 287kg/亩世界纪录以来创造的大面积高产纪录。

2016 年《科技日报》：超级杂交稻高产攻关 2016 年七大进展

《科技日报》讯：11 月 24 日湖南省人民政府新闻办发布会，袁隆平院士及其团队发布了 2016 年超级杂交稻高产攻关 7 大重要进展。

①湖南省隆回县一季稻"Y58S/R957"百亩片平均亩产 1 000.5kg，在湖南同一生态区连续 3 年百亩片平均亩产突破 1 000kg；②山东省临沂市莒南县大店镇一季稻"超优千号"百亩片平均亩产 1 013.8kg；③广东省兴宁市"超优千号"双季早稻与晚稻百亩片平均亩产 1 537.8kg，创世界双季稻最高产量纪录；④河北省永年县一季稻"超优千号"百亩片平均亩产 1 082.1kg，创北方稻区水

稻高产纪录和创世界高纬度地区高产纪录；⑤云南省个旧市一季稻"超优千号"百亩片平均亩产 1 088.0kg，创世界水稻百亩片单产最高纪录；⑥湖北省蕲春县"超优千号"一季加再生稻百亩片，头季采用人工收割的再生稻平均亩产 509.7kg，头季采用机械收割的再生稻平均亩产 394.9kg，创长江中下游稻区再生稻高产纪录；⑦广西区灌阳县"超优千号"再生稻百亩片平均亩产 497.6kg，创华南稻区高产纪录。

071　新乡市近年水稻高产田情况

　　高产是农业永远的主题，现在看起来虽然有点偏颇，但是过去长期短缺经济下追求粮食丰收，意义确实重大。直至 2015 年之前，各级农业部门、甚至是各级政府，都十分重视粮食高产栽培。通过政策激励、项目扶持等，鼓励广大科技人员和农民群众，开展高产攻关活动。水稻栽培亦然，高产栽培技术是过去几十年的始终追求，选用什么水稻品种、采取什么配套技术，能够达到如何高的产量，全市农技人员、广大农民一直在不断地试验研究、实践探索，为全市水稻生产技术不断进步，提供了样板，积累了经验。表 5-1 列出了新乡市一些水稻高产栽培实例的基本情况，从中可以了解新乡水稻品种的演变和水稻产量水平的变迁。

表 5-1　新乡市近年水稻高产田情况一览表

年份	品种	亩产（kg）	面积（亩）	亩穴数（万穴）	亩穗数（万穗）	穗粒数（粒）	千粒重（g）	组织实施者/实施地点
2005	农大品系	实产671.4	4.2		23.7	122.0	27.0	新乡市农技站 获嘉县亢村镇夹河村
2005	豫粳6号	实产583.3	千亩方		23.7	113.0	25.0	新乡市农技站 获嘉县亢村镇夹河村
2006	新丰2号	实产790.7	2.1	1.60	25.3	135.0	27.0	河南丰源种子公司 新乡县翟坡镇杨任旺
2007	新丰2号	测产698.7	2.0	1.57	18.3	160.1	28.0	河南丰源种子公司 新乡县翟坡镇杨任旺
2007	郑稻18	测产737.0	6.0		23.0	145.0	26.0	新乡市农技站 获嘉县亢村镇王官营
2008	新丰2号	测产704.8	百亩方		23.2	120.4	28.0	河南丰源种子公司 原阳县祝楼乡卞庄村
2008	新丰5号	实收792.6	1.1		21.4	145.3	26.0	河南丰源种子公司 新乡县翟坡镇杨任旺

（续表）

年份	品种	亩产（kg）	面积（亩）	亩穴数（万穴）	亩穗数（万穗）	穗粒数（粒）	千粒重（g）	组织实施者/实施地点
2010	新丰2号	实产745.5	5.0	1.65	24.6	116.0	27.7	新乡市农技站 获嘉县亢村镇夹河村
2011	新稻19	测产707.0	百亩方	1.76	23.1	144.0	25.0	新乡市农科院 原阳县太平镇菜吴村
2011	新丰2号	实产765.5	6.0	1.70	24.8	119.0	27.0	新乡市农技站 获嘉县亢村镇亢北村
2012	新丰2号	实收818.5	5.0	1.85	24.4	128.1	26.8	新乡市农技站 获嘉县亢村镇亢南村
2012	新丰6号	实收762.8	2.2					河南丰源种子公司 新乡县翟坡镇杨任旺
2013	新稻22	实收776.5	5.0	1.88	25.9	126.9	26.5	新乡市农技站 获嘉县亢村镇亢南村
2014	新稻22	测产803.2	10.0		28.4	133.0	25	新乡市农科院 原阳县太平镇菜吴村
2014	新稻25	测产772.4	百亩方		26.3	129.7	26	新乡市农科院 原阳县太平镇水牛赵村
2014	新丰2号	实收763.0	5.0	1.84	24.7	128.2	26.5	新乡市农技站 亢村镇"科技兴"合作社
2014	新丰6号	实产756.1	百亩方	1.46	22.9	143.6	27.0	河南丰源种子公司 原阳县太平镇水牛赵村
2015	津稻263	测产768.5	8.0		25.3	125.0	27.0	新乡市农技站 获嘉县亢村镇吴厂村
2015	新稻21	测产755.0	百亩方		27.3	133.0	25	新乡市农科院 原阳县太平镇菜吴村
2015	玉稻518	测产713.4	5个百亩方		22.3	139.4	27	新乡市农科院 原阳县太平镇菜吴村等
2015	新丰7号	测产717.0	5.0	1.36	21.8	138.2	28.0	河南丰源种子公司 新乡县翟坡镇杨任旺村
2016	新丰7号	测产671.8	千亩方	1.65	25.8	118.3	25.9	河南丰源种子公司 原阳县太平镇水牛赵村
2016	新稻25	测产768.4	百亩方		25.2	143.6	25	新乡市农科院 原阳县太平镇菜吴村
2016	新科稻29	测产775.6	百亩方		26.4	138.3	25	新乡市农科院 原阳县太平镇菜吴村

注：不同测产专家组、不同年份，测产的折产系数不一致。实收的没有列出测产产量。

链接

2014 年新乡市农技站　水稻高产攻关亩产 763kg

一、攻关田基本情况

攻关田位于获嘉亢村镇"科技兴"水稻种植业合作社田块内，面积 5 亩，土壤为两合土，中上等肥力，土壤有机质含量 1.4%。黄河水灌溉，灌排方便。

二、主要技术措施

1. 选用优质高产品种

攻关田种植优质高产品种"新丰 2 号"。该品种全生育期为 161d，株高 105cm，株型紧凑，茎秆粗壮，分蘖力较强，活秆成熟，千粒重 26g，产量高，米质优良，抗性较好。

2. 稀播壮秧

将精选干净的饱满种子晾晒 2d，用咪鲜胺药液浸种 48h。采用湿润育秧方式，5 月 5 日播种，每亩播种 30kg，秧龄 43d。

3. 合理密植

插秧时秧苗 7.5 片叶左右，行距 30cm，穴距 12cm，1.85 万穴/亩，每穴 2～3 苗，每亩基本苗 5.05 万。6 月 16 日采取拉线等行距插秧。

4. 科学施肥

有机肥、磷肥作底肥一次性施用，钾肥分底肥、促花肥两次施入，氮肥分次施入。化肥亩施纯 N 16.1kg、P_2O_5 9.6kg、K_2O 9.6kg，$N:P_2O_5:K_2O$ 比例为 1:0.6:0.6，化肥中基肥、蘖肥氮与穗肥氮比为 7.4:2.6，基肥氮与分蘖肥氮比为 5:5。底肥每亩施腐熟猪粪 $2m^3$、尿素 13kg、16% 过磷酸钙 60kg、60% 氯化钾 8kg；移栽返青后亩追施 13kg 尿素作为分蘖肥；倒 3.5 叶期（7 月 28 日）每亩追施 4.5kg 尿素、8kg 氯化钾作促花肥；倒 1.5 叶（8 月 13 日）每亩施 4.5kg 尿素作保花肥。

5. 科学浇水

当群体总茎蘖数达到穗数苗的 90% 时（7 月 20 日）开始排水搁田，将拔节前的高峰苗控制在适宜穗数的 1.2 倍左右。孕穗期浅水勤灌，晾田 2 次，抽穗扬花期保持寸水层，灌浆期以湿润灌溉为主，收获前一周断水。通过采取浅水、湿润、晾田相结合的灌溉方法，真正实现以水调肥，以肥控苗，促控结合；以水调气，以气养根，根深叶秀。

6. 防治好关键病虫害

秧田防治病虫害 3 次，重点防治灰飞虱、立枯病，大田防治病虫害 4 次，重点防治水稻条纹叶枯病、穗颈瘟、纹枯病、稻曲病、稻飞虱、稻纵卷叶螟。收获前一个月不施肥打药。

三、产量结果

10月9日测产验收：1.84万穴/亩，每穴13.4穗，24.66万穗/亩，每穗实粒128.2粒，千粒重26.5g，九折折理论单产754kg。收获后称重折干，总产稻谷3 815kg，亩产763kg。

072　1958年水稻高产浮夸笑料

1957—1959年3年自然灾害的同时，1958年全国的"大跃进""反右倾"助长了各种高指标、浮夸风，全国水稻生产遭到严重破坏，1961年全国水稻总产只有5 364万t，倒退到1950年的水平。下面摘录两段关于当时的媒体报导，以期警示水稻生产技术推广工作，必须坚持实事求是的态度，否则也将成为历史的笑谈。

链接

1958年8月13日《人民日报》：

麻城建国一社出现天下第一田
早稻亩产 36 956 斤 *

新华社武汉12日电　湖北省麻城县**的早稻生产又放异彩。根据湖北省、黄冈专区和麻城县三级早稻高产验收团联合查验证实，这个县的麻溪河乡建国第一农业社，在1.016亩播种"江西早"种子的早稻田里，创造了平均亩产干谷36 956斤的惊人纪录。截至目前，这是我国早稻大丰收中放射出的大批高产"卫星"中的"冠军"，它比安徽省枞阳县石马乡高丰农业社及本县平靖乡第二农业社先后创造的早稻高产纪录高出一倍以上。

"天下第一田"是如何产生的？

在建国一社放这颗"卫星"之前，这年8月1日《人民日报》报道了湖北孝感县长风社早稻亩产15 361斤的消息。8月初，麻城白果区召开早稻高产现场会，对下辖的梁家畈乡燎原四社放出了早稻亩产10 237.127斤的"卫星"，给予表彰，当场发给奖旗一面，奖金300元。会上，麻城县委书记处一位书记问生产

---

* 1斤＝500g＝0.5kg

** 麻城县现指湖北省麻城市

一向搞得不错的建国一社社主任:"人家早稻亩产都搞到了1万多斤,你能不能拿点硬东西出来呀?"这位社主任只得硬着头皮回答说:"我们有点硬东西,过几天再向领导汇报。"会议结束后,建国一社社主任找社会计商量放"卫星"的问题。会计问社主任:燎原四社亩产1万多斤的"卫星"是如何放的?社主任回答说:看样子是别处成熟了的稻子移并到一起的。于是,他们选择了第二生产队的一块面积为1.016亩的稻田,作为试验田。试验田先深翻了1尺5寸,然后施了大量的底肥:陈墙土300担,塘泥1 000担,水粪30担,石膏6斤,石灰30斤。在禾苗移来时,又施了豆饼180斤,硫酸铵70斤,过磷酸钙80斤,水粪60担,草木灰240斤。全社动员4个生产队的劳动力,将另外8亩稻田的禾苗连根带泥拔出,用门板或梯子抬着,运到这块试验田中,移栽在一起。为了使禾苗不至于沤烂,他们就用细长的竹竿把禾苗一蔸一蔸地分开,又用喷雾器喷射井里的凉水,还派人到县城借来一台鼓风机,日夜不停地给禾苗鼓风。如此这般之后,建国一社向麻城县委报告说,他们将发射一颗亩产超过30 000斤的"卫星"。麻城县委又向黄冈地委和湖北省委作了汇报。于是,省、地、县三级联合组成高产验收团,来到建国一社进行"卫星"验收,随同一道来的还有武汉电影制片厂的摄影师和新华社记者。《人民日报》特地在头版头条刊登了"麻城建国一社出现天下第一田"的大字标题。

1958年9月18日《人民日报》:

广西中稻平均亩产130 434斤10两4钱

广西僮族自治区*环江县红旗人民公社,成功地运用了高度并禾密植方法,获得中稻平均亩产130 434斤10两4钱的高产新纪录(当时1斤为16两)。这块高产田面积一亩零七厘五,黑壤土,二等田,共收干谷140 217斤4两。这颗超级大"卫星"是怎样发射升空的?

湖北麻城县建国一社早稻每亩36 956斤的"卫星"放出后,广西环江县委主要负责人决心放出一颗更大的"卫星",并提出了"争全区第一,全国第一,天下第一"的口号。环江的这一想法得到了柳州地委领导的支持。地委有一位领导还暗示说:"湖北亩产3万斤的卫星是把多亩稻子移并到一块地里的。全国卫星一亩没有10万斤恐怕放不出去。"

随后,环江制定了放"卫星"的具体实施方案,并选择城关农业社的一块

---

* 广西僮族自治区现指广西壮族自治区

面积为 1.13 亩的试验田作为"卫星"田，让社员先将田里的禾苗全部拔出，再进行深耕并施放大量的各种肥料。接着，组织社员及县直机关的干部和正在县城集中学习的中小学教师共计近千人，从两个大队 100 多亩中稻田中，选出长势最好且已成熟的禾苗，连苗带泥移并到试验田里。为了使禾苗不致倒伏，就采取用木桩支撑后再用竹篾片拦腰的办法，将田块分割成五六尺见方的格子；四周也用木桩顶实，这样禾苗便直立在一块一块的格子里。将喷雾器改装成小型的鼓风机，由十多个人日夜轮流鼓风。为了保证试验成功，县里还在现场设立了指挥部，安装了电话机，派干部在田边日夜守护。

9 月初，环江县委向柳州地委和广西僮族自治区党委报喜说，将要发射一颗亩产超过 10 万斤的中稻"卫星"。自治区和地区对此十分重视，特地向各新闻单位和有关电影制片厂发出邀请，请其进行现场采访，还组织了一些干部以及广西农学院、广西大学等科研院所的有关教授、专家，组成了验收团进行现场验收。

第六部分　新乡水稻主要病虫害与防治

073　新乡市近年来水稻病虫害总体趋势

进入 21 世纪以来，新乡市水稻生产中的病虫害总体上来看呈较重发生，年际之间有较大差异。常发性、重发性、普发性病虫害主要有：水稻纹枯病、稻瘟病、稻飞虱、稻纵卷叶螟等，还有偶发性、局部性水稻白叶枯病、苗期恶苗病、水稻赤枯病、水稻二化螟等。个别年份病虫害严重发生，对水稻产量造成较大影响。如 1991 年、2006 年、2013 年的稻飞虱，1986 年的白叶枯，2010 年的穗颈瘟等。但是，由于全市农业技术部门测报预报水平提高，广大稻农防治水平提升，病虫害对水稻生产的影响基本能够得到有效控制，把产量损失降到了最低程度。下面，可从新乡市植保站近两年在《新乡农业》上编发的水稻病虫害防治信息，对新乡市目前水稻病虫害发生状况有一个整体性的了解。

链接

2016 年 7 月 11 日《新乡农业》第 95 期：

新乡市 2016 年秋作物病虫害发生趋势预测
（摘录水稻部分）

种植面积 29 万亩，预计病虫害中度发生。主要病虫为水稻纹枯病、稻瘟病、稻飞虱、稻纵卷叶螟等。

水稻纹枯病预计中度发生，发生盛期在 8 月，预计发生面积 22 万亩。

稻瘟病预计中度偏轻发生，其中稻叶瘟预计发生面积 7 万亩，发生盛期在 7 月下旬至 8 月上旬；穗颈瘟预计发生面积 8 万亩，盛期在 8 月下旬至 9 月中旬。

稻纵卷叶螟预计中度发生，发生盛期为 8 月中下旬，预计发生面积 14 万亩。

稻飞虱预计中度发生，发生盛期为 8 月中旬至 9 月上旬，发生面积 10 万亩。

2016 年 8 月 15 日《新乡农业》第 110 期：

警惕迁飞性、暴发性 "两迁害虫" 大发生

"两迁害虫"为稻纵卷叶螟和稻飞虱。7 月下旬以来，我市持续高温，有利于水稻 "两迁害虫" 的大发生。同时，我省信阳市近期出现了稻飞虱重发生，这将可能给我市提供充足的外来虫源，对水稻生产构成直接威胁。

稻纵卷叶螟和稻飞虱是远距离迁飞性害虫，具有突发、暴发和大范围为害的特点。稻纵卷叶螟以幼虫吐丝，将稻叶纵卷成筒，取食叶肉，仅留表皮，形成白色条纹，严重时全田一片枯白，对水稻产量影响很大。稻飞虱以群集于稻株下部刺吸汁液，影响稻株水分和养分的运输，严重时可使稻株萎黄倒伏，逐渐扩大成片，甚至全田枯死，导致严重减产。

据各县植保站调查，当前稻纵卷叶螟亩有蛾量 50~60 头，稻飞虱每百丛平均 8 头、最高 20 头。稻纵卷叶螟预计危害盛期在 8 月中下旬至 9 月上旬，根据往年的经验，此代稻纵卷叶螟对水稻的产量影响很大，必须在卵孵化期至低龄幼虫期进行防治才能达到较好的效果，一旦错过时机形成包后再防治效果较差。根据今年的蛾量，预计此代稻纵卷叶螟将中度偏重发生，为确保水稻正常生长，请水稻种植区植保部门进一步加强稻纵卷叶螟和稻飞虱的监测工作，及时、科学指导大田防治。

防治适期：稻纵卷叶螟在卵孵化期至低龄幼虫期进行防治效果较好。稻飞虱孕穗、抽穗期百丛虫量 1 000 头，齐穗期后百丛虫量 1 500 头进行防治效果较好。

防治用药：稻纵卷叶螟亩用 18% 杀虫双水剂 200ml 或 40% 毒死蜱乳油 60~70ml，对水喷雾防治。稻飞虱亩用 25% 吡蚜酮可湿性粉剂 20~30g，或 10% 吡虫啉可湿性粉剂 10~20g，或 25% 噻嗪酮可湿性粉剂 40~50g，对水 50kg 喷雾防治（药液要喷到植株下部）。

074　水稻病害一般可以划分为哪些类型

根据发病原因，可将水稻病害分为两类：一类是由于病原生物的寄生而引起的侵染性病害，一般也称作寄生性病害或传染性病害；一类是由于不良环境条件的影响而引起的非侵染性病害，一般也称作生理性病害或非侵染性病害。其中侵染性病害可再分为真菌病害、细菌病害、线虫病害、病毒病等；非侵染性病害可再分为水害、旱害、冻害、雹害、风害及缺素症等。

根据发病部位，可将水稻病害分为 5 类。一是根部病害，如绵腐病、腐败

病、根结线虫病等；二是茎部病害，如立枯病、菌核病、茎腐病等；三是叶部病害，如白叶枯病、纹枯病、云形病等；四是穗部病害，如稻曲病、稻粒黑粉病、谷粒稻瘟病等；五是全株性病害，如稻恶苗病、霜霉病、普通矮缩病、黄矮病和各种生理性缺素症等。

根据传播方式，可将水稻病害分为 6 类。一是气流传播的病害，如稻瘟病、稻曲病、稻胡麻斑病、稻粒黑粉病等；二是水流传播的病害，如白叶枯病、纹枯病、菌核病、霜霉病等；三是种子传播的病害，如干尖线虫病、一炷香病等；四是昆虫传播的病害，如普通矮缩病、黄矮病、条纹叶枯病等；五是土壤传播的病害，如根结线虫病等；六是螨类传播的病害，如紫秆病等。

075　新乡市常见水稻病害有哪些

据有关资料，河南省水稻病害达 40 余种，其中常见的有 20 多种，即稻瘟病、白叶枯病、纹枯病、胡麻斑病、菌核病、云形病、褐色叶枯病、稻曲病、稻粒黑粉病、叶鞘腐败病、绵腐病、立枯病、疫霉病、叶尖枯病、普通矮缩病、条纹叶枯病和赤枯病等，严重发生的病害有白叶枯病、纹枯病、穗颈瘟病、稻曲病、穗腐病、稻粒黑粉病、云形病、赤枯病、水稻烂秧等。

新乡市常见水稻病害有近 20 种，即稻瘟病、恶苗病、白叶枯病、纹枯病、胡麻斑病、菌核病、褐色叶枯病、稻曲病、穗腐病、绵腐病、立枯病、疫霉病、叶尖枯病、普通矮缩病、条纹叶枯病和赤枯病等。21 世纪以来，一度严重发生的水稻病害有：白叶枯病、纹枯病、穗颈瘟病、稻曲病、赤枯病、恶苗病、水稻烂秧等。

076　水稻白叶枯病的症状识别、发生流行条件及防治对策

（1）水稻白叶枯病的症状识别

水稻白叶枯病的症状有 3 种类型：

普通型：病斑多从叶尖或叶缘开始，初为暗绿色水浸状斑点，以后扩展为短条斑，再沿叶缘或中脉向下延伸扩展成长条斑，病斑边缘波纹状，黄褐色，最后灰白色。潮湿时，病叶上出现蜜黄色球状菌脓。

急性型：主要在多肥栽培、感病品种或连续阴雨、高温、闷热的条件下发生，叶上病斑初为暗绿色，以后扩展成灰绿色，向内卷曲青枯，病部出现球状菌脓。这种症状的出现，表示病害正在急剧发展。

凋萎型：主要发生在秧田后期至分蘖期。最突出的特征是心叶或心叶以下

1~2叶纵卷，很像螟虫为害造成的枯心。潮湿时病叶上常出现半透明短条斑，有时可见菌脓，卷叶和叶鞘内侧有大量菌脓。若继续扩展，可侵入茎部，导致全株青枯。横切茎基部，可挤出大量菌脓。如果在株间扩展，可导致整株枯死。

水稻白叶枯病在症状上有时与生理性枯黄和一些真菌病害容易相混淆，可用以下方法予以区别：

插沙法：剪取一段长 6~7cm 的病叶，插入湿沙中；加盖保湿一昼夜后观察，上端切口如有淡黄色混浊的小水珠溢出，即为白叶枯病。生理性枯黄和真菌病害都无这种现象。

玻片法：可在病叶的病健交界处剪下一小块叶片，放在载玻片上，滴上一滴清水，再加一载玻片夹紧，对光逆视，约 1min 后，如有云雾状混浊液从切口流出，即为白叶枯病。生理性枯黄和真菌病害都无这种现象。

水稻白叶枯病与水稻细菌性条斑病的区别：①条斑病的病斑在叶面上任何部位都可以发生，而白叶枯病的病斑则先从叶尖或叶缘发生。②条斑病最初出现暗绿色水渍状半透明小点，后扩展成黄褐色短条状病斑；而白叶枯病最初为黄绿色或暗绿色斑点，后沿叶脉扩展成长条状病斑枯死，枯死部分为黄白色或灰白色，并且枯死部和健全部界线明显，还有波纹状。③条斑病在空气潮湿的条件下，能产生比白叶枯病数量多、颜色深的小珠状细菌流胶，而且在叶背面还更多一些。

（2）水稻白叶枯病的发生流行条件

水稻白叶枯病由细菌侵染，病菌主要在病谷、病稻草上越冬，第二年春季，带菌种子播种后萌发时，细菌先侵染芽鞘，真叶伸出芽鞘时受感染；病稻草上的细菌被雨水冲刷流入稻田，病菌多从叶尖叶缘的水孔和伤口侵入；杂草上的细菌也可传病。水稻发病后，一般先出现中心病株，然后在病株上分泌饱含细菌的细菌流胶（又叫菌脓），借风、雨、露水、灌溉水和管理人员的走动等传播，进行再侵染，迅速蔓延暴发成灾。

白叶枯病的发生流行，与气候条件、肥水条件、水稻品种、生育期等都有密切关系，尤其是与水的关系最为密切。

气候条件：最适宜发病的气温为 25~30℃，当气温高于 33℃或低于 17℃时病害发展受到抑制。病害所需要的湿度条件是接近或达到饱和程度，叶面上出现一层水膜，则有利于病菌的扩散和侵入。因此，在适宜发病的温度条件下，雨日多，雨量大，就适于病害的发生和流行，特别在暴风雨或洪涝的情况下，病害往往猖獗成灾，与此相反，夏秋季高温干燥，病害则不易发生。

肥水条件：氮肥使用过多或过迟，特别是穗肥使用不当，稻株生长过旺，病害发生重。凡灌深水或稻株受淹的田块发病重，且淹浸时间越长、次数越多，则病害越重。

品种和生育期：品种间抗病性差异明显，一般来说糯稻最抗病，粳稻抗病性比籼稻要强些。在水稻整个生育期间，以拔节前后到孕穗期较易感病，而在抽穗前后最易感病。

（3）水稻白叶枯病的预测预报

首先，设立预测圃，观测始病期，及时发出预报。在测报站或乡村观测点设立预测圃要有代表性（比如水稻品种、生育期、肥水管理等，符合当地水稻生产大多数情况）。选择当地常发病田或低洼积水田，种植当地的主栽品种和感病品种，多施氮肥并灌深水，使之适于发病。在常年始病期增加检查次数，当出现病株或看到菌脓时，结合近期内的天气情况和品种特点，发出预报。

其次，开展大田普查，确定防治对象田和防治时期。当预测圃内发现病叶或虽未见病叶，而稻株生育期已处于感病阶段、气候条件又有利于病害发生时，开始进行大田普查。先调查发病的田块，再查一般田块，用目测法普查，也可用5点取样法检查发病情况，特别注意田边、田角和进水口或比较嫩绿茂密的稻苗，每周检查一次。根据大田普查结果，确定防治对象田；当病情普遍率和严重度都为1级时，即到了防治适期。推迟防治，效果则差。

田间目测记载病害发生情况，一直要坚持到病情停止发展为止。目测记载全田病情普遍率标准如下：

0级：无病；

1级：零星发病或有中心病团；

2级：发病面积占全田总面积1/4左右；

3级：发病面积占全田总面积1/2左右；

4级：发病面积占全田总面积3/4以上。

目测发病范围内病情严重度标准：

1级（轻）：病叶少，有零星病斑；

2级（中）：半数病叶发病，枯死叶片占1/3；

3级（重）：全部叶片发病，枯死叶片占2/3以上。

（4）水稻白叶枯病的防治方法

水稻白叶枯病的防治，必须采取综合措施。以选用抗病品种为基础，以减少菌源为前提，以秧田防治为关键，以肥水管理为重点。

一是实行严格的检疫制度。对病情进行普查，划定疫区，保护无病区，无病区不从病区引进种子；必须引种时，要严格进行种子检疫。

二是选用抗病良种。品种间抗病性差异很大，在病区种植抗病良种是一项经济有效的措施。

三是减少和杜绝菌源。选用无病种子；认真处理病种子、病稻草和病谷壳，不用病稻草盖房、堵水口、捆秧把、盖种催芽等；播种时，可用 1 000 倍 80%三氯异氰脲酸水溶液，或 600 倍 25%咪鲜胺水溶液浸泡种子 2~3h，清水清洗干净后催芽播种。铲除田边杂草，并携出田外深埋，消灭越冬菌源。

四是培育无病壮秧。秧田要选择远离村舍，地势较高、排灌方便的田块；要严防淹苗，并做到适时喷药保护。

五是加强肥水管理。建立和完善排灌系统，严防深灌、漫灌和串灌，切实做到浅水勤灌和适时晒田。肥料使用，要防止后期氮肥过多、过迟。

六是搞好药剂防治。秧田防治，一般在秧苗三叶期及移栽前各喷一次药。生产实践表明，秧田期防治水稻白叶枯病是最为有效的化学防治措施。因为，水稻白叶枯病一般从秧苗三叶期就开始感病；移植后 15d 左右，大田内即可发现来自病秧苗的感染株，形成发病中心；此后，这些病株再继续排出大量病菌，随灌溉水传播，经 2~3 次重复侵染，遇上狂风暴雨侵袭而扩散为害，病害就会在 8 月上中旬暴发。因此，秧田防治，既可控制早期菌源，把病害消灭在初发阶段，又可推迟和减轻大田发生时期和发病程度。可在秧苗 4~5 叶期，叶面喷洒 500 倍 25%叶枯唑水溶液或 5 000 倍 74%农用硫酸链霉素水溶液等予以防治。

大田发病初期重点防治发病中心，根据病情发展情况，每 5~7d 喷药一次，连续防治 2 次，以防扩散蔓延。目前防治白叶枯病的药剂有：10%叶枯净可湿性粉剂 300~500 倍液（抽穗后不宜使用）喷雾；或 25%叶枯唑 500 倍液喷雾。在孕穗期和破口期，喷洒 600 倍 25%咪鲜胺水溶液、800 倍 50%氯溴异氰脲酸水溶液或 600 倍 20%喹啉铜水溶液有较好防效。

077 稻瘟病的症状识别、发生流行条件及防治方法

稻瘟病是水稻常发性、重发性病害之一，全国各地均有发生。一般造成减产10%~20%，重的减产 40%~50%，甚至绝收。2014 年全国发生面积 7 704 万亩，减产稻谷 55.8 万 t。主要原因 3 个方面：一是气候条件异常。抽穗始期持续低温、阴雨连绵、寡照；二是品种不抗病；三是栽培技术不当或防治方法不当。特别是穗瘟，可防不可治。主要因素是施肥迟、氮肥多、群体大、个体弱，抗性下降，感病重。

（1）稻瘟病的症状识别

稻瘟病从水稻苗期到穗期都可以发生，因而有苗瘟、叶瘟、穗颈瘟、节瘟和谷粒瘟等，其中以叶瘟和穗颈瘟为害最大。

苗瘟：一般从种子发芽到三叶期前发生，芽和芽鞘出现水浸状斑点，苗基灰褐色，上部淡红褐色，发病重的可使整株卷缩枯死。

叶瘟：三叶期以后，发生在秧苗和成株的叶片上。表现为 4 种症状类型。①急性型：病斑多为近圆形，暗绿色，由针头大小到绿豆大小，病斑上生有灰绿色霉层（病原菌）。这种病斑的出现往往是稻瘟病流行的先兆。②慢性型：急性型病斑在气候干燥的情况下可转变成慢性型病斑。病斑一般为梭形，边缘褐色，中央灰白色，周围有黄色晕圈，两端延伸出褐色坏死线，潮湿时病斑背面有灰绿色霉（病原菌）。③白点型：病斑多为圆形、白色，病斑上无霉层。遇潮湿天气，这种病斑可迅速转变为急性型病斑。④褐点型：病斑为褐色小点，多限制在叶脉间，常常发生在抗病品种和植株下部老叶上，这种病斑对稻瘟病的发展基本不起作用。

节瘟：多发生在穗颈以下第一、第二个茎节上，茎节发病变黑、干缩，严重时造成白穗，植株折断倒伏。潮湿时病部生灰绿色霉层（病原菌）。

穗颈瘟：发生在穗颈、穗轴和枝梗上，初期出现小的淡褐色病斑，边缘有水浸状的退绿现象。以后病部向上、下扩展，颜色加深，最后变黑枯死或折断，造成瘪谷甚至白穗，潮湿时病部产生灰绿色霉层（病原菌）。

谷粒瘟：发生在谷粒和护颖上，开花前后感病，多形成暗灰色秕谷。感病迟的，谷壳上呈椭圆形或不规则形褐色斑点，可造成谷粒不充实，甚至米粒变黑，护颖发病时呈灰褐色或黑褐色，潮湿时谷粒和护颖的病部都可产生灰绿色霉层（病原菌）。

（2）稻瘟病的发生流行条件

稻瘟病是由真菌寄生引起的，病菌主要在种子和稻草上越冬。第二年春季，带病种子播种后，即可引起苗稻瘟。气温升到 15℃ 以上，又遇降水潮湿时，大量病菌从病草中"飞"出来，借风传播，使秧苗或大田稻株发病。接着在病稻植株上繁殖病菌（分生孢子），进行再次侵染为害。病菌随风飘落到稻株上，只要得到一点水滴，就可发芽，侵入稻株组织，吸收养分，破坏细胞。这样病菌连续繁殖，反复传播，一旦条件适宜，病害就会迅速蔓延暴发成灾。

稻瘟病发生的轻重主要与以下 3 方面因素最为有关：

一是气候条件。气温在 20~30℃，特别是 24~28℃，湿度大，多阴雨，多雾露，光照不足，对病害发生十分有利。水稻分蘖盛期和孕穗、抽穗期，如遇连续低温、阴雨，对水稻生长不利，而病菌却大量繁殖，病害发生严重。

二是肥、水管理。如氮肥用量过多，或使用过迟，水稻生长嫩绿，贪青徒长；长期灌深水或过于干旱、冷水灌溉，还有漏水田和积水的低洼田等，都有利于病害发生。

三是品种的抗病性。水稻对稻瘟病的抗性因品种不同而异，即使是同一品种，在不同生育阶段，对稻瘟病的抵抗力也不同。一般在水稻四叶期、分蘖期、孕穗末期到始穗期时，最易发病。

（3）稻瘟病的预测预报

一般在秧苗期、分蘖期和孕穗期3个时期进行。

秧苗期预测预报：根据生产实际情况，选择不同类型（如品种、育秧期等）秧田各一块，从三叶期开始检查，每块固定查1分地，5d查1次，直到移栽为止。一查有无发病中心，二查叶子上病斑发生多少，并注意察看是急性型还是慢性型病斑。当查到1分秧田内有1~2个发病中心，或只有零星病株出现，而病斑是急性型，叶片颜色又嫩绿，并有下披现象，就应立即喷药防治。一般在急性病斑出现3~5d后，稻瘟病就有大发生的可能。

分蘖期预测预报：选择不同类型田块，从移栽后10d开始，到圆秆拔节期为止，每3~5d天固定调查1次，每个田块固定查2分地。一查发病中心，二查100穴水稻田有多少穴发病，抽查10张叶片上发生病斑的类型，当查到2分田内有1~2个发病中心，或虽没有形成发病中心，但有急性型病斑出现时，应立即喷药防治。

孕穗期预测预报：选择施肥过多、叶色嫩绿、并已发生叶稻瘟的田块，每块查100穴，当查到100张剑叶上有1~5张发生急性型病斑，或剑叶上虽无病斑，但遇到天气有利发病，都要在孕穗末期和齐穗期用药防治。

（4）稻瘟病的防治方法

一是选用抗病良种。

二是消灭越冬菌源。①种子处理。25%咪鲜胺3g、加水6~7kg，浸种子4~5kg，浸种时间48~72h。或用20%三环唑1 000倍液浸种24h，或用50%多菌灵1 000倍水药液浸种48h，或用1%石灰水浸种72h。浸种时，水层要高出种子13cm左右，使种子始终淹没在水层下，然后加盖，不要搅动，以保护表层薄膜，避免阳光直射。浸种后用清水冲洗干净再行催芽，以免发生药害；禁用含硫农药浸种，否则降低发芽率。②病稻草处理。不要用病稻草盖种催芽和捆秧把，病稻草要在春耕前采取掩埋等措施处置完。

三是加强肥水管理。①合理施肥：施肥以有机肥为主，化肥为辅，氮、磷、钾肥配合使用。施足基肥，早施追肥，适当增施磷、钾肥和农家肥，中后期要看天、看苗施肥。防止后期使用过多的氮肥。②科学灌水：要浅水勤灌，湿润灌溉。分蘖后期排水晒田，防止长期灌深水。在孕穗抽穗期要防止缺水。

四是药剂防治：根据预测预报和田间调查，做到及时喷药。可用20%三环唑可湿性粉剂每亩100g加水50~60kg喷雾；或用40%克瘟散乳剂1 000~1 200倍液，每亩60~75kg喷雾；或用50%托布津1 000倍液或70%甲基硫菌灵1 500倍液，每亩40~60kg喷雾；或用6%春雷霉素可湿性粉剂30~40g/亩次，对水

45~60kg 喷雾，喷药后 4h 内遇雨须补喷。新近资料报道，9.5%吡唑醚菌酯微囊悬浮剂、25%凯润悬浮剂对水稻穗颈瘟的防治效果良好。

078　水稻纹枯病的症状识别与防治方法

（1）水稻纹枯病的症状识别

发病初期，先在近水面的叶鞘上出现暗绿色水浸状小斑点，并逐渐扩大成椭圆形云纹状病斑，中部灰白色；潮湿时变为灰绿色。病斑由下向上扩展，逐渐增多，互相连成一大块不规则的云纹斑。叶片上的病斑与叶鞘上的相似，稻穗受害变成墨绿色，严重时造成白穗，在病部表面可形成由菌丝集结交织成的菌核。天气特别潮湿时，病株上可长出一层白色粉末。

（2）水稻纹枯病的田间发病特点

田间病情发展可以分为两个阶段。第一阶段：以初次侵染为主的横向发展。这个阶段，田间病株率不断增加，由零星发病到蔓延成片。但因发病部位较低，常限于基部的 1~2 个叶鞘，而且病斑较小，对产量影响不大。第二阶段：以再次侵染为主的纵向发展。在这个阶段中，病斑由植株下部蔓延，直至顶叶和穗颈。这一阶段发病，对产量的影响大。

（3）水稻纹枯病的预测预报

要掌握以下 3 个方面：

一是要掌握好调查时期。一般在分蘖盛期、抽穗前后、收获前半月各调查一次。二是调查方法。一般采取直线平行取样法，共调查 40 行、每行调查 6 穴，共调查 240 穴，计算病穴率；同时，连续确定 20 穴，调查发病株率，进行分级，计算严重度。

严重度按六级：

0 级：全株无病；

1 级：稻株基部叶鞘或叶片发病；

2 级：顶叶或剑叶以下第三叶鞘、叶片发病；

3 级：顶叶或剑叶以下第二叶鞘、叶片发病；

4 级：顶叶或剑叶以下第一叶鞘，叶片发病；

5 级：顶叶或剑叶发病。

三是掌握药剂防治标准。从分蘖到拔节期，丛发病率达 5%时，进行喷药防治；从拔节到孕穗期，丛发病率达 10%时，进行喷药防治；从孕穗到乳熟期，丛发病率达 20%时，进行喷药防治。

（4）水稻纹枯病的防治方法

要立足农业措施，辅以药剂防治。

农业措施。①注意消灭菌源。稻田在麦收后进行深耕，可将病原菌的菌核深埋土中；稻田整地灌水后，捞去下水头的浮渣（内有无数菌核），可消灭大量病源；结合积肥，铲除田边杂草，可消灭病菌的野生寄主。②加强栽培管理。以合理密植为中心，采取相应肥水管理措施。施足基肥，根据苗情适施追肥，防止氮肥过多、过迟，并增施磷、钾肥；生长前期，浅水勤灌，中期适时晒田，后期干干湿湿，使水稻稳长不旺，后期不贪青，不倒伏，增强植株抗病力。③应掌握好施肥量、施肥方法和肥料种类。在施肥数量上，对耐肥品种、土质砂性、肥力差、地势较高、排水好的田块，可酌情适当增加施肥量；反之，应适当减少施肥量。在施肥方法上，要掌握基肥足、面肥速、追肥早的原则。基肥一般应占总施肥量的70%以上。用作基肥的厩肥、绿肥堆肥和草塘泥等有机质肥料，一定要充分腐熟。还要防止氮肥过多、过迟，导致植株徒长，导致纹枯病加重发生。在肥料种类上，要做到氮、磷、钾合理搭配，促使稻株组织健壮，增强抗病能力，减轻发病。

药剂防治。根据病情预报，要抓住分蘖盛期至孕穗期和孕穗至抽穗期两个关键时期，进行田间检查，按照施药标准，及时喷药防治。施药次数应视病情发展情况而定，凡施药两次的可间隔 10~15d。目前常用的药剂种类和施用方法：①井冈霉素 40~60mg/kg 喷雾；或每亩用 1% 井冈霉素 0.5kg 加水 400kg 泼施。②50% 多菌灵可湿性粉剂，每亩 100g 加水 75~100kg 喷雾。③70% 甲基硫菌灵可湿性粉剂，每亩 100g 加水 75~100kg 喷雾。

井冈霉素是目前防治水稻纹枯病的常用药剂。在应用中，须注意 3 点：

①井冈霉素含有葡萄糖、氨基酸等微生物的营养物质，故要注意防霉、防腐、防冻、防晒、防潮、防热，注意瓶口的密封，确保药液质量。②长期大量使用井冈霉素后，可能出现效果减退，应注意采取药剂复配。井冈霉素可与多菌灵、三唑酮、增产菌等农药混用。③井冈霉素是以治疗为主的生物制剂，其保护作用较小，所以应在发病之后使用。喷药时，田内要保持 6~7cm 浅水层，并应注意喷头直接对准发病部位喷药，才能收到较好防治效果。

079　水稻烂秧类型与防治

水稻烂秧是秧田中发生的烂种、烂芽和死苗的总称。水稻烂秧分为非侵染性烂秧（即生理性烂秧）和侵染性烂秧两种类型。

（1）非侵染性烂秧

因不良气候条件和秧田管理不善引起的烂秧叫非侵染性烂秧。主要有以下4种：

①烂种：指播种后不能萌发或播后腐烂不发芽。多由催芽时温度过高或过低引起。

②烂芽：指萌动发芽至转青期间芽、根死亡的现象。芽子催的太长，或播种后灌水太深，造成缺氧，使苗长、根短，头重脚轻形成漂秧。

③黑根：稻田施过多的化肥或未腐熟的有机肥，在低温缺氧时有机物分解产生硫化氢，使幼根中毒变黑。

④死苗：指第一叶展开后的幼苗死亡，多发生于2～3叶期，分青枯和黄枯两种现象。青枯死苗发生在秧苗现青以后，寒流过后暴晴的天气条件，秧田未及时灌水，冷后暴晴时，秧苗叶片蒸腾加快，而此时根系吸水力还未恢复，使秧苗体内水分失去平衡，造成生理失水，形成青枯死苗。青枯型叶尖不吐水，心叶萎蔫呈筒状，下叶随后萎蔫筒卷，幼苗污绿色，枯死，俗称"卷心死"，病根色暗，根毛稀少。黄枯死苗是由于低温持续时间长、温差较小，同时秧田湿度大等条件下发生。使叶片光合作用减弱，叶绿素形成也大为减少，原来的叶绿素也从叶绿体的蛋白质中水解而游离出来，因此出现黄苗现象。一般从叶尖向叶基部变黄，由老叶到嫩叶逐渐变黄褐色枯死。俗称"剥皮死"。

（2）侵染性烂秧

由病原菌寄生所引起的烂秧叫做侵染性烂秧，其症状主要有以下3种：

①绵腐病引起的烂秧：绵腐病菌多在水中和土壤中生活；卵孢子萌发形成芽管侵入谷芽和幼苗，产生菌丝体。菌丝体不断形成游动孢子，随流水传播，引起再侵染；使病害扩展蔓延。秧苗期低温又遇连续阴雨的气候条件，有利于病菌的侵染，而不利于秧苗的生长，病菌极易侵染为害，造成烂秧。

发病时，先在幼芽部位出现少量乳白色胶状物，以后长出白色绵毛状物（菌丝），最后常常变成泥土色或褐色、绿色等。开始零星发生，很快向四周蔓延，严重时成块、成片死亡。

②立枯病引起的烂秧：立枯病菌在土壤或病株残体内越冬。条件适合时萌发，侵害谷粒和生长衰弱的秧苗基部，引起发病。病菌孢子由气流传播，进行再侵染，秧苗在缺水情况下易发病，形成烂秧。

早期发病，秧苗枯黄卷缩，茎基部腐烂，很易折断；后期发病，心叶先萎垂卷缩，茎基部腐烂软化，全株黄褐色枯死。病苗基部大多长有赤色霉状物。

③疫霉病引起的烂秧：疫霉病菌在土壤中越冬，来年春季水稻育秧期间，游动孢子在水中游动，吸附稻叶上的游动孢子，经过短暂休止后萌发出芽管，从叶

片气孔侵入，引起发病。发病秧苗在深灌时叶片漂浮于水面或病斑上而结露的条件下，大量产生游动孢子，遇到阴雨多湿的天气可形成多次侵染，常在几天内由点片蔓延至全田秧苗发病。

为害水稻叶片，常形成不规则的纵向灰绿色条斑，后期变褐色。在露水未干或阴雨天气，病斑表面有稀疏的白色霉状物（病菌的卵孢子）。叶片在病部发生纵卷或折倒，最后引起枯死。

（3）水稻烂秧防治措施

防治水稻烂秧要采取综合防治措施。

①农业措施：加强栽培管理，培育壮秧，秕粒和杂质，播种前晒种 2~3d。

②科学浸种催芽：气温稳定在 10℃ 以上时浸种催芽，芽要催得整齐粗壮，严防高温烧芽。

③提高育秧技术：（参看本书高产育秧技术）。

④进行药剂防治：秧田里发现绵腐病、立枯病时，用硫酸铜 1 000 倍液、50%多菌灵 1 000 倍液喷雾或 50%甲霜灵可湿性粉剂 800 倍液喷雾，每亩喷洒药液 60~75kg。出现稻苗疫霉病时，用 50%福美双 1 000 倍液、50%多菌灵 500 倍液喷或 50%甲基托布津可湿性粉剂 1 000 倍液喷雾，每亩喷药液 60kg。

080　稻曲病的发生、识别与防治

（1）稻曲病的侵染过程

稻曲病菌在土壤中越冬，也可借厚垣孢子在被害谷粒和健谷上越冬。来年 7—8 月子囊孢子和分生孢子萌发，随风传播，侵染花器或幼颖，然后大量增殖，挤开内外颖，深入胚乳，形成孢子座（稻曲）包围整个谷粒。

（2）稻曲病的症状识别

稻曲病病菌主要为害稻穗上的部分谷粒，先在颖壳的合缝处露出淡黄绿色的小菌块，逐渐膨大，最后包裹全颖壳，形状比健粒大 3~4 倍，为墨绿色或橄榄色，表面平滑，最后开裂。病粒布满墨绿色粉末，即病菌的厚垣孢子，切开病粒，中心白色，其外围分为 3 层，外层为墨绿色，第二层橙黄色，第三层淡黄色。

（3）稻曲病的防治方法

①农业防治：选用抗病良种、选用无病种子、种子消毒（方法同稻瘟病）；加强栽培管理，注意增施磷钾肥，防止迟施、偏施氮肥；合理灌溉，增强水稻生活力；病重田块在收获后深耕，将越冬菌核深埋。

②药剂防治：在水稻抽穗 40%时，用井冈霉素 50mg/kg 喷雾，每亩喷药

液 70kg。

此外，需要说明的是，稻曲病不仅影响水稻产量，而且病菌孢子污染谷粒和稻草，降低其食用和饲用价值。有资料报道，感染稻曲病的谷粒和稻草中含有生物碱，人、畜食用后，均能引起中毒。

081 水稻恶苗病的发生与防治

水稻恶苗病病菌在病种子和病稻草上越冬。第二年，播种带病种子或用病稻草盖种催芽，病菌就会从芽鞘侵入，引起幼苗发病。在病死的幼苗上产生分生孢子，经风雨传播到健苗上，从茎部伤口侵入，引起再次侵染。病菌移栽大田后，表现徒长，以后产生分生孢子，经风雨传播扩大，进行再侵染。当抽穗开花时，病菌传到花器上进行侵染，使谷粒发病。

防治方法：一是选用无病种子。二是种子消毒，浸种前晒种。三是处理病稻草。不要把病稻草堆放田边，不用病草盖种催芽、捆秧把等。四是拔除病株。在秧田和大田内发现病株，应立即拔除，并集中烧毁。

082 如何识别、预防水稻干尖线虫病

苗期症状出现在叶片尖端 1~4cm 处。叶尖卷缩呈白色、灰白色或淡褐色，病部和健部界限明显。以后病部扭曲枯死呈纸捻状，并因风吹或摩擦而脱落。孕穗期的症状，一般在剑叶或倒二、三叶片的尖端 1~8cm 处变成黄褐色，半透明，继则尖端扭曲成灰白色的"干尖"。成株期病株的干尖不易折断脱落，直到收获时都能见到。被害稻株，生长较弱，植株矮，穗子短，粒数少，秕粒多，结实粒也瘦小，剑叶短小狭窄。

预防措施：一是严格执行检疫制度，严禁从病区引进种子，从外地引进种子要严格实行检疫检验。二是建立无病留种田，选留无病种子。种子田的排水系统要完善，防止带线虫的水灌入；在病情最明显的孕穗末期进行病情普查，把病株拔除烧毁；收获前再进行田间检验，确实无病后进行单收、单藏，作为种子。三是搞好种子消毒。①温汤浸种：将稻种于冷水中预浸 24h 后，移入 45~47℃温水中浸 5min，再移入 52~54℃温水中浸 10min，立即冷却，催芽播种。②药剂浸种：用 25% 杀虫双 0.5kg 加水 250kg，浸种 24h，用水冲洗后催芽播种。③盐酸液浸种：用盐酸 0.25~0.30kg 加水 50kg，浸种 72h，取出用水洗净，再催芽播种。④杀线酯浸种：用 40% 杀线酯（醋酸乙酯）500 倍液，浸种 24h。四是科学灌溉。不串灌、大水漫灌，减少线虫随流水传播。

083　怎样识别水稻胡麻斑病？怎样防治

（1）水稻胡麻斑病的症状识别

种子发芽期芽鞘受害，变成褐色，甚至子叶生不出来就会枯死，病斑多的幼苗，生长受到阻碍，严重的引起枯死。病害较重的稻苗，一般发育受到抑制，株高比健株略低。叶片受害，先出现褐色小点，逐渐扩大成椭圆形或长椭圆形的褐色病斑，如芝麻粒一样大小，因此被称为胡麻斑病。病斑边缘明显，外围有黄色晕圈。严重时一叶上病斑数可多达 200~300 个，有时也能愈合成不规则的大斑，使叶片干枯。叶鞘病斑与叶片上的相似，但病斑较大，边缘不清楚。穗部受害时与穗颈稻瘟极其相似，病部变褐或黑褐色，在穗颈处上下扩展，被害穗呈弓形下垂，不产生白穗，而影响稻粒饱满，稻粒受害早的病斑灰黑色，发展到全粒时变成秕谷，表面生出大量黑色绒状霉；受害晚的，病斑与叶片上的相似，但较小，边缘不明显。

（2）水稻胡麻斑病的发生条件

水稻胡麻斑病菌以分生孢子和菌丝在病谷和病稻草上越冬，第二年播种带病谷种时，谷粒上的越冬病菌侵染幼苗，病稻植株上的分生孢子经风传播到秧田或本田，引起初次发病。在 25~30℃时潜育期为 24h，发病后在病斑上形成分生孢子，又经风传播到周围植株上，引起再次侵染。在一个生长季节内，条件适宜时，可发生多次再次侵染、为害。

（3）水稻胡麻斑病的防治方法

农业防治：参照稻瘟病。药剂防治：参照稻瘟病。重点是抽穗至乳熟阶段，以保护剑叶、穗颈和谷粒不受侵害。

084　水稻穗腐病的症状识别与防治对策

水稻穗腐病是我国新上升或新出现的水稻穗部病害，2005 年中国水稻所专家首次发现并命名。在国外多被称为"稻谷霉斑病、谷粒斑点病、脏穗病"等；在国内有"颖枯病、谷枯病、黑穗病、穗褐变病、褐变穗"等多种叫法。2008年前我国水稻穗腐病仅是零星发生，危害较轻；近年来，该病在全国各稻区均有发生，且日趋严重，已成为影响水稻高产稳产和优质生产的重要病害之一。重病田发病 30%~95%，每穗病粒可高达 30%~75%，结实率下降 10% 左右，减产30% 以上，甚至接近绝收。在新乡市的新乡县、原阳县、获嘉县和河南省的濮阳市、开封市等地，目前穗腐病尚零星发生，还没有发现此病造成水稻严重减产的现象，但呈日益加重趋势，应当引起高度关注。

水稻穗腐病是真菌性病害，致病菌为多种真菌。其中，优势致病菌主要为镰刀菌、细交链孢菌、平脐蠕孢菌和新月弯孢菌。镰刀菌是穗腐病最主要病原菌，它产生的毒素种类较多。此病不但严重影响水稻产量，而且还可产生毒素，导致稻米品质降低，对人畜健康构成危害。然而，目前我国还没有药剂登记专一用于水稻穗腐病防治，也缺乏抗病的水稻品种。

（1）水稻穗腐病的症状特征

水稻穗腐病通常发生在氮肥用量偏大、施用过晚的田块；粳型水稻、大穗型、紧穗型、直立型、多分蘖力强的水稻品种有利于发病。

高温、高湿最易引起穗腐病的发生，水稻抽穗前后1周（孕穗后期到扬花期）是最适发病期。抽穗前至扬花期，穗部颖壳首先感病，初期上部小穗颖壳尖端或侧面产生椭圆形小斑点，之后逐渐扩大至谷粒大部或全部，几个或几十个谷粒变为灰白色、黄褐色、铁锈红色，后逐渐变为黄褐色或褐色，成熟时变为灰白色、灰褐色、黑褐色等病斑，有白色霉层，且病健交界明显。发病早而重的稻穗不能结实，形成白穗；发病晚的影响灌浆，形成瘪粒，粒重降低。但发病植株的穗轴和枝梗仍为健全绿色，不会枯萎，群众用"秆青、叶绿、枝梗活、谷粒霉"描述此病病状。

（2）水稻穗腐病的防治方法

水稻穗腐病病原菌的侵染时期一般在水稻破口期至抽穗期的7~10d，症状表现一般在齐穗后4~5d，当病症出现时才开始喷药防治，已错过了最佳防治时期，防治效果很差。

防治穗腐病的最佳时期是在水稻孕穗后期和抽穗扬花初期喷雾进行预防；农药可选用45%咪鲜胺乳油、50%多菌灵可湿性粉剂、70%甲基硫菌灵、三唑酮等。如遇连阴雨需在雨后或阴雨间歇期加大剂量防治，可结合防治水稻后期穗颈瘟、纹枯病、稻曲病、褐飞虱等，几种药剂混配现用，提高工效。

此外要注意平衡施肥，酌减氮肥；中后期水的管理要做到"浅水勤灌、干湿交替"，也有利于减轻穗腐病的发生为害。

085 水稻赤枯病的症状识别与防治方法

水稻赤枯病属于生理性病害，一般在插秧后2~3周发生。农民俗称"坐兜、铁锈病、火烧田"等。通常有四种类型，分别是缺钾型赤枯、缺磷型赤枯、根部中毒型赤枯和低温诱发型赤枯。发生此病后，表现为稻苗出叶慢，分蘖迟缓或不分蘖，株型簇立，根系发育不良，僵苗不发。

（1）水稻赤枯病的症状识别与发生原因

缺钾型赤枯：稻株体内钾含量不足，营养比例失调，秧苗素质差。发病植株症状是：最初叶色浓绿，之后下部叶片的叶尖沿中脉周边出现赤褐色小斑点（铁锈状），斑点逐渐扩大，严重时聚合成斑块或条状，最后叶片干枯、赤褐色；叶片中脉不表现黄化，由下部老叶逐渐向上部叶片蔓延，最后全叶枯死。严重的地块，远望似火烧状；根系呈淡褐色（沙壤土）或深褐色（腐殖质含量高的黏质土），多见黑根或烂根。诱发因素主要是：土壤严重缺钾；土壤黏重，有机肥施用过多，有机肥分解过程中土壤过度还原，削弱了钾素的吸收。

缺磷型赤枯：最初水稻植株下部叶片的叶尖出现褐色小斑点，之后逐渐扩大，由叶尖向叶基部开始出现黄褐色干枯。叶的中脉轻度黄化，远望似稻瘟病植株；根部黄褐色，白根极少。诱发因素主要是土壤有效磷含量过低。

根部中毒型赤枯：秧苗移栽后半个月左右开始发生，持续时间1个月左右。开始表现为缺肥症状，老叶中脉黄白化，中脉周边黄化，严重时叶鞘也黄化。黄化的中脉周边出现赤褐色斑点，逐渐扩大，叶片逐渐变成赤褐色，最后从下部叶片开始枯死。根部从赤褐色转变成浓赤褐色，只有根尖端为白色，严重的大部分根系烂软，并有大量黑根，新根很少。栽后难返青，或返青后稻苗直立，几乎无分蘖；根部腐烂时有似臭鸡蛋的气味。

诱发因素主要有4个方面：一是整田翻耕时翻压大量没有腐烂麦茬、或未腐熟的有机肥等，有机物腐烂发酵产生硫化氢、甲烷等有毒有害气体，使水稻根系中毒。二是上茬除草剂影响，特别是前茬施用含有乙草胺、甲磺隆的复配除草剂，残留被秧苗根系大量吸收，造成中毒。三是施肥过多，造成水稻根系中毒。四是长期灌深水、通气不良，土壤中缺氧，造成中毒。

低温诱发型赤枯：长期低温阴雨影响水稻根系发育，导致吸肥能力下降而发病。在低温条件下，植株上部嫩叶变成淡黄色，叶片上也出现很多褐色针尖状小点，尤似叶尖为多，下部老叶起初呈黄绿色或淡褐色，之后逐渐变为赤褐色；稻根软绵，白根少而细。

（2）水稻赤枯病的防治方法

采取综合性措施，预防为主，并根据不同发生类型进行针对性防治。一是对已发生赤枯病的田块，对缺钾土壤，应补施钾肥；对缺磷土壤，应补施磷肥；适当追施速效氮肥；追肥后随耘田，促进稻根发育，提高吸肥能力。二是施用有机质过多、或麦秸还田过多过长的田块，稻田浮泥深、冒气泡、有臭味，应及时排水晾田，改善土壤通气性，促进秧苗新根发生。三是对施肥过多或施用除草剂不当的，及时换水排肥、排药。四是及时叶面追肥，强化营养，促进生长。

此外，水稻赤枯病与稻瘟病、稻胡麻斑病发生时期接近，症状也相似，要注意加以区别。一看病斑：稻瘟病、稻胡麻斑病病斑规则，病斑外均有 1 个黄色晕圈，而水稻赤枯病病斑不规则，无晕圈。二看霉层：稻瘟病、稻胡麻斑病病斑背面有毛茸茸的霉层，而水稻赤枯病无霉层。

086　几种常见容易混淆的水稻病症识别

水稻经常发生一些症状相似的黄叶、叶斑、枯心、青枯、白穗等症状，很容易混淆，识别有误，则直接影响对症施治。

3 种青枯

小球菌核病青枯：田间常成丛发生，也有一穴中几株发病。稻基部组织软腐，有黑褐色病斑。剥开基部叶鞘和茎秆，可见有许多极小的黑色菌核。

细菌性基腐青枯：田间零星发生，一般 1 穴中 1~3 株发病，病株基部呈鼠灰色腐烂，根系稀少腐朽，剥开基部茎秆，充满臭水，无菌核。

生理性青枯：茎秆干缩，茎基部干瘪，易倒伏，状如褐飞虱菌核为害。但茎基部无虫体，无病斑，叶鞘及基秆内无菌核，多在成熟期发生，成块青枯萎蔫。

3 种叶斑

稻瘟病叶斑：急性型的，病斑开始是青褐色小斑点，后变成椭圆形，叶背有灰绿色霉状物；慢性型的，病斑成棱形，旁边红褐色，中央灰白色，有一条褐色线贯穿病斑中间。潮湿时，病斑背面可见有灰绿霉。

胡麻病叶斑：病斑初似针头大的小点，后逐渐形成椭圆形斑点，形似芝麻。粗看病斑为黑褐色，较稻瘟病斑色深；细看颜色分 3 层：外圈有黄晕，边缘层较宽，黑褐色，中央多呈黄色。病斑两端无坏死线，病部难见霉状物。

褐条病叶斑：病斑为短线状条斑、褐色，与叶脉平行，以叶端处多，霉层难见到。病部折断挤压流出乳白色汁液。严重病株下部腐烂，发出腐烂气味，病叶枯心，新叶死于内。

4 种枯心

螟虫枯心：稻株下部可见有虫孔或虫粪，枯心易拔起。

蝼蛄为害枯心：稻株颈部无虫孔、无虫粪，枯心易拔起，茎基部和根部呈撒碎状。

条纹叶枯病枯心：病株心叶有黄色条斑，并卷曲成纸捻状，弯曲下垂呈"假枯心"。基部无虫孔，不腐烂，枯心不易拔起。

凋萎型白叶枯病枯心：稻株茎部无虫孔，基部茎节变黄褐色。挤压基部病节有黄白色脓状物，无臭味；剥开刚刚青卷的心叶，也常有黄色珠状菌脓。

4 种黄叶

白叶枯病黄叶：在叶片的叶尖或叶缘上，先是产生黄绿色或暗绿色斑点，后沿着叶脉扩展成斑条，呈灰白色，病部与健部分界明显，病斑上常有黄胶色的"菌脓"。

黄矮病黄叶：先从顶叶下面 1~2 片叶的叶尖发病，后逐渐发展到全叶发黄，或变成斑花叶，植株矮缩节间短，禾叶下垂平展，黑根多，新根少，往往纵卷、黄枯死亡。

生理早衰黄叶：由下向上蔓延，病叶多表现橙黄色，有一定金属光泽，成片或全田发生。黄叶上没有病斑，没有菌脓物。

肥害黄叶：碳铵、氨水、农药等，如果施用不当，导致成块成片稻叶熏成鲜黄或金黄色，有时黄叶上有焦灼斑。

4 种白穗

三化螟白穗：稻茎上有虫孔、虫粪，白穗易抽起，穗茎无病变，田间白穗团明显。

穗茎稻瘟病白穗：稻茎上无虫孔，白穗不易拔起，穗茎、穗轴、枝梗生有黑褐色病斑。穗茎或枝梗易折断，潮湿时，病部生有灰褐色绒状霉。

纹枯病白穗：在叶鞘、叶片或穗颈、茎秆上，初期出现暗绿色斑点，后扩大成椭圆形云纹状病斑，病斑边缘褐色；中间淡褐至灰白色，茎部无虫孔，基部组织发软，白穗贴地倒伏。

细菌性基腐病白穗：田间零星发生，白穗不易倒伏，不折断，茎基部和根部呈灰色软腐，有腐臭味，茎上无虫孔，根稀少腐朽，剥开基部叶鞘和茎秆无菌核，白穗不易抽起。

087　水稻病害绿色防控措施

水稻病害绿色防控措施，是水稻绿色生产技术的主要内容。主要包括以下几个方面：

选用抗病品种。根据当地水稻主要病害发生特点，选育、引进耐病性、抗病性好的水稻品种，是最经济的水稻病害防控措施。

培育无病壮秧。采取种子消毒、旱育稀植等措施，培育壮秧。

实施健身栽培。加强水肥科学管理，合理密植，控制合理群体，确保水稻植株生长健壮，能够明显提高水稻自身抗病能力。

清理"四边"，切断传毒媒介。清理稻田的"四边"——田边、路边、沟边、渠边杂草及稻草、其他作物秸秆，能够最大限度地减少灰飞虱生，切断传毒媒介，降低病害感染与传播。

088 新乡市常见水稻害虫有哪些

新乡市水稻上发生的害虫种类很多，其中发生量大、为害重的有二化螟、三化螟、稻苞虫、稻纵卷叶螟、稻蓟马、稻飞虱等，其次有大螟、稻螟蛉、稻蝗、稻象甲、稻食根叶甲、稻秆潜蝇、稻摇蚊，以及其他有害动物如鳃蚯蚓等。

089 二化螟的为害特点、虫态特征、发生规律与防治方法

（1）二化螟的为害特点

二化螟属鳞翅目，螟蛾科，是水稻的重要害虫。二化螟俗称蛀心虫、钻心虫，以幼虫蛀食叶鞘和茎秆。第一代为多发型，发生面积大，为害重，一般受害田块被害率为5%~10%，严重受害田块被害率达25%以上。第二代为害轻，一般受害田块被害率为1%左右，受害重的田块被害率达3%~5%。

第一代幼虫在水稻分蘖至拔节期为害，3龄以前蛀食叶鞘，使之形成橘黄色枯鞘；4龄以后蛀食秧心，形成枯心，枯心初为青枯色，后为橘黄色。第一代幼虫有较强的转株为害习性，1头幼虫可为害叶鞘3~4个，造成枯心2~3个，第二代幼虫于水稻孕穗至灌浆期为害，3龄前十几头至几十头集中在一个稻秆里为害，造成死孕穗；4龄后分散为害，绝大多数1头幼虫为害1株，极少数2头幼虫为害1株，造成白穗和虫伤株，其中虫伤株为多，白穗较少。

二化螟在新乡市一年发生2代，有少数不完全3代。越冬代蛾始见于5月上旬，盛发于5月中下旬；第一代蛾始见于7月上旬，盛发于7月中下旬；第二代蛾发生于8月中下旬至9月上旬。成虫寿命5~7d，卵历期6~8d，幼虫历期33~42d，蛹历期越冬代11~15d，1~2代7d左右。

（2）二化螟的虫态特征

4种虫态特征简介如下。

成虫：是一种中型蛾子，体长11~13mm，前翅略呈长方形，灰褐色，翅外缘有7个小黑点。雄蛾前翅中央有紫黑色斑点4个。

卵：卵集中产，卵块椭圆形，卵粒呈翅鳞状排列，卵初产乳白色，后变黄褐色，近孵化时变为紫褐色。

幼虫：初孵化幼虫体淡黑色，后变为淡褐色，背部有5条紫黑色纵线。老熟幼虫体长20~30mm。

蛹：体长约12mm左右，圆筒形。初化蛹时白色，后变棕色。腹部背面有5

条隐约可见的纵线。

二化螟以老熟幼虫在稻茬、稻草或田边杂草内越冬，第二年4月中下旬在越冬部位结薄茧化蛹；第一、二代老熟幼虫在被害稻株的叶鞘与茎秆之间近水面处结薄茧化蛹。成虫有趋光、趋绿和趋向大田或孕穗田块产卵的习性。成虫羽化后当天交尾，第二天开始产卵。成虫白天潜伏在秧苗下部，黄昏后飞出活动，或交尾或产卵。一头雌蛾可产卵2~3块，约200粒。第一代卵多产于秧苗叶片的中、上部，第二、三代卵多产于叶鞘近水面处。幼虫有转株为害的习性。第一代幼虫孵化后爬到叶尖端部，吐丝下垂，随风飘荡扩散，然后从叶鞘内侧蛀入为害成枯鞘，4龄后蛀入秧心，为害成枯心苗；第二代幼虫孵化后爬到稻株中部，集中蛀入一株稻秆中，为害成死孕穗，4龄后分散从稻株基部蛀入，为害成白穗或虫伤株；第三代幼虫孵化时，水稻即将成熟，组织老化，幼虫难以蛀入，故不能造成为害。

（3）二化螟的发生特点

二化螟当代为害轻重与上代残虫量、水稻生育期、气候条件和天敌多少等因素有着密切的关系。在一般年份，第一代为害较重，是防治的重点。这是因为：一是二化螟幼虫抗寒能力很强，越冬死亡率低，越冬场所多，给第一代带来大量虫源；二是二化螟生长发育的适宜温度是23~26℃，春末夏初的温度对其生长发育极为有利；三是第一代幼虫孵化时期，正是春稻秧苗分蘖期，有利于蛀入和取食；四是天敌数量少，所以造成第一代为多发型，为害重，是防治的重点代别。第一代虽为第二代残留大量虫源，但因蛹期正逢雨季，大量被淹死，天敌又多，更重要的是二化螟不耐30℃以上的高温，二代正处于高温季节，对其生长发育极为不利；另外第二代幼虫孵化期与水稻拔节孕穗相吻合，对其蛀入不利；加之群集为害。所以，第二代为少发型、为害轻。

二化螟蛾有趋向大田和嫩绿田块产卵的习性。所以插秧早、生长嫩绿的田块，为害重；插秧晚的田块，为害较轻。

（4）二化螟的防治方法

二化螟重点防治第一代，挑治第二代。

农业防治：实行浅灌勤灌，促使秧苗健壮生长，减少二化螟的转株为害。于第一代老熟幼虫即将化蛹时，把田水排至3cm左右，待化蛹达高峰时，再灌10cm以上深水，保持3~4d，可淹死大部分蛹和将要化蛹的老熟幼虫，以减少第二代虫源。

药剂防治：①秧田防治：于拔秧前5~7d，每亩用25%杀虫双0.25~0.3kg，掺湿润细土20kg撒施，或对水40~50kg喷雾。施药后2d若遇大雨，需补施。②大田防治：每亩用25%杀虫双0.2~0.25kg，掺湿润细土20kg撒施，或对水

50kg 喷雾均可。

据最新资料报道，用性诱芯防治水稻二化螟效果好。许燎原等 2013 年、2014 年用 0.55%二化螟性诱芯防治早稻一代二化螟。在水稻分蘖末期每亩放置 0.55%二化螟性诱芯 1 枚，与新兴飞蛾诱捕器（PT-FMT）结合使用，诱捕器底部离地面高度 0.5~1m。结果表明：0.55%二化螟性诱芯能够诱杀大量二化螟雄虫，减少二化螟产卵量，降低田间虫口基数，控制为害。可以达到减少化学农药用量，保护农产品质量，是一种绿色、环保的病虫害防治技术。

090　三化螟的为害特点、虫态特征与防治方法

（1）三化螟的为害特点与各虫态特征

三化螟属鳞翅目，螟蛾科，俗称蛀心虫、漂虫。三化螟只为害水稻一种植物，属单食性害虫；以幼虫取食为害。第一、二代为害正在分蘖的秧苗，造成枯心苗；第三代为害正在抽穗的稻株，造成白穗。第一代为害很轻；第二代为害较重，被害率 3%左右；第三代为害最重，一般被害率 5%~10%，严重受害田块达 30%以上。此虫无转株为害习性，一头幼虫只为害一株水稻。

成虫：为中型蛾子，雌蛾体长 9~12mm；前翅淡黄色，近三角形，中央有 1 个明显的小黑点；股部末端有 1 束黄褐色绒毛。雄蛾体长 9mm 左右；前翅灰褐色，中央小黑点不明显，由翅顶角到后缘有褐色斜纹，翅外缘有 7 个小黑点；腹部瘦细；足较细长。

卵：卵集中产，卵块椭圆形，由数十粒至百余粒相叠而成，表面有黄褐色绒毛覆盖。卵块中央隆起，周围稍低，好像半粒发霉的黄豆。卵块初产时两手指相捏较硬，有顶手感，近孵化时相捏较软，有弹性感。卵粒初产时乳白色，后变为黄褐色，近孵化时变为灰褐色。

幼虫：初孵幼虫体灰黑色，后变灰黄色或暗黄色。老熟幼虫体长 12mm 左右，淡黄色或淡黄绿色，背中央有 1 条透明纵线。

蛹：圆筒形。雄蛹体长约 12mm，初期淡黄绿色，近羽化时暗灰色，腹部末端较瘦。雌蛹体长约 13mm，初期黄绿色，近羽化时变为淡黄褐色。蛹外有薄茧。

（2）三化螟的发生特点与生活习性

三化螟在新乡市一年发生 3 代，有少数不完全 4 代，越冬代蛾始见于 5 月上旬，盛发于 5 月中下旬；第一代蛾始见于 6 月下旬，盛发于 7 月上旬；第二代蛾始见于 7 月下旬，盛发于 7 月底至 8 月上旬；三代蛾发生于 9 月上中旬。成虫寿命 4~6d，卵历期 6~11d，幼虫历期 21~27d，蛹历期越冬代 13d 左右，1~2 代

6~8d。

三化螟全部以老熟幼虫在稻茬中越冬，第二年4月中下旬先在近土表处咬成仅留茎秆表皮的羽化孔，再钻入越冬部位做薄茧化蛹。1~3代老熟幼虫，钻蛀到被害稻株近泥面处咬成仅留茎秆表皮的羽化孔后，再钻蛀到植株下部（泥面以下）节内做薄茧化蛹。成虫羽化后从羽化孔爬出，并当天交尾，第二天开始产卵。成虫白天潜伏在秧苗下部，黄昏后飞出活动，或交尾或产卵，有强趋光性和趋绿性，一头雌蛾产卵3~5块，300粒左右，卵多产在中上部叶片上。蚁螟孵化后先食去部分卵壳，然后从卵块背面将稻叶咬一小孔，全部从同一孔中爬出，并迅速爬到叶尖吐丝下垂，随风飘荡分散为害。水稻分蘖期蚁螟从叶鞘合缝处蛀入，经3~5d造成枯心；孕穗抽穗期蚁螟从穗茎破肚处蛀入，经5~7d造成白穗。

（3）三化螟的发生条件与防治策略

气候和食料是影响三化螟发生量的主要原因。三化螟耐低温能力很差，一般年份越冬死亡率达60%~80%，所以第一代发生量很少，经第一代繁殖后，第二代发生量就增加很多，到第三代发生量就更大了。若遇特殊冷冬年份，越冬死亡率达98%以上，这不仅影响第一代和全年的发生量，甚至影响2~3年的发生量。4月下旬至5月上旬越冬代化蛹期间，长期阴雨连绵，土壤湿度处于饱和状态，蛹因缺氧而大量死亡，亦能大量减少当年的发生量。

三化螟应重点防治3代，挑治2代，兼治1代。三化螟1代发生很轻，且发生时间与二化螟1代基本一致，在防治二化螟1代时可兼治三化螟1代，不需要单独防治。第2代于7月10日前后，对5月底、6月初插秧的田块进行全面调查，每2d调查1次，连续查2~3次，凡每亩有枯心团（一片有1个枯心苗就算1个枯心团）60个以上的田块，及时进行全田施药防治；每亩枯心团在60个以下的田块要及时进行挑治。第三代于8月初选孕穗末期和正处于抽穗的田块各2~3块进行调查，每2d查1次，共查3~5次，当卵块孵化率达15%~20%时为防治适期，这时凡是未抽齐穗田块均属防治对象田，应及时施药防治。

栽培避螟：麦收后集中人力，抢插快插，争取6月15日前插完秧，使之在8月10日前全部抽齐穗，从而避过三化螟第三代的为害。

药剂防治：同二化螟大田防治。

091 稻纵卷叶螟的为害特点、虫态特征与防治方法

（1）稻纵卷叶螟的为害特点与虫态特征

稻纵卷叶螟属鳞翅目，螟蛾科，俗称卷叶虫、白叶虫。20世纪60年代以前发生较轻，属间歇性发生害虫。70年代后，随着耕作制度的改革和生产水平的

提高，发生逐渐加重，已成为水稻上的常发性害虫。稻纵卷叶螟以幼虫取食叶肉，只剩下表皮而呈白色。一头幼虫可为害叶片 5~6 片，多的 8~10 片。被害稻株光合作用受到严重影响，使水稻空秕率增加，千粒重下降。一般受害田块减产 5%~10%，严重受害田块减产 25% 以上。

成虫：体长 9mm 左右，灰黄色或黄褐色。前翅外缘有褐色宽带，翅中部有黑色长横纹 2 条，直达翅后缘，长横纹之间有 1 条黑色短横纹；后翅 2 条黑色横纹与前翅 2 条长横纹相连。雄蛾尾端向上翘起，前翅前缘中央有一蓝色丛毛。

卵：针鼻大小，扁平，椭圆形。初产乳白色，后变淡黄色，近孵化时一端出现一黑点。

幼虫：老熟幼虫体长 15~18mm。初孵幼虫呈绿色，后变黄绿色，老熟时变浅红色，中后胸背板上各有 8 个黑色毛瘤。预蛹时呈黄绿色。

蛹：体长约 10mm，略呈圆筒形。化蛹初期黄绿色，后变为棕褐色。体外有白茧。

（2）稻纵卷叶螟的发生特点与生活习性

稻纵卷叶螟属远距离迁飞性害虫，抗寒能力很弱，在河南省不能以任何虫态越冬，全省均属外来虫源，每年 6—7 月有大批蛾子从南方迁入，稻纵卷叶螟在新乡市一年发生 3 代，以第二代发生为害最重，少数年份第三代亦能成灾。第一代因成虫迁入量少，为害很轻。第一代幼虫于 6 月上、中旬盛发，第二代幼虫于 7 月上、中旬盛发。成虫寿命一般 6~7d，卵期 4~6d，幼虫期 20d 左右，蛹期 7~8d。

成虫有强趋绿性，喜在生长嫩绿茂密，田间小气候湿度大的稻田群集，有一定的趋光性。卵散产，多产于上中部叶片叶背面的中脉两侧，一般一个叶片产卵 1 粒，少数 2~3 粒产在一处。一头雌蛾一般产卵 100 粒左右，最多达 200 粒以上。初孵幼虫多在心叶取食叶肉，2~3 龄时在叶尖或叶的上、中部结小虫苞，4~5 龄时将整叶或两叶卷成虫苞。幼虫昼夜在苞内取食，粪便亦排在苞内，幼虫有转叶为害习性，夜晚出来结新苞。幼虫活泼，一触即跳。老熟幼虫迁移到稻株下部距水面 10cm 上下处，将枯死的无效分蘖或下部枯死叶片结茧化蛹。

（3）稻纵卷叶螟的发生条件与防治方法

影响稻纵卷叶螟发生的条件主要以下 3 个方面：

虫源因素：稻纵卷叶螟在新乡市（亦是全省）属外来虫源，迁入蛾量的多少和早晚，是发生为害轻重的前提。若迁入蛾量大、时间早，就有大发生的可能，否则，发生就轻。每年第一代发生轻，都是由于 6 月迁入蛾量少的缘故。

气候因素：气温和降水量对稻纵卷叶螟发生影响极大。成虫活动的适宜温度是 22~28℃，气温超过 29℃，雌蛾卵巢发育受到抑制，1~2 级蛾大量增加。降水量大、雨日多；气温偏低的年份，有利于成虫发育，雌蛾产卵多，卵孵化率和幼虫成活率都高，发生为害就重。高温干旱年份，不利于成虫发育，即使迁入大批蛾子，也会很快向其他地方迁飞，只是留下部分蛾子，雌蛾产卵量也少，卵孵化率和幼虫成活率都低，因此发生为害较轻。

食料条件：近年来稻纵卷叶螟发生日趋严重，与矮秆品种的推广，以及插秧密度和施氮肥量的增加有着直接的关系。叶色较浓，叶片较宽的品种，有利于成虫产卵和幼虫成活结苞。插秧密度和施氮肥量增加，不仅增加了分蘖和郁蔽程度，田间小气候湿度增大，而且提高了叶色浓度，诱集成虫大量产卵，给其发生为害创造了良好环境条件。在水稻品种和插秧密度相同的情况下，施肥量大的地块，稻纵卷叶螟发生重。

科学防治稻纵卷叶螟，要确定适宜的防治时期、应该防治的地块、采取相应的农业防治措施和药剂防治措施。

查蛾量确定防治适期：从6月上旬至7月下旬，选择有代表性的不同类型田各1块，每2d查1次，每块每次查0.1亩，进行定田不定点的系统调查，直至田间蛾量基本不增加为止。方法是上午用竹竿慢慢拨动稻株，逆风前进，目测飞起的蛾数，记载每亩蛾量，蛾量最多的一天，即为当代盛蛾高峰期。蛾高峰期后5~7d，即为预测防治适期。

查虫苞定防治对象田：从发蛾高峰期后3~5d开始进行普遍调查，每2d查1次。水稻分蘖至拔节期，每100丛有新虫苞30个以上，孕穗期每100丛有40个以上的田块，均属于防治对象田，应及时进行防治。

农业防治措施：加强田间管理，实行科学施肥，合理灌溉，促使水稻稳健生长。施肥要做到施足底肥，早施分蘖肥，穗肥看苗追施，增施磷钾肥，防止生长过旺、叶色过绿；灌水要做到分蘖期浇浅水，苗够晒田，控制无效分蘖，增强通风透光性，降低田间小气候湿度，提高稻株抗虫能力，造成不利于稻纵卷叶螟发生的环境条件，以减轻其为害。

药剂防治措施：每亩用18%杀虫双水剂200ml或40%毒死蜱乳油60~70ml，对水喷雾防治。新近报道，5%氟虫氰悬浮剂30~40ml/亩，或70%艾美乐水分散粒剂2~3g/亩，用于防控稻纵卷叶螟防效很好，低毒高效。

092　稻苞虫的为害特点、虫态特征与防治方法

（1）稻苞虫的为害特点与虫态特征

稻苞虫属鳞翅目，弄蝶科，俗称苞叶虫、苞虫。新乡市（亦是全省）发生的绝大多数为直纹稻苞虫，隐纹稻苞虫和曲纹稻苞虫亦有极少发生。过去稻苞虫

属暴发性害虫，随着栽培技术的提高，20 世纪 80 年代以来发生数量逐渐减少，只在新稻区、豫南稻区，局部成灾。稻苞虫幼虫吐丝缀叶并蚕食，轻者把稻叶吃成缺刻，重者叶片全部吃光，影响水稻正常生长，抽穗推迟，亩穗数和穗粒数减少，空秕率增加，千粒重下降。受害一般田块减产 10% 左右，严重田块减产 30% 以上。

直纹稻苞虫虫态：

成虫：体长 16~20mm，翅展 40mm 左右。体和翅均为黑褐色，并有金黄色光泽，触角棒状。前翅有 8 个大小不等的不规则的白色半透明斑点，排成半环形；后翅有 4 个半透明白斑，排成一字形，故称直纹（或一字纹）稻苞虫。

卵：直径约 0.9mm，半球形，中央稍凹入，表面有龟纹状刻纹。卵初产淡绿色，后变为红褐色，近孵化时呈紫黑色。

幼虫：一般 5 龄，少数 6 龄。初孵幼虫体黑褐色，2 龄后变为淡绿色或绿色。2~3 龄幼虫前胸背板有一黑环，后为中断的黑色横纹。老龄幼虫体长约 34mm，两端较细，中间粗大，似纺锤形。头正面有"W"形褐纹。4~7 腹节两侧出现白色粉状蜡质分泌物。

蛹：体长约 22mm，近圆筒形。头顶平滑，复眼凸出。化蛹初期体黄白色，后变为黄褐色，近羽化时为黑褐色。5~6 腹节腹面均有倒八字形褐色纹，体表有蜡质白粉，外有白色薄茧。

隐纹稻苞虫虫态：

成虫：体长 15mm 左右，翅展 30~42mm，体和翅黑褐色，有黄绿色光泽。前翅有 8 个半透明斑点，但斑点小，排成半环形，后翅无白斑，故称隐纹稻苞虫。

卵：半球形，天蓝色，表面光滑无刻纹，中央不凹入。

幼虫：头正面有"八"字形红色纹，前胸背板无黑色横线。

蛹：青绿色，头顶尖而凸出，尾端尖而微弯曲。

曲纹稻苞虫虫态：

成虫：体长 17mm 左右，翅展约 36mm，体和翅黑褐色，有金黄色光泽。前翅有 9 个半透明白色斑点，其中 8 个排成半环形，1 个相距较远；后翅有 4 个白色斑点，排成锯齿状，故称曲纹稻苞虫。

卵：半球形，中央略平。初产淡绿色，后变为褐色。

幼虫：黄绿色，头正面有红褐色八字形纹。背部有 1 条绿色背线。

蛹：淡褐色，有 2 条白色背线。

（2）稻苞虫的发生特点与生活习性

稻苞虫在河南省不能越冬，一年发生 3~4 代，1~3 代均属外来虫源，4 代属本地虫源。第一代幼虫于5月底、6月初发生，在秧田里为害，数量极少；第二代幼虫于6月下旬至7月初零星发生，为害分蘖末期的春稻；第三代幼虫于7月下旬至8月上旬大量发生，为害拔节至抽穗的麦茬稻；第三代成虫羽化后，因气温低，绝大部分向南迁飞，极少数在本地产卵；第四代幼虫于9月上中旬在再生稻和李氏禾等杂草上取食。成虫寿命10d左右；卵历期4~7d，幼虫历期20d左右，蛹历期6~8d。

成虫白天活动，飞翔迅速而灵敏。产卵前有较长时间的补充营养阶段，常在花丛中取食花蜜。成虫有很强趋向水稻分蘖末期生长嫩绿的田块产卵的习性。卵散产，多产于上部叶片的背面，一张叶片一般产卵1粒，少数产卵2~3粒。一头雌蝶可产70~100粒，最多达200粒以上。1~2龄幼虫多在叶尖或叶缘纵卷成小苞，3龄后结2片叶以上大虫苞，虫龄越大虫苞也越大。幼虫晴天白天藏在苞内不动，傍晚和夜间取食或爬出另结新苞，阴天昼夜取食或结新苞。老熟幼虫多数缀多叶结大苞作茧化蛹，少数因叶片被吃光而转移到稻丛中，下部结枯叶作茧化蛹。

（3）发生条件与防治方法

影响稻苞虫发生条件主要有三大因素：

虫源因素：河南省稻苞虫是外来虫源，迁入蝶量多少，直接影响发生程度。河南省每年1~2代迁入蝶量极少，所以1~2代幼虫为害极轻。由于7月上中旬有大批蝶子迁入，致使3代幼虫发生为害重。

气候条件：湿度是影响稻苞虫第三代发生的主导因子。稻苞虫之所以成为暴发性害虫，与气候条件有密切关系。7月上中旬至8月初，若遇多雨高湿天气，有利于成虫产卵，卵孵化和幼虫成活，形成大发生年份；若遇干旱高温天气，虽对成虫产卵影响不很大，但卵粒孵化率和幼虫成活率极低，故成为轻发生年份。

食料条件：在有大量虫源、气候条件合适的情况下，田块发生轻重，与插秧早晚和施肥多少有密切关系。成虫喜在水稻处于分蘖末期生长嫩绿的田块产卵，所以凡插秧偏晚，施肥偏多、偏迟的田块，发生为害重，否则为害轻。插秧时间提早，使水稻分蘖末期与稻苞虫3代发生期不相吻合，发生就轻。

稻苞虫防治策略要注意以下4个方面：

查虫龄确定防治适期：从7月20日开始，选择水稻处于分蘖末期生长嫩绿的稻田2~3块，采取定块不定点5点取样的方法，每点20丛，每2~3d调查1次，记载幼虫数量和各龄虫数。当2~3龄幼虫占50%时，即为防治有利适期。

查幼虫密度确定防治地块：对水稻处于分蘖期至孕穗期的田块，进行普遍调查，凡100丛有幼虫10头以上的田块，均为防治对象田，应及时施药防治。

运用农业防治：提前插秧和合理施肥，是预防和减轻稻苞虫发生为害的有效措施。麦收后抢插，到 7 月上中旬，使水稻进入拔节孕穗期；施足底肥，早施追肥，增施磷钾肥，使秧苗生长健壮，分蘖末期叶色很快由深绿色变为淡绿色，可避免或减少成虫产卵，从而减轻幼虫为害。

采取药剂防治：防治稻螟虫和稻纵卷叶螟的药剂均可用于防治稻苞虫，若发生时间相同，可以兼治。如发生较重，需单独防治，除用防治稻螟虫和稻纵卷叶螟的药剂外，还可用 Bt 杀虫菌 1 亿单位溶液喷雾，对老龄幼虫也有很好的防治效果。阴天可全天进行施药，晴天应在 16：00 时以后进行。

093　稻蓟马的为害特点、虫态特征及防治方法

（1）稻蓟马的为害特点与虫态特征

为害水稻的蓟马有多种，河南稻区发生的主要有稻蓟马和稻管蓟马两种，以稻蓟马为主。稻蓟马属缨翅目，蓟马科；稻管蓟马属缨翅目，管蓟马科。稻管蓟马在水稻孕穗末期至灌浆初期发生较多，受害稻株小花退化，空秕粒增加，但危害很轻，均未成灾。稻蓟马是河南省水稻的重要常发性害虫，尤其是 20 世纪 80 年代以来，由于施氮肥量的不断增加，发生为害越来越重，致使小虫成了大灾。稻蓟马从秧苗期到灌浆初期都能为害，其中以分蘖初期至分蘖盛期为害最重，成虫和若虫均可为害。为害时用锉吸式口器锉破叶片表皮并吸其汁液。受害初期，近看叶片上有小白色斑点，叶尖卷缩，远看全田呈暗绿色；秧苗受害后期，因叶片表皮受严重破坏，增加了蒸腾量，造成植株水分失调，使之根系变黑，导致赤枯病的发生，近看叶片上有赤红色斑点，远看像火烧的一样，致使秧苗生长受阻，分蘖停止，故至成片枯死。

稻蓟马特征：

成虫：体长 1~1.3mm，雌虫略大于雄虫。初羽化时褐色，后变为黑褐色或黑色，头近似方形，触角 7 节，腹部尖端圆锥形。

卵：长约 0.2mm，宽约 0.1mm，肾脏形。卵初产为白色，后变微黄色，半透明，近孵化时 2 个眼点红色。

若虫：初孵若虫白色透明，后变淡黄色，近羽化时变为淡褐色。

稻管蓟马特征：

成虫：体长约 2mm，初羽化时褐色，后变为黑色，略有光泽，头近似椭圆形，触角 8 节；腹部末端呈管状。

卵：长约 0.3mm，宽约 0.1mm，短椭圆形。卵初产为白色，后期略带黄色，似透明状，近孵化时 2 个眼点红色。

若虫：初孵若虫黄白色，后为橘黄色或桃红色。

（2）稻蓟马的发生特点与生活习性

稻蓟马在新乡市发生 11 代左右，世代重叠严重，虫口数量的消长是逐渐积累和逐渐减少的过程，各代无明显的高峰。稻蓟马以成虫在麦类和禾本科杂草上越冬，早春气温回升后，先在越冬植物上取食繁殖；当秧苗 2~4 叶期，部分成虫迁飞到秧田为害繁殖；当大田秧苗返青后，在越冬寄主上和秧田秧苗上的成虫，大量迁飞到大田为害繁殖，当秧苗进入分蘖期后，繁殖迅速，为害加重，成虫有趋绿性，会飞会跳，能作较长距离飞行。若虫有群集性，从受害秧苗来看，先集中在心叶为害，后到嫩叶上取食；从受害田块看，先是点片发生，后逐渐扩展到全田。若虫 1~2 龄期取食，3~4 龄期不取食，称为前蛹期。1 龄若虫在心叶内为害，2 龄时转到嫩叶上为害，雌成虫用锯齿状产卵器刺破稻叶表皮，把卵散产在叶片正面脉间表皮下，对光观察可看到针鼻大小的卵粒，卵多产在上、中部叶片上，秧苗 2 叶 1 心时即有成虫产卵，4 叶期产卵最高。

（3）影响稻蓟马的发生条件

稻蓟马在一年内的消长与气候条件和水稻生育期关系密切。5 月下旬至 6 月下旬，干旱温度偏高天气，稻蓟马繁殖迅速，为害严重；若这段天气多雨低温，发生为害较轻。高湿高温天气对稻蓟马的发生均有抑制作用，7—8 月的多雨低温或干旱高温天气，都不利于稻蓟马的发生，虫口数量迅速减少。秧苗 4 叶期后和大田分蘖初期，最有利于稻蓟马的发生，虫口数量迅速增加，拔节后逐渐减少。同一时期、同一气候条件下，田间虫口数量与插秧期和施氮肥量有关，插秧早、施氮肥多、返青快、叶色嫩绿的田块，稻蓟马发生早、繁殖快、为害重。

（4）稻蓟马的防治方法

在秧田秧苗 4 叶期后和大田秧苗返青开始分蘖时，经常进行田间调查。方法是将手掌蘸上水，手臂伸直在秧苗上来回扫动一复次，当手掌有 5~10 头虫，或观察卷叶率（指叶尖卷缩）5%~10% 的田块，应定为防治对象田，并及时进行防治。特别是从远处观察大田，秧苗颜色呈暗绿色（正常秧苗呈嫩绿色）的田块，更应及时防治。

农业防治措施：根据稻蓟马成虫有较强趋绿性的特点，采取底肥氮肥深施、磷肥浅施、氮磷钾配合施、追肥分批施的方法，使秧苗长势壮而不旺，叶色绿而不嫩，以减少成虫迁入和增强抗虫能力，减轻其发生为害。

药剂防治措施：每亩用 40% 乐果 1 000 倍液、90% 敌百虫 1 000 倍液、80% 敌敌畏 1 000 倍液，或 10% 吡虫啉可湿性粉剂 1 000 倍液，或 10% 吡虫啉、54.5% 高效氯氰菊酯乳油 1 000 倍液喷雾，喷药液 40~60kg。施药时每亩加 0.15kg 磷酸二氢钾，可促进秧苗生长新根和增强抗虫能力，比单独施药效果好得多。

094 稻飞虱的为害特点、虫态识别和防治方法

（1）稻飞虱的为害特点与虫态识别

稻飞虱的种类很多，主要有褐飞虱、白背飞虱和灰飞虱，新乡市稻区以褐飞虱为主。

稻飞虱属同翅目，飞虱科。在 20 世纪 70 年代以前，没有成灾年份，是水稻的次要害虫。自 1982 年以来，由于高产耐肥品种的推广，插秧密度的增加，施肥水平的提高，多次局部发生成灾。稻飞虱成虫、若虫均可为害，在稻丛下部刺吸汁液，消耗稻株养分，并分泌有毒物质引起植株中毒萎缩；成虫产卵时产卵器破坏稻秆和叶片组织，加速稻株水分的丧失；因刺吸取食时，在稻株上留下很多不规则斑痕，影响水分和养分输送。致使受害稻株轻的枯黄、倒伏，减产 10%～20%，重的稻丛基部变黑腐烂，减产 50%～70%，甚至颗粒无收。下面分类简介稻飞虱虫态。

①褐飞虱特征：

成虫：雌雄虫均有长短翅型之分，长翅型体长 4～5mm，淡褐色或黑褐色，有油状光泽。头顶略向前凸出，头顶和前胸背板褐色，翅斑黑褐色。雌虫个体较大，色较淡，腹部肥胖，末端略尖；雄虫个体较小，色较深，腹部末端较细瘦。短翅型雌虫体长 3.5～4mm，雄虫体长 2～2.5mm；前翅长仅达股部 6～7 节，后翅不到前翅的一半长。

卵：长约 0.8mm，长卵圆形，微弯曲，卵帽近梯形，初产乳白色，后变为淡黄色，后期出现红色眼点，近孵化时眼点暗红色。

若虫：共 5 龄，体色分深浅两色型。体近椭圆形，腹部末端较钝圆。初孵若虫黄白色，后随虫龄增长逐渐加深，深色型为深褐色，浅色型为灰色。2 龄若虫腹部背面有一"T"形浅色纹，无翅芽，3 龄后翅芽生出，后逐渐伸长，腹部背面 4～5 节各出现 1 对白色三角形斑纹，浅色型斑纹不明显，落水时后足向左右平伸呈"一"字形。

②白背飞虱特征：

成虫：雌雄虫均有长短翅型之分，长翅型体长 3.8～4.5mm，头顶显著凸出。雄虫淡黄色，具黑褐色斑，头顶和前、中胸背板中央黄白色，仅头顶端部脊间黑褐色；前胸背板侧外于复眼后方有一暗褐色月形斑，中胸背板侧区黑褐色；前翅半透明，有翅斑；腹部细瘦，腹面黑褐色。雌虫较大，体长约 4.5mm，体色为黄白色；腹部肥大，背面淡黄褐色。短翅型体长 2.5～3.5mm，前翅长达腹部第七节。

卵：长 0.8~1mm，长椭圆形，稍弯曲，卵帽近三角形。初产乳白色，透明，后变为黄色，并出现红色眼点。

若虫：共 5 龄。有深浅两种色型。体纺锤形，腹部末端较尖。初孵时灰白色，后逐渐变为淡褐色，1~2 龄腹部背面有一"丰"字形浅色斑纹，无翅芽。3 龄有翅芽生出，后翅芽逐渐伸长；腹部背面 4~5 节各有 1 对乳白色近梯形斑纹。落水时后足向左右平伸。

③灰飞虱特征：

成虫：雌雄虫均有长短翅型之分。长翅型雌虫体长 3.5~4.2mm，体色分淡褐色和灰褐色两种，头部淡黄色，头顶较凸出；前胸背板和小盾片淡黄色或黄褐色，小盾片两侧各有一半月形深黄色斑纹；翅半透明，带灰色，翅脉淡黄色，具翅斑；腹部肥胖，色较淡。长翅型雄虫体较小，体黑褐色，腹部较细瘦，翅斑较明显，小盾片多为黑褐色。短翅型雌虫体长 2.4~2.8mm，体色分淡黄色、灰黄色和灰褐色 3 种，前翅长不超过腹部。短翅型雄虫体长 2.1~2.3mm，体色黄褐色或黑褐色。

卵：长约 0.7mm，长椭圆形，稍弯曲，卵帽近半圆形。初产乳白色，半透明，后渐变为淡黄色，近孵化时出 1 对紫红色眼点。

若虫：共 5 龄。体近椭圆形，腹末钝圆。初孵若虫乳白色，后变为黄褐色，背面有左右对称的浅色斑。3 龄时出现翅芽，4~5 腹节有浅色"八"字斑纹；以后随龄期增长翅芽逐渐伸长；落水时后足向后伸成"八"字形。

（2）稻飞虱的发生特点和生活习性

下面分类简介稻飞虱发生特点及生活习性。

褐飞虱的发生特点及生活习性：褐飞虱属远距离迁飞性害虫，在河南省不能以任何虫态越冬，只能在我国南方北纬 19°以南的海南省陵水黎族自治县、三亚市等地可常年繁殖为害，河南省均属外来虫源。褐飞虱常年于 7 月上中旬迁入，在河南省可繁殖 2 代，完成一个世代约 40d 左右，其中卵期 8~10d，若虫期 13~19d，成虫寿命约 20d。成虫长翅型和短翅型的分化与水稻生育期和虫口密度有很大关系。水稻分蘖至抽穗期，虫口密度小，短翅型比例高；水稻生育后期由于营养条件恶化和虫口密度增加，绝大多数为长翅型。褐飞虱在河南省发生为害盛期是 7 月下旬至 8 月上旬，水稻处于拔节至抽穗期，营养条件好，虫口密度小，产生大量短翅型。成虫产卵发生初期，多产于下部叶鞘中脉组织内，后期多产于上部叶片的中脉组织内。一头雌虫可产卵 200~300 粒，最多可达 700 余粒。卵集中产，成条状排列，卵条由 15~30 粒卵组成，卵条前端排成单行，中后端排挤成双行，卵帽与产卵痕表面相平。褐飞虱有群集为害习性，迁入的成虫落在哪里就在哪里繁殖为害，逐渐向周围扩展，发生轻的形成帽圈似的"黄塘"，发生重的"黄塘"很快连在一起，造成全田发生。

褐飞虱的发生与气候条件、水稻生长状况有关，此虫性喜高湿低温环境，适宜温度为20~30℃，超过30℃对成虫产卵、若虫孵化和成活都不利。7月中下旬至8月上旬雨日多，雨量大，有利于外地虫源迁入降落，迁入虫量大；湿度大气温低，有利于生长发育和繁殖。褐飞虱属单食性害虫，只为害水稻，迁入时水稻正处于分蘖末期至孕穗期，营养条件好，插秧密度大，施氮肥过多，分蘖过多，均对其发生为害有利。

白背飞虱的发生特点及生活习性：属远距离迁飞性害虫，在河南省不能以任何虫态越冬。常年从5月下旬至8月，多次随西南或偏南气流从南方迁入河南，但主要迁入峰期有3次，第一次在6月中下旬，第二次在7月上中旬，第三次在7月下旬至8月初，其中以第三次迁入虫量最多，往往暴发成灾。8月下旬成虫随东北气流向南迁飞。白背飞虱完成一个世代约1个月时间，其中卵期8~15d，若虫期11~18d，成虫寿命12~26d。成虫产卵，在发生初期多产于下部叶鞘组织内，当虫口密度增加和稻株老化时，多产于上部叶片中脉组织内。一头雌虫可产卵100~400粒，卵集中产，成单排条状排列，卵帽不露出产卵痕。白背飞虱除为害水稻外，还取食白茅、早熟禾和稗草等，其中最喜取食稗草。该虫迁入稻田后，首先在稗草上集中取食繁殖，当稗草受害枯黄后，再转移到稻株上为害。地势低洼、长期灌水、施肥量大、生长嫩绿茂密的田块，均有利于其发生，但成灾田块很少。

灰飞虱的发生特点及生活习性：在河南一年发生5~6代，以3~4龄若虫在麦田土缝中、田边杂草中和枯叶下越冬。越冬后若虫于3月下旬开始活动害小麦；3月下旬至4月上旬成虫羽化，并在麦叶组织内产卵；到小麦抽穗期第一代若虫孵化，5月上旬为孵化盛期；5月中旬第一代成虫羽化，5月下旬为羽化盛期，成虫并陆续向秧田、大田、玉米田和杂草上迁飞。第二代成虫于6月上中旬发生，以后各代发生重叠，先后于7—9月发生。灰飞虱成虫和若虫刺吸水稻汁液，严重时引起黄叶、枯苗，并可传播病毒病。一般在稻田发生量较小，不会成灾，但在河南中北部稻麦轮作田和麦棉套种田，由于传播病毒病，使小麦遭受丛矮病的为害而严重减产。灰飞虱有趋光性和趋绿性，生长嫩绿茂密的田块虫量较多。一头雌虫可产卵250粒左右，卵集中产，成簇状或双条状排列，卵帽稍露出产卵痕。卵多产于水稻下部叶鞘组织内，少数产于叶片基部中脉组织内，若虫多栖息于稻丛基部近水面处，受惊后则落水横行它处。灰飞虱属温带害虫，较耐低温，对高温（30℃）适应性差，成虫寿命短，繁殖率低，若虫易大量死亡。适宜温度为25℃左右，夏季高温对其繁殖不利，秋季水稻灌浆成熟营养恶化，也不利于发生发展，所以该虫在河南水稻上没有成灾年份。

（3）稻飞虱怎样防治

首先，要确定稻飞虱的防治适期和地块。①褐飞虱和白背飞虱：一般于7月上旬开始，选择有代表性的类型田各1~2块，随机5点取样；每块田取25~50丛，初期5d调查1次，到虫口增多的关键时期2d调查1次，方法是把白脸盆涂一层废机油，轻轻斜放在稻丛基部，用手拍打稻丛将虫振落盆内。记载成虫、若虫数量，当成虫数量明显增加时，为成虫发生始盛期，成虫数量最多的一天为成虫高峰日。成虫始盛期或高峰日加上产卵前期和卵历期，即当代若虫孵化始盛期或高峰期，再加上若虫1~2龄历期，即是该代预测防治适期。在防治有利时期，发动群众进行普遍调查，特别是对历年发生重的地区和长势好的田块，更要注意调查。凡水稻孕穗期百丛有褐飞虱1 200~1 500头，乳熟期有1 500~2 000头，黄熟期有2 500~3 000头的田块，均为防治对象田。白背飞虱的防治标准要略高于褐飞虱。②灰飞虱：灰飞虱对水稻的为害并不严重，但可传播病毒病，所以灰飞虱的测报关键在于及早提出治虫防病的适期和对象田。重点预测第一代成虫从麦田向外迁移扩散期和2~3龄若虫盛发期，并密切注意水稻黑条矮缩病和条纹叶枯病的发生动态。

其次，要实施综合防治。褐飞虱以治虫保穗为目标，狠治第一代，挑治第二代；白背飞虱以治虫保苗为目标，主治迁入数量多的那一代；灰飞虱以治虫防病为目标，狠治第一代，控制第二代。

农业防治：①选用抗（耐）虫良种。②加强水肥管理：多施农杂肥，施足底肥，早施追肥，增施磷钾肥。灌溉要实行浅灌勤灌，苗够晒田，减少无效分蘖，降低田间小气候湿度，既有利于水稻生长，又可控制稻飞虱的发生。③及时拔除稻田稗草，对控制白背飞虱和灰飞虱有一定作用。

生物防治：①保护天敌：多种捕食性昆虫都是稻飞虱的天敌。通过合理用药，减少对天敌的伤害，充分发挥自然天敌对稻飞虱的控制作用。②养鸭治虫：小鸭对飞虱的捕食能力很强，将小鸭放入稻田可以捕食害虫。

药剂防治：80%敌敌畏乳剂每亩0.05kg，或25%噻嗪酮可湿性粉剂20~30g/亩，或40%毒死蜱乳油84~100ml，对水40~60kg喷雾；或用25%速灭威对水150~200kg泼浇，防治效果好，且对天敌伤害少。新近资料：5%氟虫氰悬浮剂30~40ml/亩，或70%艾美乐水分散粒剂2~3g/亩，用于稻飞虱防治具有良好防效。

095　绿色水稻治虫主要有哪些技术措施

绿色治虫技术，即不用化学杀虫剂的治虫技术。其主要技术措施有以下5个方面。

第一，科学管理，增强耐虫性。"基肥足、追肥稳、后期不贪青"，植株健壮，虫害减轻。

第二，利用稻鸭共作技术治虫。一般在水稻插植半个月放入鸭子，每亩放鸭 10~15 只。利用鸭子吃虫习性达到治虫效果。鸭非常喜欢吃昆虫类和水生小动物，能基本消灭掉稻田里的稻飞虱、稻椿象、稻象甲、稻纵卷叶螟等害虫。

第三，利用太阳能诱虫灯杀虫。利用害虫对光的趋性，田间设置太阳能诱虫灯，诱杀二化螟、三化螟、大螟、稻飞虱、稻纵卷叶螟等害虫的成虫，减少田间落卵量，降低虫口基数。每 30~40 亩安装 1 盏灯，采用"井"字形或"之"字形排列，灯距为 150~200m，定时清扫虫灰。

第四，利用天敌防治。用螟蝗赤眼蜂灭杀虫卵防治：从二化螟产卵初期开始到产卵盛期释放螟黄赤眼蜂，可控制二化螟卵期 20d 以上，剩余末期的卵量可靠放蜂的子代控制。田间释放 3 次以上螟黄赤眼蜂，每次间隔 5d，每亩释放赤眼蜂 3 万头左右（视虫害发生程度适当调整）。具体方法：取一根直径 0.5cm 左右、长 25cm 以上的细木棍或竹竿，将放蜂器凹槽部位卡在细木棍顶端，出蜂开口朝下，用胶皮套固定。然后倾斜 45°角将木棍插在稻田内，最好贴近于稻苗处，起到遮阳的作用（放蜂器不要暴露在阳光下）。

第五，利用生物杀虫剂治虫。在二化螟卵孵化期前和孵化高峰期每亩喷施 2 次苏云金杆菌可湿性粉剂 60g。目前真菌性、细菌性、病毒性等微生物农药研发加快，要加大试验示范力度予以推广。

第六，利用黄色诱虫板杀虫。

第七，利用有益生物治虫。如某些鸟类、青蛙、蜘蛛等。

096 目前水稻害虫对农药抗性如何

2014 年全国农业技术推广服务中心组织对全国 12 种重大水稻病虫的抗药性进行了监测，其中对水稻褐飞虱、二化螟等害虫常用的 10 余种农药进行了抗药性监测。

褐飞虱所有种群均对噻嗪酮产生高水平抗性，抗性倍数 167~1 051。多地试验结果表明，噻嗪酮（常规剂量）防治褐飞虱效果下降，药后 10d 防效只有 40%~60%。褐飞虱对吡蚜酮处于中等抗性，抗性倍数 47~92。但江浙、两广地区最高达 122~3 944。褐飞虱对新烟碱类农药——吡虫啉产生高水平抗性，抗性倍数 132~2 462；对噻虫嗪处于中等抗性，抗性倍数 28~91；烯啶虫胺尚处于敏感状态。褐飞虱对有机磷类农药——毒死蜱已从敏感升至低水平抗性，抗性倍数

7.3~9.8。建议：褐飞虱对各类杀虫剂都产生了不同程度的抗性，防治过程应注意上下代之间交替、轮换使用不同作用机制、无交互抗性的杀虫剂，避免连续、单一用药。建议暂时停用吡虫啉、噻嗪酮防治褐飞虱；交替轮换使用烯啶虫胺、呋虫胺、氟啶虫胺腈等新型药剂。

二化螟对双酰胺类农药——氯虫苯甲酰胺处于低至中等抗性，抗性倍数5.6~78；对氟苯虫酰胺抗性上升，处于低至中等抗性，抗性倍数5.6~43。对有机磷类农药——毒死蜱处于低至中等水平抗性，抗性倍数5.7~68；对三唑磷处于中至高水平抗性，抗性倍数14~217。对沙蚕毒素类农药——杀虫单表现低至中等抗性。对阿维菌素多数地区仍然表现为敏感状态。建议：二化螟对杀虫剂抗性具有明显的地域差异性。在高抗性地区，应暂停使用三唑磷；对双酰胺类农药高抗性的地方，减少双酰胺类农药使用次数，并且与阿维菌素、沙蚕毒素类农药交替轮换使用。

第七部分　水稻化学除草及化学调控技术

097　什么是化学除草技术

化学除草技术是近代发展起来的一门新兴农业技术，化学除草技术应用是现代农业的标志之一。它主要研究除草剂、杂草、农作物、环境之间的相互关系，以及如何采用合适的除草剂、科学的使用方法，达到安全、经济、有效地控制杂草危害，保障农作物增产增收。

除草剂应用技术的内涵广泛，既包括除草剂的选择、剂量、剂型、使用时期，使用器械，药害、残留、残毒的控制，除草剂之间的混用等，还需要具备化学、数学、植物学、栽培学、植保学、气象学、统计学等方面的专业知识。

我国除草剂应用始于中华人民共和国成立初期，20 世纪 70 年代开始大面积推广，1982 年分田到户以后面积迅速扩大，目前化学除草技术已经几乎在所有的农作物上普遍应用。

098　水稻杂草一般常识

全国稻田杂草有 350 多种，稗草仍是为害最严重的稻田杂草；千金子是长江中下游地区直播稻严重发生的杂草，为害性仅次于稗草；稻李氏禾是目前水稻最难防除的杂草，且目前没有特效除草剂防除；马唐、香附子是目前旱稻最难防除的杂草。

实际上，稻田杂草都是混生的，一般由 1 种或 2 种主要危害杂草，伴随几种不同危害程度的杂草，形成杂草群落。为了区分方便，水稻田主要杂草可以分成以下 4 类。

孢子植物杂草：孢子植物是指能产生孢子、用孢子繁殖的植物总称。包括藻类植物、菌类植物、地衣植物、苔藓植物和蕨类植物五类。稻田孢子植物杂草主要有：水绵、蘋、槐叶蘋等。

单子叶杂草：叶脉常为平行脉，种子以具 1 枚子叶为特征。通常叶片与叶柄未分化，常有叶柄的一部分抱茎成叶鞘。维管束分散，维管束通常无形成层，茎及根一般无次生肥大生长。稻田单子叶杂草主要有：稗草、千金子、李氏禾、双穗雀稗、芦苇、苦草、秕壳草、香蒲、眼子菜、小茨藻、慈姑、翦股颖、疣草等。

双子叶杂草：指种子的胚具有两片子叶的植物。茎可以增粗，胚根伸长成发达的主根，叶脉多为网状脉，茎内维管束排列成圆筒形，具形成层，故茎能加粗。花瓣常为5数或4数。稻田双子叶杂草主要有：水蓼、空心莲子草、金鱼藻、合萌、水苋菜、节节菜、丁香蓼、穗花狐尾藻、水芹、母草、半边莲、尖瓣花、鳢肠、鸭舌草等。

莎草科杂草：为单子叶植物纲、多年生草本植物；特征为茎实心，叶片窄、长，叶脉平行，无叶柄，叶鞘包卷，无叶舌，茎三棱，通常空心，无节。种类多，数量多，危害重，农业和化学药剂难以防除。稻田莎草科杂草主要有：香附子、水蜈蚣、异型莎草、日照飘拂草、水莎草、碎米莎草、红鳞扁莎、牛毛草、萤蔺、扁秆藨草、日本藨草（三江藨草）等。

099　新乡市稻田常见的杂草种类

新乡市稻田杂草的种类很多，目前已经查清的稻田杂草有100余种。如果按杂草繁殖发生特点可分为一年生杂草、越年生杂草和多年生杂草；按不同生态适应条件可分为旱生杂草、湿生杂草和水生杂草；按生长季节分，稻田杂草都属于夏季发生型；根据化学除草的需要可分为阔叶杂草、禾本科杂草和莎草科杂草。在各种杂草中能形成草荒的优势种和亚优势种，主要有稻稗、旱稗、千金子、李氏禾、双雀稗、灰绿藜、水苋菜、水马齿苋、鳢肠、瓜皮革、鸭跖草、牛毛毡、异型莎草、扁秆藨草、水莎草和眼子菜等。

100　稻田杂草的一般生物学特性

稻田杂草由于伴随着水稻生长，经过长期自然选择的结果，具有适应性广、结实率高、繁殖快、密度大、生长迅速、再生能力强，能与水稻争肥、争水、争光照、争地盘的特性。有以下7个特点。

（1）繁殖力强

稻田杂草具有生长发育快、繁殖力强的特点，这是造成水稻严重受害的主要原因。每株杂草产生种子的数量，少则几千粒，多则上万粒，甚至多达数十万粒以上。比如一株稗草在正常情况下，可产生种子3 000~5 000粒，一株水蓼能结籽 15 万粒左右，一株异型莎草能结籽 2 万~30 万粒。

多年生杂草除了用种子进行有性繁殖外，还可以利用地下根茎、块茎、球茎等多种方式进行无性繁殖。例如水莎草、扁秆藨草的地下茎在土壤耕作层中纵横交错，它的根茎可以节节生根发芽，形成新的植株，一年中能发 3 次以上。形成新植株数十棵，形成数百个越冬球茎。

（2）传播力强

稻田杂草种子可以依靠风力、流水、动物和人为的作用任意传播蔓延。比如稗草种子能利用动力自动落地休眠或夹杂在稻谷种子内远距离传播，又因为种子表面有蜡质，可随流水漂浮扩散；鸭跖草、异型莎草、牛毛毡等的种子小而轻，可随风传播；野慈姑、泽泻等的种子有油质，可随水漂流，并能在水中长时间存活，遇到适宜的环境条件便可萌芽生长。

（3）生活力强

稻田很多杂草种子落入土壤耕作层中或沉入水底能保持发芽力 2~3 年，甚至长达几十年。比如牛毛毡的种子在土壤中能存活 2~3 年；水莎草的球茎在湿润的土壤中 3 年仍不丧失生活力；稗草种子在深水中 3 年零 8 个月还有生活力，埋入土壤耕作层中 13 年的种子能发芽，直到 13~18 年才全部丧失生活力。

（4）新种子有休眠期

稻田新成熟的杂草种子，当年一般不能发芽，绝大多数杂草种子需经 3~4 个月或更长时间的休眠期，遇到适宜的环境条件才能发芽生长，倘若条件恶劣种子可继续保持休眠状，从而度过困难时期。比如千金子、鳢肠等，为了保持其特性，在发芽期遇到不良环境时，可以继续休眠，以防止自身毁灭。同时，种子在变温条件下发芽快，发芽率高。这是杂草经过长期的自然选择形成的固有特性。

种子在不同的土层中能发芽出土：有些稻田杂草种子在地表就可发芽，有的杂草种子能在较深的土层中萌芽出土。如异型莎草在 0~1cm 土层内发芽，稗草种子在 2~3cm 土层出苗最佳，但在 9~12cm 土层深处还可以发芽出土；扁秆藨草的地下球茎在 20cm 深的土层深处仍可发芽长出新株。这些特性是所有栽培作物不具备的。同时，水稻田杂草种子，发芽时对土壤含水量要求不严格，尤其水生杂草更为明显。例如，鸭跖草、球花草不但在浸水田能发芽生长，而且在干干湿湿的稻田里仍能较好地发芽。

（5）种子萌芽延续时间长，出苗不整齐

稻田杂草种子由于成熟度和种皮透水性、覆土深度、土壤温湿度及种子休眠期长短等所处环境条件不同，使同一种杂草种子的发芽出土时间有早有晚，因而出苗延续时间较长，极不整齐。例如水苋菜、球花草、瓜皮草、千金子等于 6—9 月生长，鸭跖草在 4—6 月生长。只要环境条件适宜均可陆续萌芽出土，这样给稻田除草带来了很大困难。

（6）生长势强

稻田杂草一般要比移栽稻苗晚出 8～35d，甚至更晚。但是因为它的活力强，适应性广，生长迅速，其成熟期比水稻提前 20～30d。例如水苋菜、异型莎草等出苗后 20～40d 即可开花结实，特别是一些晚出苗的杂草，可以大大缩短营养生长期，待水稻成熟时，它也同时开花结实。

（7）抗逆力强

稻田杂草是通过长期自然选择的结果，具有特殊的适应能力。因此，决定了稻田杂草既耐涝又耐旱，既耐肥又耐瘠薄，还能耐盐碱等。在很多不利的条件下，都能生长发育，延续其种性。例如稗草、灰绿藜等。

101　稻田杂草幼苗的发生消长规律

稻田杂草按生长季节而言，都是属于夏季发生型，杂草种子在很长时间内，都在土壤耕作层中处于休眠状态，直至延续到水稻栽插期，在初夏虽然有部分杂草种子可在麦田内发生，但发生量较少。一般杂草幼苗发生期在 5—8 月，在此期均可陆续发生。

6 月初收割小麦后，稻田经过翻犁耕作层、灌水、平地和插秧，杂草幼苗由于生长条件的满足很快进入盛发期，加之杂草的生长势优于稻苗，稻田常因管理不当，易造成草荒。

稻田常能形成草荒的优势种杂草，如稗草、千金子、水苋菜、鳢肠、异型莎草、扁秆藨草、水莎草等，种子萌发出土都有一个明显的高峰期，是在插秧后7～10d。

因不同杂草种类和水稻插秧期而异，杂草幼苗的发生盛期一般均在 6 月中下旬至 7 月初，而个别杂草如苋菜萌芽出土可延续到 8—9 月，还可出现一个小高峰。杂草发生的高峰期内，每平方米杂草的发生量可多达 3 000～5 000 株，占稻田杂草发生量的 90%左右，这一时期如果管理不及时，可造成严重的草害。到中、后期杂草发生量有明显减退，这时稻株生长发育旺盛，且早已封行，一般情况不容易造成草荒。但这时杂草相继进入开花结实和落地休眠期。摸清稻田杂草幼苗发生消长规律，抓住杂草形成草荒的高峰期，采取打歼灭战的办法，能够有效地避免稻田草害。尤其是化学除草，在杂草种子萌发的高峰期前，及时准确地施药，便能把杂草消灭在萌芽阶段，从而达到彻底防除稻田杂草的目的。

102 稻田化学除草的关键环节

稻田化学除草，要掌握7个关键环节。

（1）掌握稻田杂草发生规律

一般是栽后7~10d出现第一次杂草萌发高峰，此批杂草主要是稗草、千金子等禾本科杂草和异型莎草等一年生莎草科杂草。栽后20d左右出现第二次萌发高峰，这批杂草以莎草科杂草和阔叶杂草为主。由于前一高峰期杂草数量大，发生早、危害性大，是防除的主攻目标。稻田化除必须立足早期用药，即芽前芽后施药，除少数茎叶处理剂外，一般多要求在杂草三叶期以前施药。

（2）合理选择除草剂

一是根据稻田类型选择合适的除草剂。秧田、直播田和抛秧田不能选用含有乙草胺、甲磺隆的除草剂，如乐草隆、精克草星、稻草畏及灭草王等，这些除草剂只适合于人工栽插稻田和机插田。

二是必须按照除草剂说明书上的规定杀草范围选择对路的除草剂。有的除草剂只对单子叶杂草如稗草等有防效，有的除草剂只能杀死双子叶杂草如鸭舌草等。因此，在进行稻田化学除草时，必须了解除草剂的杀草谱及田间杂草的种类分布，切实做到对草下药。

三是根据稻田土质选择对路除草剂。如沙质土壤稻田，除草剂会很快渗漏到土壤中，直接接触水稻根系易发生药害。又不易保持水层，造成土壤表层药量少，或没有水层药剂，而降低药效或无效。应选择短时间内药剂快速形成药层的除草剂，如丁草胺等。相反，土壤有机质高的土壤、黏质土壤，除草剂被吸附而降低药效。

四是提倡两种药剂混用。其原则是杀草谱宽窄结合，杀草活性长短相结合，内吸传导和触杀性相结合，防除单子叶杂草和双子叶杂草相结合，不过在大面积使用前，一定要通过试验、示范，方可应用。在播种期和插秧期也可以采取药肥相结合，用化肥代替细潮土拌成药肥均匀撒施，既施肥又除草，一举两得。

（3）抓住最佳施药时期

一是要选择在杂草对除草剂最敏感期用药，才能提高除草效果。二是要选择在水稻对除草剂抗耐力最强的生长期施药，才能确保禾苗安全。一般来说，杂草在种子萌发阶段及幼苗期对除草剂最敏感，除草剂最易发挥药效作用；水稻在芽期和4叶期前对除草剂最敏感，容易产生药害，这些生育阶段施用除草剂应注意药剂的浓度。任何一种除草剂的施用时间，必须与水稻移栽时间相结合。如扑草净防除稻田牙齿草，必须在水稻移栽后15~20d，当牙齿草叶子由红变绿时，施用效果最佳。如果是化除一般常规杂草，必须是水稻移栽后 10～15d 施用效果最佳。移栽稻田化除多以移栽后土壤封闭处理为主，通常在移栽后 3～7d，拌土或拌返青肥撒施，防除稗草、一年生阔叶杂草和莎草科杂草。

（4）控制用药量，确保用药安全

不同除草剂防除稻田杂草所需的药量差别不大，特别是一些用药量很少的除草剂，用药量掌握得不准确，用多了易产生药害，用少了达不到除草的效果。为此，要严格按照各种除草剂的安全有效剂量及稻田的实际面积计算用药量。

（5）采用正确的施药方法

稻田施用化学除草剂，常用的方法有喷雾和撒施两种，生产上要按说明书规定的方法进行。喷雾一般用于触杀型的除草剂，要求做到均匀喷雾，不重喷，不漏喷；撒施应采用两级稀释的方法，与细沙土或肥料拌匀后均匀撒施。施药后要按说明书上的要求管理田间水分。除草剂的剂型不同，使用方法也不同，如 50%丁草胺颗粒剂宜作土壤处理，而 60%丁草胺乳油则以田间喷雾为主，如将颗粒剂作喷雾处理，就会影响除草效果。农达等属灭生性除草剂，没有选择性，对杂草和稻株都有杀害作用，因此，必须使用这类灭生性除草剂时，只限于在播种前和插秧前或翻耕前对杂草喷雾处理，以免发生药害，伤害稻株。喷药撒药都要力求均匀，避免漏喷漏撒、重喷重撒，否则会造成防除效果差或药害。

（6）注意施药环境的影响

化学除草的使用技术比使用杀虫剂的技术要求更高，因为防除对象与保护对象同是植物，有的甚至是同科同属植物，使用化学除草剂的田首先要整平，保持 3～4cm 水层；要求在一定时期施药，施药后 3～4d 仍保持一定深度的水层。一般而言，有机质含量高的稻田，土壤对除草剂吸附作用强，用药量可酌情增加；在气温高时除草剂的药效高，用药量应适当减少，反之则适当增加。露水未干时，不宜施药，特别是不宜撒施药土，以免禾叶上沾药多导致药害。光照的强弱对除草剂的影响也很大，取代脲类和均三氮苯类除草剂是典型的光合抑制剂，施药后若遇上几天强光照，可提高除草效果，而五氯酚钠见光易分解，宜在阴天使用。

（7）药肥搭配使用效果好

一般来说，水稻移栽前施基肥较足，即使在水稻移栽活棵后不施用肥料，土壤中仍有较多的养分，对杂草的生长不会产生明显的不利影响。据研究，将苄嘧磺隆等除草剂与尿素等肥料混合使用，不仅能提高除草效果，同时还具有抑菌增肥效的作用。中国水稻研究所等单位在 1993—1996 年研究表明：尿素和苄嘧磺隆混用，能使杂草对除草剂的吸收速度大大加快，对敏感杂草矮慈姑的鲜重抑制率显著高于农得时单一处理。除苄嘧磺隆外，将丁草胺、异丙甲草胺分别和尿素混用，在无芒稗萌芽期处理，对无芒稗主根长度的抑制作用也都显著强于这两种除草剂单用的抑制作用。除草剂与肥料混用这项技术已在生产上得到较大面积应用，特别是在水稻移栽田应用得较多。农民在水稻移栽活棵后，通常会结合施返青活棵肥，将丁草胺、禾大壮、杀草丹、苄嘧磺隆等除草剂与尿素等肥料混合撒施，进行土壤封闭处理，防除田间杂草。值得提醒的是，尿素吸湿性强，简单地直接将除草剂与尿素混用，容易造成除草剂混拌不匀，撒施后药物浓度高的地方容易出现药害。使用时应先将除草剂与适量的土混匀，再加尿素等肥料混匀后撒施。另外，不是所有的除草剂都是可以与肥料混用的，盲目混用可能造成除草剂防效下降，有时可能对农作物造成严重药害。

103　秧田怎样进行化学除草

秧田化学除草，包括播种后出苗前土壤处理和秧苗生长期茎叶喷雾两种方法。

（1）播后苗前土壤处理

秧畦做好后，每亩用50%杀草丹乳油75~100ml，对水35kg喷雾，对稗草的防除效果很好；或加拌湿润细土15kg，均匀撒施地表。施药后灌浅水层保水3d。

播种后出苗前，每亩用96%禾大壮乳油100~150ml，或60%丁草胺乳油100ml，对水喷雾，对稗草的防效好，兼除其他杂草。喷洒的药液不能直接接触稻种，苗床不能有积水，否则易产生药害。

在稗草、牛毛毡、三棱草并兼有阔叶杂草种类较多的秧田，在水稻播种后2~4d，保持田间湿润无积水，每亩用30%丙草胺（+安全剂A123407）乳油80~100ml，对水30kg喷雾，或混细泥土20kg撒施，田间保持湿润4~5d。丙草胺为芽前除草剂，用药时间宜早不宜迟，一般播种后不超过4d。

在稗草、千金子、牛筋草、鸭跖草等发生较重的秧田，每亩用12%恶草灵乳油70~100ml喷雾或撒毒土；在水稻播种后10d内，稗草1~1.5叶，每亩用40%苄·异噁草松可湿性粉剂30~40g，毒土法施药，药后田间保持湿润至薄水层，对千金子有特效，可能产生白化现象，但不影响分蘖、产量。

一年生多种单、双子叶杂草混生的秧田，在播种前后2~3d，每亩用60%丁草胺乳油100ml，加20%二甲四氯水剂150ml，对水均匀喷雾。

在杂草种类发生较多的秧田，于种子浸种不催芽播种盖土后，结合灌水，落水后，用苄嘧磺隆·丙苄胺复配剂进行防除。

（2）秧苗生长期喷雾处理

在水稻秧苗1.5~2叶期，稗草立针期，每亩用60%丁草胺乳油83~166ml，对水50kg左右喷雾，同时保浅水层。

在水稻秧苗 3 叶期以上，稗草 2~3 叶期，每亩用 96%禾大壮乳油 100~150ml，加水 35kg 均匀喷雾，施药后保水层 1 周。稗草超过 3 叶期，每亩需用 96%禾大壮 200~250ml。

在稗草 2 叶~3 叶期，排干田水，每亩用 20%敌稗乳油 750~1 000ml，加水 40kg 均匀喷雾，处理秧苗茎叶，倘若 2~3d 后，灌深水淹没稗心，防效更佳，且能兼除其他杂草。

在以扁秆藨草、水莎草、异型莎草等发生较重的秧田，于秧苗 4~5 叶期，排干田水，每亩用 20%二甲四氯水剂 150~200ml，加水 70kg 喷雾，1d 后灌水。最好把施药适期放在拔秧前 5~7d，这样不仅能除草，并且可促使秧苗脱老根，易拔秧，栽秧后促进返青、分蘖。

在稗草、牛毛毡、瓜皮草、异型莎草、节节草等发生较重的秧田，于稗草二叶一心期，排干田水，每亩用 50%杀草丹乳油 200ml，加水 40kg 均匀喷雾，兼除其他杂草。

在禾本科和莎草科并茂的秧田，排干田水，每亩用 96%禾大壮乳油 100ml，加 20%二甲四氯水剂 200ml，再加水 30kg 均匀喷雾。

在阔叶杂草和莎草科杂草并存的秧田，排干田水，每亩用 25%苯达松水剂 300ml，加 20%二甲四氯水剂 200ml，再加水喷雾，防效较好。

104 本田怎样进行化学除草

本田插秧后化学除草，也是土壤处理和茎叶喷雾两种方法。

（1）本田插秧后土壤处理

水稻移栽后返青前，每亩用 30%丙草胺（加安全剂）乳油 80~100ml，或 60%丁草胺乳油 100ml 混细土 20kg 撒施，或二者混配剂，进行土壤处理。于晴天露水干时撒施，施药后田间保持 5cm 左右水层 5~7d。

每亩用 96%禾大壮乳油 100~150ml，或 60%丁草胺乳油 100ml，于水稻移栽后返青前，加水喷第一次药；水稻分蘖期、双子叶杂草 4~6 叶时，每亩用 25%苯达松水剂 250~300ml（杂草 4 叶期前用 250ml，6 叶期 300ml），加水喷第二次药，田间正常管水，前期对稗草，后期对三棱草、鸭跖草、野慈姑等均有较好的控制作用。

插秧后 3~6d，每亩用 50%杀草丹乳油 250ml，或 10%杀草丹颗粒剂 1 500~2 000g，与细潮土 20kg 混合拌成毒土，均匀撒施，需保持浅水层 7~10d。在瓜皮草和莎草混生较多的秧田，加 20%二甲四氯水剂 200ml 混用，利于提高防效。

插秧后 4~6d，每亩用 20%恶草灵乳油 100ml，与细潮土 20kg 混合拌成毒土，均匀撒施，田间保持浅水层 7d 或进行湿润管理。

水三棱、扁秆蔗草等为主多年生莎草科杂草发生较重的稻田，于整地后插秧前，每亩用 50% 莎扑隆可湿性粉剂 400g，与细潮土 20kg 混合拌成毒土撒施，并用齿耙把药剂混入 4~5cm 深的土层中，3~5d 后插秧，保持水层 7d。要注意施药后一定进行浅混土，防效佳。若把药施于土表层不混土效果较差。

眼子菜（水上漂）严重发生的田块，于插秧后 20~30d，当眼子菜 3~5 片叶，并由红转绿时，每亩用 50% 扑草净可湿性粉剂 100g，加 20% 二甲四氯水剂 200ml 混用，或用 25% 敌草隆可湿性粉剂 400g，加 20% 二甲四氯 150ml 混用，与细潮土 20kg 混合成毒土撒施，保持浅水层 7~10d，防效较好。

在插秧后 4~5d，每亩用 50% 扑草净可湿性粉剂 20~40g，加细潮土 20kg，混合成毒土撒施，保持浅水层 7d。这种方法对防除野荸荠、野慈姑效果较好，还兼除一年生单、双子叶杂草。

水稻移栽后 4~7d，待秧苗转青后，每亩用 5.3% 丁西颗粒剂 700~800g，与泥沙或尿素 5kg 均匀混拌撒施，遇水浅即应缓灌补水，切忌断水。

（2）本田秧苗生长期茎叶喷雾

水稻移栽大田后，若在苗期未来得及进行土壤处理，或者施药不当效果欠佳，使稻田杂草发生危害严重，应针对杂草的种类，选择内吸性较强的除草剂，进行茎叶喷雾处理，力争把杂草消灭在幼苗期。

在阔叶杂草和莎草科杂草并发的稻田，每亩用 25% 苯达松水剂 300ml，加 20% 二甲四氯水剂 200ml 混合，对水 40kg 均匀喷雾，处理茎叶，防效较好，但施药前需排干田水。

在以禾本科杂草为主并有莎草混生的稻田，排干田水，每亩用 96% 禾大壮乳油 100~150ml，加 20% 二甲四氯 200ml 混合，对水 50kg 喷雾，处理茎叶，防效很好。

在以稗草等禾本科杂草和莎草科杂草混生的稻田，当稗草二叶一心期时，排干田水，每亩用 20% 敌稗乳油 100ml，加 20% 二甲四氯水剂 200ml，加水 40kg 喷雾。

在鸭跖草、长瓣慈姑和莎草科杂草较多的稻田，于水稻分蘖末期，将田水排干后，每亩用 20% 二甲四氯水剂 200~300ml，加水 40kg，均匀喷雾于杂草茎、叶，施药后隔天正常管理。

105 直播旱种稻田怎样进行化学除草

水稻直播栽旱种培技术的关键之一是除草问题，如除草不彻底、化学除草易产生药害、除草成本过高等。水稻直播旱种，湿润管理，使旱种稻田的杂草种类，群体组合发生了很大变化，在同块稻田内，既发生旱生杂草（如马唐、马齿苋、反枝苋等），又发生湿生杂草和水生杂草（但眼子菜、藻类等水生杂草可能明显减少）。由于田间干干湿湿，使杂草种子萌芽出土快，发生期长，出苗数量多，生长迅速，给旱种稻田管理造成困难。应贯彻以化学防治为重点、农业防治与化学防治相结合的综合防治策略，以苗压草、以药灭草、以水控草、以人拔草等措施综合运用，才能达到较好防治效果。简便易行、行之有效的方法是以播后苗前以土壤处理为主，生长期药剂茎叶处理为辅。

（1）播后苗前土壤处理

50%杀草丹乳油，每亩用250ml加水喷雾，或拌细潮土撒施；或38%吡虫啉·异噁草松·丙草胺可湿性粉剂11~15g加水喷雾；或35%苄嘧磺隆·丙草胺（+安全剂）可湿性粉剂30~40g加水喷雾。

目前生产上水稻直播栽旱种芽前除草剂除草效果不好，主要有以下原因：一是整田不平。因芽前除草剂要依靠在田的泥表形成一层药膜，高低不平的田面，高处的田面难以形成药膜，高处的杂草就难以防除。二是用药时间不当。一般芽前除草剂要求整田到最后施药时间一般不超过5d，否则杂草已经长出来了，芽前除草剂就无法保障除草效果。三是药剂的选择、使用时间、用量不当。造成秧苗发黄、矮缩、僵苗等药害现象。

为保证化学除草效果要严格把握4个环节：一是播种前精细整田，做到田面高低一致；二是整田距施药时间不超过5d；三是选好芽前除草剂配方，比较好的配方需要通过在本地试验获得；四是施药时田间不能有积水。

新近资料报道，海南省农业科学院2013年试验结果表明，精噁唑禾草灵与氰氟草酯的复配剂——10%氰氟·精噁唑乳油用于防治水稻直播田千金子等杂草效果明显好于其他除草剂（表7-1）。对禾本科、莎草科多种杂草兼治，杀草谱广，持效期长。方法是：在稻苗4叶1心时，每亩使用10%氰氟·精噁唑乳油50ml对水喷雾，施药后24h可灌浅水，保持浅水层5d。

（2）秧苗生长期茎叶处理

所用除草剂和施药方法，根据杂草优势种种类，选择适宜的除草剂及其配方，进行茎叶喷雾。①在阔叶杂草和莎草科杂草并发的稻田，每亩用25%苯达松水剂150ml，加20%二甲四氯水剂200ml混合，对水40kg均匀喷雾。②在以禾本科杂草为主并有莎草混生的稻田，排干田水，每亩用96%禾大壮乳油100~150ml，加20%二甲四氯200ml混合，对水50kg喷雾，处理茎叶，防效很好。③在以稗草等禾本科杂草和莎草科杂草混生的稻田，当稗草二叶一心期时，每亩用20%敌稗乳油800ml，20%二甲四氯水剂200ml，加水40kg喷雾。

表7-1 氰氟·精噁唑防治水稻直播田杂草效果

除草剂及亩用量（ml）	千金子（%）	稗草（%）	旱稗（%）	碎米莎草（%）	总草（%）	亩产（kg/亩）	增产（%）
10%氰氟·精噁唑 EC；50	100.0	95.2	91.3	90.0	94.3a	284.1	13.8
69g/L精噁唑禾草灵 EW；30	95.3	95.2	94.2	57.1	86.2b	278.6	11.6
100g/L氰氟草酯 EW；50	93.5	91.3	79.6	73.4	84.9b	278.3	11.4
人工除草	80.4	80.3	78.5	72.4	79.2c	276.9	10.9
清水 CK（杂草数量）	—（27株）	—（32株）	—（26株）	—（25株）	—（109株）	249.6	—

注："总草"列数据后不同字母表示差异显著性（$P<0.05$）。

106 怎样通过农业措施控制稻田杂草

（1）水旱作物轮作

以根、茎作为主要繁殖材料的扁秆藨草、水莎草、野荸荠等多年生杂草，用人工拔除也难以控制危害。因此，有条件的稻区可以改种旱作物2~3年。在改种旱作时，实行深耕晒垡，消灭杂草根、茎等繁殖器官。改种旱作物后，要加强排水管理，降低地下水位，使地表"干燥"，能抑制杂草生长。草害严重的稻田，也可以在水稻收后改种紫云英、油菜等早熟作物，提早收割，实行深耕晒垡、细耙，诱发杂草提前萌芽出土，以利于消灭多年杂草的地下根、茎，减轻发生危害。轮作还减轻了水稻纹枯病、稻飞虱和其他病虫害的发生和危害。

（2）使用腐熟农家肥

农家肥是稻田杂草种子混杂的集中场所。特别是沤制的草、牲畜粪肥，使用前必须经过充分的沤制腐熟，方可施入稻田。未经过腐熟的农家肥，不但肥效差，而且夹杂着大量的草籽，加重草害的发生。

（3）精选种子

以稗草、千金子为主的稻田，在水稻收割时，有较多的杂草种子夹杂在稻种内，在育秧时应筛选稻种，杜绝草籽再进入稻田，可大大减轻杂草危害程度。

（4）科学灌溉

草害严重发生的稻田，在水稻插秧后30~40d内，未封行前，浅水勤灌，使田间常保持一定的浅水层，对许多杂草种子有较强的控制萌发出土作用。尽量不使稻田常处于干干湿湿的状态，否则湿润管理的稻田极有利于杂草的发生和危害。

（5）合理密植

根据不同的水稻品种进行合理密植，减少田间空隙度，从而减少杂草种子萌芽发生的机会，能起到控制杂草滋生的作用。

（6）人工拔草

掌握在杂草幼苗基本出齐，根系较浅的时机进行，人工拔除一年生杂草是容易做到，尤其对拔除稻苗中的夹棵稗草十分有效。在水稻整个生长期需开展 2~3次，在中后期，针对不同杂草的成熟期进行扫残，一般在杂草抽穗后成熟前分期分批摘除草穗；对于多年生杂草在地下根、茎繁殖器官未形成前进行拔除，可以减少翌年杂草发生量，能够起到事半功倍的作用。

107　化学除草剂分类与除草原理

（1）化学除草剂分类

除草剂品种众多，按不同分类方法，可以把除草剂分为若干类型。

按化学成分划分。一类是有机类除草剂：①苯氧脂肪酸类。如 2,4-D、二甲四氯等；②取代脲类。如灭草隆等；③氨基甲酸酯类。如灭草灵等；④均三氮苯类。如西马津等；⑤酚类与醚类。如除草醚、五氯酚钠等；⑥酰胺类。如敌稗等；⑦酸类。如茅草枯等；⑧有机砷类。另一类是无机类除草剂：如石灰氮，亚砷酸钠等。

按作用方式划分。一类是灭生性除草剂：良莠不分，把地面植物全部杀死。一类是选择性除草剂：专杀杂草，或专一杀灭单子叶杂草，或专杀双子叶杂草，而对植物安全。

按杀草原理划分。一类是传导性（内吸性）除草剂：被植物吸收后通过输导组织传遍全身，杀死杂草。特点是见效相对慢一些。一类是触杀性除草剂：局部杀伤、杀死，体内不传导。特点是见效快。

（2）化学除草剂除草原理

了解化学除草剂的除草原理，对科学使用除草剂是有益的。化学除草剂灭杀杂草的基本原理是，化学除草剂进入植物体后，干扰了植物的某些代谢环节，生理失去平衡，正常的生长发育受到破坏而导致生长停滞或死亡。但不同的除草剂，化学成分不同，作用机理是不同的。目前已知的杀草作用机理有以下几个方面：

一是抑制光合作用。敌稗等除草剂只有在光照下才能发挥明显的杀草效果，并且与光照强度成正相关。反之，在阴雨寡照的条件下，除草效果肯定降低。

二是干扰呼吸作用。抑制植物呼吸作用中能量的传递过程（氧化磷酸化），造成植物代谢障碍而死亡。由于动植物呼吸过程的能量传递相似，因此这类除草剂对人畜的毒性较大。如早年的五氯酚钠。

三是破坏植物的水分代谢。除草剂进入杂草幼嫩部分后，溶解破坏细胞原生质膜，使细胞液流进细胞间隙，植株迅速失水、干枯死亡。

四是影响细胞分裂分化。激素类除草剂，抑制杂草细胞有丝分裂，形成植物生长畸形，发育异常，最终死亡。

五是阻碍有机物运输。除草剂能够使杂草维管束临近细胞畸形、增殖，挤压筛管，阻碍有机物运输而引起毒害死亡。

六是干扰杂草体内某些酶的作用。例如水稻和稗草是同科不同属的植物，生态习性很相似，为什么敌稗能够杀死稗草而不伤水稻？据研究原因在于水稻幼苗体内有一种叫酰替芳胺的水解酶，能将敌稗分解。

应当说明，除草剂在植物体内进行干扰和破坏的同时，自身也受到破坏和改变，因而失去毒性，这就是植物的自身解毒作用。

108　几种常用水稻化学除草剂性能

目前水稻除草剂品种众多，具体除草剂品种使用技术，要严格按照具体品种的说明操作，最好是经过当地试验试用后再大面积推广应用。下面介绍几种常用的水稻除草剂。

吡嘧磺隆

又名草克星、水星。是磺酰脲类选择性水田除草剂。有效成分可在水中迅速扩散，被杂草的根部吸收后传导到植株体内，迅速抑制杂草茎叶部的生长和根部的伸展，最终导致杂草完全枯死。可用于防治鸭舌草、节节菜、陌上菜、牛毛草、异型莎草、碎米莎草等一年生杂草和部分多年生杂草，对稗草有一定抑制作用。

目前登记用于直播稻田的有10%吡嘧磺隆可湿性粉剂，10%吡嘧磺隆片剂等，每亩用10%可湿性粉剂10~20g，在播种后3~10d，稗草1.5叶期拌细土撒施。秧田或直播田施药，应保证田板湿润或有薄层水。该药对水稻较安全，但不同品种的水稻对吡嘧磺隆的耐药性有较大差异。其药雾和田中排水对周围阔叶作物有伤害，应注意。

稗草较多时与丁草胺、禾草特、二氯喹啉酸等混用，防效较好。也可直接选用含吡嘧磺隆的复配剂，如稻隆（20%吡嘧·丙草胺可湿性粉剂，含 1%吡嘧磺隆、19%丙草胺）、双益二号（24%吡嘧·丁可湿性粉剂，含 23.6%丁草胺、0.4%吡嘧磺隆）等。

噁草酮

又名农思它、恶草灵。为选择性芽前、芽后除草剂，通过杂草幼芽或幼苗与药剂接触、吸收而起作用。苗后施药，杂草通过地上部分吸收。药剂进入植物体后积累在生长旺盛部位，抑制生长，致使杂草组织腐烂死亡。在光照条件下才能发挥杀草作用。水田应用后药液很快在水面扩散，并迅速被土壤吸附，因此向下移动是有限的，也不会被根部吸收，在土壤中代谢较慢。可有效防除稗草、千金子、牛毛毡、异型莎草、水莎草、日照飘拂草、鸭舌草、雨久花、泽泻、节节草、假蕹菜、水苋菜、水马齿、四叶萍，能明显抑制眼子菜、矮慈姑、萤蔺等。

水稻旱直播田可在播后苗前或水稻长至 1 叶期、杂草 1.5 叶期左右，每亩用 25%农思它乳油 100~200ml，或 25%农思它乳油 70~150ml 加 60%马歇特乳油 70~100ml，加水 45~60kg 配成药液，均匀喷施。也可选用其复配剂，如福农（60%丁草胺·噁草乳油，含 10%噁草酮、50%丁草胺）、36%丁草胺·噁草乳油等。

苯噻酰草胺

又名环草胺。是选择性内吸传导型除草剂，主要通过芽鞘和根吸收，经木质部和韧皮部传导至杂草的幼芽和嫩叶，阻止杂草生长点细胞分裂伸长，最终造成植株死亡。由于在水中溶解度低，所以在保水条件下，施药除草活性最高。土壤对本品吸附力很强，施药后药量大部分被吸附于土壤表层，并在土壤表层 1cm 以内形成处理层，这样能避免水稻生长点与药剂的接触，使其产生较高的安全性，而对生长点处在土壤表层的稗草等杂草有较强的阻止生育和杀死能力，并对表层的以种子繁殖的多年生杂草也有抑制作用，对深层杂草效果低。使用时田应耙平，露水地段，沙质土、漏水田使用效果差。

为扩大杀草谱，应与农得时或草克星等混用。施药后保持 3~5cm 水层 5~7d，如缺水可缓慢补水，不能排水，水层淹过水稻心叶、漂秧易产生药害。也可选用其复配剂，如凯锄（50%苯噻酰·苄可湿性粉剂，含 47%苯噻酰草胺、3%苄嘧磺隆）、客权欢（68%苯噻酰·苄可湿性粉剂，含 64.8%苯噻酰草胺、3.2%苄嘧磺隆）等。

禾草丹

又名杀草丹、灭草丹、稻草完、除田莠。为氨基甲酸酯类选择性内吸传导型土壤处理除草剂，可被杂草的根部和幼芽吸收，特别是幼芽吸收后转移到植物体内，对生长点有很强的抑制作用，导致萌发的杂草种子和萌发初期的杂草枯死。

稗草吸收传导禾草丹的速度比水稻要快，而在体内降解禾草丹的速度比水稻要慢，这是形成选择性的生理基础。此类除草剂能迅速被土壤吸附，因而随水分的淋溶性小，一般分布在土表2cm处。土壤的吸附作用减少了由蒸发和光解造成的损失。可用于防除稗草、牛毛草、异型莎草、千金子、三棱草、鸭舌草等，对三叶期稗草效果差。插秧田、水直播田及秧田、施药后应注意保持水层，水稻出苗至立针期不宜使用，易产生药害。

禾草丹可与二甲四氯、苄嘧磺隆、吡嘧磺隆、敌稗等除草剂混用扩大杀草谱，但不能与2，4-D混用，否则会降低除草效果。也可选用含禾草丹的复配剂，如禾阔净（50%苄·禾可湿性粉剂，含49%禾草丹、1%苄嘧磺隆）、直播稻草克（36%禾·苄可湿性粉剂，含1%苄嘧磺隆、35%禾草丹）等。

环丙嘧磺隆

属磺酰胺类化合物，能被杂草根系和叶面吸收，在植株体内传导，使细胞停止分裂，最后导致杂草死亡。作茎叶处理后，敏感杂草停止生长，叶色褪绿，经过几个星期后才使杂草完全枯死。该药可用于插秧本田，也可用于直播稻田防除阔叶杂草和莎草科杂草，在高剂量下对稗草有较好的抑制作用，对多年生难防杂草扁秆蔗草也有较强的抑制效果。

目前登记用于水稻直播田的有金秋（10%环丙嘧磺隆可湿性粉剂），水稻移栽或播种后2~15d内均可施药，杂草1.5~2.5叶期最敏感，对超出3叶期杂草无效，每亩用10~20g。直播田使用金秋，田面必须保持潮湿或混浆状态。无论是移栽田还是直播田、保持水层有利于药效发挥，一般施药后保持水层3~5cm，保水5~7d。金秋施后能迅速吸附于土壤表层，形成非常稳定的药层，稻田漏水、漫灌、串灌、降大雨仍能获得良好的药效。为扩大杀草谱，可将金秋与禾大壮、马歇特、快杀稗等混用。

109 "杂草稻"的识别与防除

近年来在新乡市及周边的濮阳市、开封市的稻区，频繁发现"杂草稻"，并有继续蔓延的趋势。资料报道，在全国南北稻区目前均有发生并呈蔓延趋势，有些稻区"杂草稻"已成为比稗草和千金子危害更严重的杂草。不但影响水稻生产，而且由于稻农不认识这种杂草，往往误认为是购买的稻种混杂，去向种子公司讨说法，影响社会稳定。

"杂草稻"，顾名思义就是具有杂草特性的"水稻"。又称野稻、杂稻、鬼稻、再生稻、大青棵等。外貌似草非草，似稻非稻，具有草的特性，具有稻的外表，植株一般高大，生长能力顽强。

"杂草稻"，实质是野生稻的变异，或是野生稻与栽培稻自然杂交的后代，或是栽培稻"返祖现象"或"分离现象"。总之，它比栽培稻早发芽、早分蘖、早抽穗、早成熟，一旦在稻田"安家落户"，就会拼命与栽培稻争夺阳光、养分、水分和生长空间，严重影响水稻产量；同时种子进入加工的大米，影响大米的商品品质。特性是落粒性强，边成熟边落粒，种子休眠时间可达 10 年，只要温度湿度适宜，就会破土萌发。

"杂草稻"蔓延危害的原因有三：一是直播水稻面积越来越大，稻田没有经过深翻和灌水，"杂草稻"年复一年扩张蔓延；二是农村大量劳动力进城后，稻田田间管理粗放，未能对"杂草稻"有效清除；三是"杂草稻"与栽培稻生理机能极为相似，没有对路的除草剂进行防除。

目前"杂草稻"最有效的防除方法是在分蘖期进行人工拔除。

对"杂草稻"虽然还没有完全根除的办法，但采取适宜的农业措施可以有效控制其危害和蔓延。如，直播水稻改为移栽水稻，破坏"杂草稻"的生存条件；如，上茬小麦生产季节深耕、水稻改种玉米，控制和切断其传播途径；人工拔除的"杂草稻"要焚烧或深埋处理；帮助稻农识别"杂草稻"，进行人工拔出。

110 什么叫农作物化控技术

把一些具有生理活性的化学物质施于植物体的技术，称为化学调节，或化学调控，简称化控技术。这些具有生理活性的化学物质施于植物体后，深刻影响植物的激素系统的平衡关系及其代谢途径，从而改变其生长发育轨迹，使其产量、品质、抗逆性等性状发生明显的变化。人类将这些变化拿来为人类所利用。

目前，化控技术的应用已经很广泛。如促进生根，诱导开花，延迟开花，控制株高，控制花的性别，促进成熟，改善品质，增强抗逆性等，在农作物生产、贮藏等领域，几乎无处不在。但是，也有人提出反对意见，人类食物应当追求原生态，不应该使用任何化学物质。但在目前的社会经济发展进程中，不论是食物安全、环境安全的科学角度，还是人类认知的法律角度，不可能把农作物化控技术完全拒绝，只能是怎样更加科学地、规范地利用。比如，水稻多效唑化控技术。

111 多效唑的化学性质及生理作用

多效唑（Multi-Effects Triazole，简写 MET）是我国 20 世纪 80 年代研制成的

三唑类植物调节剂，主要加工剂型多为 15% 的可湿性粉剂。多效唑的稀释液在任何 pH 值下均稳定，对光也稳定。低毒：对猪、兔、鼠、鸭、鱼等 LD_{50} 大于 500mg/kg。

多效唑是植物内源激素赤霉素生物合成的抑制剂。能够抑制水稻植株伸长，增加基部节间充实度；叶片变短、增厚，增加分蘖等，对一些水稻杂草有抑杀效果。多效唑化控技术是新乡市在小麦、果树、棉花、花生、大豆、甘薯等作物上最为广泛应用的化控技术。这项技术，最早是新乡市农业技术推广站 1988 年从中国水稻研究所引进的，经过 3 年试验示范就进行大面积推广，至今已经成为全省熟化的、普及型的农作物化控技术。曾获得河南省政府 1990 年度科技进步奖。当时总结多效唑具有 3 大功能 4 大效应：调节生长、抑杀杂草、抑防病害；减弱顶端生长优势、缩短节间长度、促进花芽分化、增强抗逆性。

112　水稻多效唑化学调控技术

目前水稻使用的化控物质最普遍是多效唑。不论是湿润育秧，还是盘育育秧，不论是人工插秧，还是抛秧，均可使用。其他化控技术不再一一阐述。水稻多效唑化学调控技术，根据调控的目的分两次使用，第一次是秧田使用培育壮苗，第二次是本田使用增蘖防倒。

（1）秧田多效唑化学调控培育壮秧技术

水稻苗期应用多效唑，有控高、促蘖、增根的作用，育成矮壮秧，还有抑杀秧田杂草和防治稻曲病、恶苗病的效果（表 7-3），插秧后返青早、分蘖快，一般增产 10%。具体使用方法是在降低秧田播种量的前提下，在一叶一心时，每亩秧田用 130~150g 含量 15% 的多效唑可湿性粉剂，对水 70kg 均匀喷洒，不要漏喷。喷洒的前一天排水，喷后第二天灌水，效果才好。

（2）本田多效唑化学调控增蘖防倒技术

本田插秧后及早使用多效唑、在 40d 的效应期中，前期的调节作用是促进低位分蘖的早生快发，增加有效穗数，靠穗大穗多增产；后期控制基部节间的伸长，使用节间短而粗硬，增强抗倒伏能力。施用多效唑后，由于分蘖早而多，每亩穗数增加 1 万~2 万，而且整齐，这是增产的主要因素。另外，根系发达，功能叶片多，株型紧凑，田间通风透光状况好，稻瘟病、纹枯病发病率低，结实率有所增加，这些都有利于产量的提高，一般可增产 10%~15%（表 7-4），不论多效唑在秧田用过与否均可使用。使用方法是：在稻苗返青期是最佳使用期。每亩用多效唑 50~100g，配细土 20kg 在落干或浅水层条件下均匀撒施，也可与返青肥、除草剂混合撒施，随混随撒，省工方便，一举三得。

表7-3　多效唑（15%粉剂）对水稻植株节间及稻曲病的影响效果

处 理	株高（cm）	基部第一节长（cm）	基部第二节长（cm）	基部第三节长（cm）	稻曲病病穗率（%）	稻曲病病粒率（%）	千粒重（g）	亩产（kg）	增产（%）
插秧后20d 亩用30g 多效唑对水30kg 喷雾	103.5	0.7	7.1	10.5	6.6	0.21	24.1	736.9	5.5
CK	111.0	1.2	9.4	12.5	39.4	1.51	23.9	698.2	—

——《北方节水稻作》

表7-4　本田施用多效唑（15%粉剂）试验效果

施用时期	亩用量（g）	株高（cm）	穗数（万/亩）	粒数（粒/穗）	结实率（%）	千粒重（g）	亩产（kg）	增产（%）
插后10d	100	87.5	38.0	60.2	86.4	25.2	565.4	18.7
插后18d	100	94.0	40.0	57.1	89.6	26.0	570.9	19.8
插后25d	50	95.0	31.7	63.4	85.4	25.5	502.0	5.4
	100	85.0	40.3	54.3	86.7	25.6	547.5	14.9
	150	84.0	37.3	54.3	87.6	26.0	506.8	6.4
CK	0	103.0	28.7	66.4	85.5	25.1	476.4	—

——《北方节水稻作》

第八部分　其他水稻栽培新技术

113　水稻盘育抛秧技术

　　水稻抛秧栽培，是一种省力的种稻方法。1958 年，浙江省永康、缙云等县农民为了应对早春低温阴雨，实现早播、早栽、早分蘖，就采取抛栽的水稻栽培技术，并总结出了"三省"（省秧田、省劳力、省成本）、"二早"（早发、早熟）、"二增"（增产、增效）的栽培效果，但由于用手工铲秧、掰土（苗）等费工，没有得到大面积扩大。20 世纪 60 年代初期，日本稻作科技工作者试用纸筒培育秧苗成功，抛秧成为一项成熟的技术。70 年代后期，中国农业科学院和广东省农业科学院先后引进此项技术，进行试验、示范。1975 年日本学者研制出塑料孔盘育秧技术之后，这项技术更加完善，开始大面积推广。我国在 80 年代初期，在引进日本抛秧技术的基础上进行抛秧技术的研究。21 世纪以后，随着农村经济的发展，劳动力向第二、第三产业转移，迫切需要省工、省力、高产栽培技术应用于生产。通过农业科研和推广单位及有关部门的共同努力，这项技术逐步走向成熟并应用于生产。它是采用钵体育苗盘或纸筒育苗、根部带有营养土块的、相互易于分散的水稻秧苗，或采用常规育秧方法育出秧苗后手工掰块分秧，然后将秧苗连同营养土一起均匀撒抛在空中，使其根部随重力落入田间定植的一种栽培法。它改变了沿袭几千年的农民"脸朝黄土背朝天"的拔秧、插秧传统习惯，具有省工、省力、省种子和秧田、操作简单、高产、稳产、高效的优点，是水稻栽培技术的一项重大改革。1993 年 10 月"抛秧稻增产技术"被列为国家科委重点技术推广项目，促进了抛秧稻的迅速发展，示范面积和应用范围逐年扩大。新乡市农技站 1992 年开始试验示范，1995 年开始推广，摸索总结了沿黄稻区的水稻盘育抛秧技术。

　　（1）水稻抛秧栽培优点

　　一是节省劳力，减轻劳动强度。抛秧稻采用软盘育苗，整地方便，抛秧容易，与常规栽插方式相比，一般抛秧稻工效提高 5~8 倍，提早插秧季节。同时，缩短了栽秧时间，抢住了插秧季节。二是有利于稳产、高产。抛秧栽培水稻可缩短返青期，促早生快发，尤其是低位分蘖增多，提早成熟，有利于高产、稳产。

三是省种、省秧田，且有利于集约化育秧。四是节省成本，提高经济效益。

（2）抛栽水稻生育特点

抛秧栽培无需手工插秧，抛栽稻苗带土自由落体，秧根入土浅，田间没有行株距规格，抛后秧苗姿态不一，有直立，有平躺。与移栽稻相比，生育特点有很大差异。一是秧苗没有明显的返青期。中小苗抛栽，一般抛后 1~2d 露白根、2~3d 基本扎根，3~5d 天长新叶。二是分蘖发生早、节位低、数量多，但成穗率稍低。水稻抛植栽培，茎节入泥浅，分蘖节位低，分蘖数增加，最高茎蘖数明显高于手插秧。三是根系发达。抛栽的秧苗伤根少，植伤轻，入土浅，发根比手插秧早。抛后由于新叶不断发生，分蘖增多，具有发根能力的茎节数迅速增多，发根力增加，根量迅速扩大，且横向分布均匀。四是叶面积大。水稻抛栽后，前期出叶速度快，总叶片数多，后期绿叶数多。此外，叶片张角大，株型较松散，田间通风透光性好。五是单位面积穗数多，穗型偏小，穗子不整齐，结实率、空秕率与插秧稻相当。

（3）抛秧栽培技术要点

包括塑料软盘育秧和大田管理两个环节。

塑料软盘育秧要注意以下 7 个环节：

①育秧土。购买质量好的育秧盘。秧田选在避风向阳，土壤肥沃，排灌方便的地块。秧床宽 1.3m 左右，以竖放 2 盘或横放 4 盘为宜，沟宽 40~50cm。每盘准备营养土 1.5kg 左右，营养土选择黏度适中，无草籽的菜园土加入化肥或腐熟有机肥，充分翻拌均匀。②种子处理。对种子进行晒种、消毒、催芽等处理。每亩大田常规稻用种量 2.5~3.5kg。③铺摆秧盘，把秧盘整齐地排摆在做好的秧畦上，秧盘摆好后用木板轻压，使秧盘的秧孔凸起部分的约 20% 厚度陷入泥土。④盘内装土。把调好的营养土装入秧盘内，然后用平直的木条类器具把盘子表面的浮土刮扫干净，以防止将来盘子上秧苗互相串根。⑤播种。待泥土装至盘子上的孔深 2/3 时撒种子播种，播种时要力求均匀一致，每个秧孔有 3~5 粒种子。播后把盘子表面的浮土和散种子刮扫干净。⑥覆盖地膜。可采用地膜拱盖，秧苗三叶时揭膜。⑦秧苗管理。水管理：育秧全过程以半旱式为主，出苗前不必灌水，二叶期保留沟水，三叶期保持畦面湿润，起秧前 3~5d 停止灌水，让其自然落干。追肥管理：一叶一心期酌施追肥，起秧前 5~7d 施送嫁肥。防治病害：一叶一心期和二叶期喷施药剂预防立枯病和青枯病。

抛秧大田栽培技术除常规栽培技术以外，还要注意以下 3 个环节：

①整地。整地要做到地平、泥烂，表层有泥浆，无杂草、杂物。土质黏的田块在抛栽前 1~2d 整好地；沙壤土田可随整随抛。②适时抛栽。三片叶抛栽为好。抛秧时先抛 70%，第二遍再补抛 30%，使之更加均匀，按 2~3m 留出一条

作业道。抛栽时人应退着走抛，垂直向上抛高 2.5~3m，以秧苗根部小球跌入泥浆中为最适宜。③水肥管理及病虫草防治。抛栽时宜为薄皮水，抛后 2~3d 不灌水，促使根系扎立，其他措施与插秧田类同。

114　水稻富硒技术

世纪之交，农产品供应丰富，消费者由"吃饱"向"吃好"和"吃健康"转变，富硒农产品应运而生。富硒大米深受消费者青睐，市场需求量很大。富硒大米的价格比普通大米高 30%以上。因此，发展富硒水稻（大米）是增加农民收入、提高相关企业效益的重要途径。2004 年新乡市科技攻关支持项目"富硒技术研究开发"由新乡市农技站组织实施。

通过几年的富硒液肥试验，表明富硒水稻的关键栽培技术是在水稻生长发育过程中，在叶面上喷施"富硒液肥"，将无机硒导入水稻植株体内，再通过水稻自身的生理生化反应将无机硒转化为可被人体吸收的有机硒。下面列出新乡市农技站有关水稻富硒技术的试验总结，供了解。若用于富硒大米的特殊技术，需要更加严谨、更加广泛的农学技术与卫生保健技术的融合研究，不能说硒含量越高大米越好。

该技术的关键措施就是：在水稻灌浆期，叶面喷洒适宜浓度的富硒液肥，能够使稻谷硒含量有效增加，使无机硒转化为有机硒。但需要注意的事项是，不能盲目增加大米硒的含量，含硒过多、或食用过多的硒，反而会破坏人体健康。目前市面上的富硒农产品，作者认为普遍缺少医疗保健专业的佐证，由此导致富硒农产品的食用方法说明方面没有食用量的概念，显然是欠妥的。2008 年我国发布了国家标准《富硒稻谷》（GB/T22499—2008），规定富硒稻谷及其加工后的大米，硒含量应在 0.04~0.3mg/kg，硒含量不分等级。

链接

2000 年新乡市农技站水稻富硒试验结果（摘要）

试验地点：原阳县师寨乡西磁村、王村。

供试产品：富硒液肥（黑龙江生产）。试验方法：灌浆期喷洒 200 倍液。

初步结论：①引黄稻区水稻（大米）硒基础含量 45μg/kg 左右、锌基础含量 14mg/kg 左右；②富硒技术可使水稻硒含量提高到 200μg/kg 左右，但品种之间有差异；③喷洒富硒液肥会导致水稻锌的含量略有降低。

大米锌、硒含量检验报告

品种	锌含量（mg/kg）			硒含量（μg/kg）		
	处理	对照	比对照±%	处理	对照	比对照±%
黄金晴	12.9	14.0	−7.9	204	34.6	+489.6
白香粳	14.8	17.8	−1.7	279	51.2	+444.9
豫粳6号	13.9	14.1	−0.1	131	55.0	+138.2
水晶3号	12.6	10.2	+23.5	148	37.1	+298.9
平　　均	13.6	14.0	−0.3	190.5	44.5	+328.1

2004 年新乡市农技站水稻富硒技术试验总结（摘要）

试验在获嘉县原种场、原阳县师寨乡西磁村进行。供试品种：豫粳 6 号和黄金晴；富硒液肥采用每亩 0、100ml、150ml、200ml、250ml、300ml 六个用量，加水 35 kg 喷洒，在灌浆期进行，以喷清水作对照。收获籽粒晒干后取籽粒样品检测硒、锌含量。

初步结论：①对水稻成穗数、穗粒数、千粒重没有明显影响。②对稻米中锌含量没有明显影响；同品种中糙米锌含量明显高于精米。③对稻米中硒含量有明显影响，随着喷洒浓度增加，硒含量呈明显增加；黄金晴比豫粳 6 号吸收硒的能力偏强，同品种中糙米硒含量略高于精米。

水稻硒、锌含量检测结果

地点	品种及大米类型	富硒液肥亩用量（ml）	锌（mg/kg）	硒（mg/kg）
原阳县师寨乡西磁村	黄金晴糙米	0（CK）	14.1	0.096
		100	14.6	0.15
		150	13.6	0.20
		200	16.6	0.28
		250	16.6	0.33
		300	17.6	0.35

（续表）

地点	品种及大米 类型	富硒液肥亩 用量（ml）	锌（mg/kg）	硒（mg/kg）
获嘉县原种场	豫粳6号 糙米	0（CK）	17.6	0.072
		100	16.2	0.14
		150	16.6	0.18
		200	17.3	0.23
		250	16.0	0.30
		300	16.6	0.39
	豫粳6号 精米	0（CK）	12.3	0.077
		100	12.4	0.12
		150	13.8	0.15
		200	10.5	0.19
		250	10.3	0.28
		300	10.8	0.32

农业部农产品质量监督检验中心（郑州）检验；锌检验依据为 GB/T5009.14—1996，硒检验依据为 GB/T12399—1996。

115 水稻直播旱种技术

旱地直播技术种植稻谷，减免了水田耕作以及育秧、插秧等环节，其生产过程与种植小麦无多大差别。20 世纪 50 年代我国北方曾大面积推广水稻旱种直播，黑龙江省 80 年代以前水稻直播占到 70%，南方稻区 60 年代也推广过直播。21 世纪以来，随着经济的发展，大量农村青壮年劳动人口进入城市劳务市场，农村劳动力的减少，劳动力价格高涨，以及化学除草剂等广泛使用，直播稻栽培又被提到水稻生产重要议事日程，呈现面积扩大的态势。但是，不要以为直播稻是近年发展起来的新技术，殊不知水稻直播栽培古已有之，即先有直播水稻，而后有移栽水稻。

新乡市水稻旱种直播技术，在 70 年代后期和 80 年代初期曾大面积推广，品种主要是黎优 57、秀优 57 等，后萎缩停滞。21 世纪以后，随着农村劳动力转移，黄淮地区水稻轻简栽培尤其是水稻直播种植新技术有所发展，但由于其生长期短、难全苗、草害重、易倒伏等问题，产量、品质一般低于插秧稻、杂草防除也相对更加困难，因此水稻旱种直播一直处于小面积发展状态。水稻机械直播旱种技术也经过大量试验，但至今尚未完全熟化（见链接：新乡市农技站 2003 年水稻免耕机械直播栽培技术试验总结）。但毕竟该技术属于轻简高效技术，还是受到很多群众的喜爱，近年来旱直播水稻种植面积不断扩大，尤其是 2016 年、2017 年，很多稻农都在试种。生产上必须注意掌握好以下环节。

（1）选用品种

早熟性好、即是遇到秋季低温，也能够确保成熟，一般全生育期 120d 左右，分蘖力适中、抗病力强、植株较矮、抗倒力强的品种，较为适宜。如新稻 10 号、郑旱 9 号、郑旱 10 号等。之前河南省没有旱直播稻品种的审定，稻农根据自己的实践经验（主要是把握品种的全生育期）在生产上小面积种植。

（2）抓好全苗

首先要做到精细整地。田面整平、抓好全苗是直播水稻成败的关键因素之一。麦收灭茬后旋耕、耙平。其次是种子处理。先晒种 2~3d，然后用浸种灵浸种 48h，再用清水冲洗，沥水、晾晒后播种。第三要足墒早播，一播全苗。麦收后及早整地、尽早播种；播期不迟于 6 月 15 日，每亩播种量 6~7kg，行距 23~27cm，播深 2~3cm，播种过深不利于出全苗、出齐苗；播种后覆水，水层当天渗完，积水影响全苗。第四要在出苗后及时进行田间查苗补苗，移密补稀，使稻株分布均匀，个体生长平衡。

（3）化学除草

杂草不能高效控制是水稻旱直播的重点难题之一，因此必须及时科学进行化学除草。播种浇水后 3~5d，亩用 60% 丁草胺乳剂 125~150g，对水 30~40kg 喷雾，或拌 5~8kg 潮湿细土撒施；或结合灌蒙头水，水层撒施 10% 苄·丁 100g；苗期除草方法是：亩用 35% 苄·丁 80~100g，对水 30~40kg 喷雾。喷药时田里保持地皮水，喷药后水自然落干。

（4）科学施肥

一般亩施纯氮 17kg 左右。播种前结合耙地施水稻专用复合肥 40kg 左右作底肥，稻苗三叶一心期浇水施肥，一般亩施尿素 10kg，7~10d 后再追尿素 10kg，晾田复水时视苗情酌施攻穗肥。

（5）科学灌水

芽期至三叶期湿润，土壤湿度以保证稻种出苗生长为准；三叶期后薄水，此时稻苗较小，要注意不淹没苗心，却可淹死麦苗和旱地杂草；分蘖前期浅水灌溉，够苗适当晾田；孕穗抽穗期灌寸水；灌浆期浅水湿润交替，成熟时断水，切忌过早停水。

（6）防治病虫

直播水稻苗多，封行早，田间较密蔽，病虫发生率较高，必须注意测报，及时进行综合防治。

链接

新乡市农技站2003年水稻免耕机械直播栽培技术试验总结

针对水稻生产稻农劳动强度大、生产成本高、水资源日趋紧张、水费不断上涨的问题，2003年新乡市农技推广站和市农机推广站开展技术合作，把农艺措施与农机技术紧密结合，在原阳县葛埠口乡游堂村进行了水稻机械旱直播栽培试验。本试验旨在探索其适宜品种和最佳播种量。

1. 材料与方法

试验设在原阳县葛埠口乡游堂村游文义责任田，前茬小麦，两合土，机井灌溉。试验共设两项内容，一是品种试验，品种是从辽宁省引进的 NS265、NS120、NS988，播量均为5kg/亩；二是播量试验，品种是当地主导品种豫粳6号，分4kg/亩、5kg/亩、6kg/亩三个播量，两项试验均以豫粳6号插秧作对照（CK）。

机械直播设计于6月13日采用江南2BG-10A型稻麦条播机播种，播种前亩施30%BB肥50kg，6月15日浇蒙头水一次，6月17日亩用12%农思它200ml进行化学除草，7月11日结合浇水亩施硫酸铵50kg，豫粳6号亩喷多效唑25g，7月18日亩用水星一号20g防治一次阔叶杂草，7月20日、23日、26日、29日、31日、8月2日、6日、16日、20日各进行湿润灌溉一次，全生育期共灌溉11次。7月29日亩施尿素12kg。8月8日和12日各防治稻纵卷叶螟一次，14日防治叶稻瘟一次，25日用三环唑防治穗颈瘟一次。

插秧对照田于5月1日育秧，6月20日插秧，大田底肥和直播田相同。6月20日至7月11日，共浇水4次，以后浇水时间和旱种相同，全生育期共浇水15次。因插秧田属水层灌溉，故每次灌水量较旱种偏多。6月29日亩施硫铵40kg，7月29日亩施尿素12kg，全生育期较旱种少施硫按10kg，病虫防治同旱种。

2. 结果与分析

2.1 从播量来看，所供豫粳6号种子发芽率偏低，发芽势较弱，出苗率与品种试验相比明显较低，豫粳6号亩播量5kg的基本苗仅9.7万，而同样播量的 NS120、NS265和NS988的基本苗达18万~19万头。不同处理的有效穗均以插秧对照田为最高，基本上都达到了高产要求。从穗粒数看，以插秧对照田最低，因为该品种生育期较长，加之今年低温寡照，结实率过低。所有小区千粒重也仍低于常年，故机械旱直播的最佳播量仍需进一步探讨（表1、表2）。

表 1 水稻生育期考查（月/日）

处理	播种期	移栽期	分蘖期		始穗期	成熟期	生育期（d）	株高（cm）
			始期	末期				
NS265	6/13	—	7/15	8/1	9/12	10/24	133	95
NS120	6/13	—	7/15	8/1	9/10	10/19	128	97
NS 988	6/13	—	7/15	8/1	9/17	10/30	139	100
5kg/亩	6/13	—	7/13	8/4	9/24	—	—	92
4kg/亩	6/13	—	7/13	8/4	9/24	—	—	90
6kg/亩	6/13	—	7/15	8/4	9/24	—	—	93
豫粳6号插秧（CK）	5/1	6/20	7/1	8/1	9/6	10.16	169	102

2.2 从品种看，NS988 和 NS120 均较豫粳 6 号插秧对照增产 6%以上，NS265 产量偏低。因受气候影响，结实率、千粒重均低于常年。从产量结果看，以 NS988 和 NS120 较为适宜（表 2）。

表 2 产量结构与产量结果

处理	基本苗（万/亩）	有效穗（万/亩）	成穗率（%）	每穗总粒	每穗实粒	结实率（%）	千粒重（g）	产量（kg/亩）
NS265	19.2	19.23	78.17	85.2	56.33	66.12	24.4	264.3
NS120	18.1	20.39	81.63	123.3	83.9	68.45	24.1	412.3
NS 988	18.2	17.30	84.68	116.5	103.4	88.76	23.3	416.8
5kg/亩	9.7	23.09	74.00	98.2	15.7	15.99	无产量	
4kg/亩	6.9	23.01	77.14	110.4	10.1	9.15	无产量	
6kg/亩	10.8	22.84	71.51	90.8	16.3	17.95	无产量	
豫粳6号插秧（CK）	7.1	24.20	69.60	85.3	66.4	77.84	24.2	388.9

注：豫粳 6 号播量试验未能正常成熟。

2.3 旱种较插秧亩可节支 28.7 元左右，省工省水，降低了生产成本（表 3）。

3. 小结

水稻机械旱种以 NS988 和 NS120 两个品系较为适宜，机械旱直播的最佳播量有待进一步探讨研究。水稻机械旱种较插秧明显省工省水，降低劳动强度。值得注意的是，麦茬旱种时，由于气温高，杂草较多且生长快，对水稻幼苗生长造成一定影响，进行化学防治目前尚无好的农药。直播旱种水稻生育期缩短，对品质的影响需要进一步研究。

表3 直播与插秧水稻生产成本对比（元）

类别	种子	肥料	农药	灌水	除草	播种	耕地	插秧	育秧	合计
旱种	10	115.4	25	33.0	15	25	0	0	0	223.4
插秧	5	108.6	25	52.5	4	0	12	35	10	252.1
增减	+5	+6.8	—	−19.5	+11	+25	−12	−35	−10	−28.7

116 "麦畦式"湿种栽培技术

传统水稻种植是全生育期水稻根系都泡在水里，而"麦畦式"湿种水稻栽培技术则类似小麦打畦种植一样。2016 年在浙江诸暨市"单季稻绿色增产增效技术集成示范区"，中国农业科学院展示了自主研发的水稻"麦畦式"湿种栽培技术，实现了"像种麦子一样种水稻"。

水稻是我国最大的耗水农作物，大约消耗农业用水量的 70%，全国总用水量的 50%。长期以来以淹水为主要特征的水稻灌溉制度，造成水资源严重浪费，并且化肥农药随灌溉水流入周边水体，或下渗到地下，加重了地表和地下水污染。"麦畦式"湿种栽培技术是在保证水稻正常生育生理需水前提下的适度灌溉节水技术。在水稻全生育期，沟水不断，保持土体湿润，早晨稻株叶尖吐水正常。稻田尽可能不留水层，利用雨水，少用灌溉水。

"麦畦式"湿种栽培技术关键环节是湿种旱管与节制用水，是一项省工的生态稻作技术，减少水稻种植用水量、提高水稻水分利用效率，化肥农药留在土层表面，有利于缓解我国水资源短缺及水污染问题，每亩可节省灌溉用水 150～200m^3，节本增效 150 元左右。这项稻作技术，本质上相似于水稻旱种技术。（据 2016-09-06《科技日报》）

117 壮秧剂培育壮秧技术

水稻壮秧剂是根据水稻生理、生态特性研制的集消毒、增酸、营养、化控为一体的新型生产资料。它含有消毒剂、化控剂、增酸剂和营养剂 4 种制剂。制剂间相互依赖，效果互补，综合作用，创造稻苗适宜的生长环境，达到壮秧的目的。消毒剂是根据立枯病病原特点和发病规律，应用消毒和杀菌药剂控制和消灭土壤立枯病原菌，起到防病的作用；化控剂主要是植物生长调节剂，促进根部生长，控制地上部生长，起到矮化作用；营养剂是根据苗期的需肥规律，把氮、磷、钾和微量元素进行合理的配比，以满足水稻苗期的养分需要；增酸剂是针对水稻苗期喜酸性和立枯病厌酸特性，以降低床土 pH 值，起到抑菌和活化土壤养分的双重作用，壮秧效果突出、增产效果明显。

1999 年发布的《国家农药管理条例实施办法》规定，药肥混合制剂纳入农药管理，规定各种壮秧剂产品必须经过批准登记，取得农业部核发的农药登记证后才能生产、经营和使用；我国的壮秧剂产品，按《农药管理条例》规范化管理，绝大部分都办理了农药登记，按照农药产品的标准进行规范化生产，使产品质量有了较大提高，也有部分壮秧剂在肥料上登记的。目前的水稻壮秧剂无论是在农药上还是在农肥上登记的，只要符合水稻床土调理剂的国家行业标准 NY526—2002《水稻苗床调理剂》的壮秧剂，均认为是合格的水稻壮秧剂。按登记类型把水稻壮秧剂分为药型壮秧剂与肥型壮秧剂。市场现有壮秧剂品牌很多，内含物含量差异大，所以在选择和使用壮秧剂时要对壮秧剂进行认真了解。在农药上登记的要有三证，在肥料上登记的要有肥料登记证号。要明确壮秧剂功能，看懂说明书，不要任意增加壮秧剂的用量或减少底土用量。

旱育秧及湿润育秧上的应用方法：按用量说明，用壮秧剂加过筛的旱地土，充分混拌均匀，并均匀地撒施在床土表面，用耙子翻入 2~3cm 的表土层，反复搂匀，然后浇水播种，用未加壮秧剂的肥土盖籽即可。后期管理同旱育秧及湿润育秧。

应注意的问题：无论采用什么育苗方法，不能擅自加大壮秧剂用量，绝不能用壮秧剂配好的营养土作盖籽土，壮秧剂与底土混配厚度 2cm 左右，或底土保证 3kg/盘，以免影响发芽出苗；同时混拌一定要均匀，以免产生药害；壮秧剂适用于 pH 值<7.2 的土壤，当土壤 pH 值>7.2 时，用硫磺粉或醋酸调酸后施用；壮秧剂不含除草剂，除草应另作处理；如后期出现脱肥情况，要看苗适量补肥，以保证秧苗正常生长；苗床上出现立枯病或青枯病时，每平方米施入 50g 壮秧剂可起到防治作用。

118　水稻精确定量栽培技术

大量事实证明，目前良种、化肥、农药等物质条件不是限制水稻单产提高的主因，栽培技术才是主要因素。农业部的调查指出，相同的品种、不同的栽培技术，产量差异高达 30%以上。

随着工业化、城市化的发展，水稻栽培技术必须"轻简化"；但片面简化难以增产。在此背景下，扬州大学农学院凌启鸿教授提出了"水稻精确定量栽培技术"，从 2005 年开始大面积示范，2009 年农业部将其作为水稻高产创建的主推技术之一。它不是"复杂、费时、费工"的精耕细作栽培，而是以最必需、最少的作业次数，在最适宜的生育时期、用最适宜的技术定量化强度来管理水稻，达到"高产、优质、高效、生态、安全"的综合目标。要点简介如下：

水稻高产途径

在保证适宜穗数基础上，主攻大穗，提高结实率（85%~90%以上）、提高粒重。实现这一目标，必须在适宜基本苗基础上，促进有效分蘖，在有效分蘖临界叶龄期前够苗，控制无效分蘖，把茎蘖成穗率提高到80%~90%（粳稻）。在控制无效分蘖基础上，通过合理穗肥，主攻大穗，获得高产。这一高产途径是水稻密、肥、水调控技术定量的最主要依据。

用叶龄模式精确定量最少作业次数、最佳作业时间

以主茎伸长节间（n）5个以上、总叶龄（N）14片以上的品种为例：

有效分蘖临界叶龄期的叶龄通式：中小苗移栽时为 N-n 叶龄期，大苗移栽（8叶龄以上）时为 N~n+1 叶龄期。

拔节期（第一节间伸长）的叶龄通式：N~n+3 叶龄期，或用 n-2 的倒数叶龄期表示。

穗分化叶龄期的叶龄通式：叶龄余数 3.5~破口期；叶龄余数 3.5（倒4叶后半期）~3.0 苞分化期；叶龄余数 3.0~2.1（倒3叶出生）~枝梗分化期；叶龄余数 2.0~0.8（倒2叶到剑叶露尖）~颖花分化期；叶龄余数 0.8~0（剑叶抽出）~花粉母细胞形成及减数分裂期；叶龄余数 0（破口期）~花粉充实完成期。

高产群体茎蘖动态叶龄模式

群体在 N~n（或 N~n+1）叶龄期之初够苗后，及时控制无效分蘖；在拔节叶龄期（N~n+3）达苗高峰期，高峰苗为预期穗数的 1.2~1.3 倍（粳稻）；此后分蘖逐渐下降，至抽穗期，存活的无效分蘖应在 5% 以内。

N~n 叶龄期若不能够苗，即使以后分蘖数猛增，仍不能保证足穗大穗。够苗过早，无效分蘖过多、封行早，成穗率低、穗小，也不利高产。

群体叶色"黑黄"变化叶龄模式

①在有效分蘖期（N~n 以前），群体叶色必须"黑"，叶片含氮 3.5% 左右，叶色的深度顶4叶深于顶3叶。到了 N~n（或 N~n+1）叶龄期够苗时，叶色应开始褪淡（顶4~顶3），叶片含氮 2.7% 左右（粳稻），使无效分蘖发生受到遏制。②无效分蘖期至拔节期，即 N~n+1（或 N~n+2）叶龄期至 N~n+3 叶龄期，群体叶色必须"落黄"，顶4叶要淡于顶3叶，叶片含氮 2.5% 以下。有利于控制无效分蘖和第一节间伸长。③穗期，从倒2叶龄开始至抽穗，叶色须回升至显"黑"，顶4顶3叶色相等，叶片含氮回升至 2.7%（粳稻），利壮秆大穗。此期如叶色过深（顶4＞顶3），仍会徒长，结实率低。④抽穗后 25d 左右，叶片含

氮应维持在 2.7% 左右；至成熟期，仍能保持 1~2 片绿叶。

严格掌握封行的叶龄期

高产水稻籽粒产量的 80% 以上来源于抽穗后的光合产物，这个比例占得越多，籽粒产量也越高。关键要把群体的封行期控制在叶龄余数为 0 的孕穗期。

基本苗的确定

要符合适于 N~n（或 N~n+1）叶龄期够苗，确保穗数，并能有效控制无效分蘗，提高成穗率的要求。据此设计了基本苗的计算公式：X（合理基本苗）= Y（每亩适宜穗数）/ES（单株成穗数）。

施肥的定量

要解决氮、磷、钾肥料的适宜用量，分次施用的适宜时间和适宜分配比例三个问题。

①总量的确定。以往的研究高产水稻对氮、磷、钾的吸收比例一般为 1：0.45：（1~1.2）。但不同土壤不同。可通过确定氮素用量后，再确定磷钾的用量。②氮肥施用的定量。高产水稻每 100kg 产量的需 N 量，各地差异很大，应当试验测定。土壤的供 N 量，可用各地试验确定。氮肥的当季利用率，根据专题试验把 40%~45% 作为参数。③"前氮后移"。基蘗肥和穗肥的施用比例，由以往的 10：0~8：2 调整为 5.5：4.5（或 6：4~5：5），是精确定量施 N 的一个重要的定量指标。

基蘗肥的比例：基肥一般应占基蘗肥总量的 70%~80%，分蘗肥 20%~30%。机栽时，基肥占 20%~30% 为宜，70%~80% 做分蘗肥用。

施用时间：基肥在整地时施入；分蘗肥在秧苗长出新根后及早施用。分蘗肥一般只施 1 次，切忌在分蘗中后期施肥。如遇分蘗后期群体不足，宁可通过穗肥补救，也不能在分蘗后期补肥。

穗肥精确施用与调节

①群体正常：穗肥分促花肥（倒 4 叶露尖）、保花肥（倒 2 叶露尖）两次施用，促花肥占 60%~70%，保花肥占 30%~40%。②群体不足，落黄较早：提早在倒 5 叶露尖施穗肥，并于倒 4 叶，倒 2 叶分三次施用，比例为 3：4：3。③群体过大，叶色过深：推迟到叶色落黄后施用，只施一次，数量略减。

119 稻田养殖技术

利用稻田浅水环境和水稻植株生长的空间环境，从事生态养殖鱼、鸭、蟹、鳅、鳖、虾等动物的技术，是一项水域与空间有机融合、种植与养殖互相促进、生产与生态相得益彰的高效绿色的复合型农业技术。

这项技术，使稻田内的水资源、杂草资源、水生动物资源、昆虫以及其他物质和能源，充分的被养殖的生物所利用，并通过所养生物的活动，为稻田除草、除虫、疏土、增肥，达到自然资源的高效利用、化肥农药的最少化使用、建立共生互补的优良生态系统、提高农业综合效益的目的。

互补共生的种养农业技术体系，至少在3个方面能够改善和优化农田生态系统：一是能充分利用生物质能量。稻田杂草、昆虫等都是对水稻有害的生物资源，但对鱼类、鳖虾等动物来说，大多是良好的天然饵料。二是能改善水稻生产环境。稻田里养殖的水生动物可以消灭田里的杂草浮游生物和落水害虫，变害为利，既节省费用又改善了水稻生长环境。如鱼可吃掉螟虫、浮尘子、稻飞虱等害虫，一旦落入水中就会被鱼吃掉。三是能显著减弱农业面源污染。由于养殖的水生动物等的存在，水稻病虫害防治用药必须受到最严格的限制，否则就要减产减收。这就强制性地把化肥、农药的用量、毒性大幅度降下来了。面源污染减轻了，收获的水稻、水产品安全水平提升了，综合效益相应得到显著地提高。稻田养鱼还能改善农村环境卫生，鱼能吃掉稻田中危害人、畜的蚊子幼虫（孑孓），可以减少人、畜脑炎和血丝虫病的发生。

水稻田养殖技术目前很普遍，2016年9月全国农业技术推广服务中心会同水产技术推广总站在湖北省潜江市召开全国稻田综合种养现场观摩交流会，为农业调结构转方式提供技术支撑。据统计，2016年全国稻田综合种养应用面积达到1 200万亩。实现了一地双业、一水双用、一田双收，促进了稻、渔、田的绿色、高效、生态发展。不过各地的气候条件、土壤条件、市场需求不同，应当先试验、再推广。下面简介几种稻田养殖技术的要点。

稻田养鸭

稻田养鸭技术是指将雏鸭放入稻田，利用雏鸭旺盛的杂食性，吃掉稻田内的杂草和害虫；利用鸭不间断的活动刺激水稻生长，产生中耕浑水效果；同时鸭的粪便作为肥料。在稻田有限的空间里生产无公害、安全的大米和鸭肉，所以稻田养鸭技术是一种种养复合、生态型的综合农业技术。将雏鸭放入稻田后，直到水稻抽穗为止，无论白天和夜晚，鸭一直生活在稻田里，稻鸭构成一个相互依赖、共同生长的复合生态农业体系。

具有5大优点：①除草。鸭喜欢吃禾本科以外的植物和水面浮生杂草，但有时也吃幼嫩的禾本科植物。同时，活动过程中，它的嘴和脚还能起到除草的作用。②除虫。鸭非常喜欢吃昆虫类和水生小动物，能基本消灭掉稻田里的稻飞虱、稻蝽象、稻象甲、稻纵卷叶螟等害虫。③增肥。稻田养鸭期内，一只鸭排泄的粪便约10kg。每50m²放养1只鸭，所排泄的粪便足够稻田的追肥了。④中耕浑水。鸭在稻田不停地活动，产生中耕浑水效果。水的搅拌使空气中的氧更容易溶于水中，促进水稻生长；泥土的搅拌产生浑水效果，会抑制杂草的发芽。⑤促进稻株发育。鸭在稻株间不停地活动，在水稻植株上寻找食物，这种刺激能促进植株开张和分蘖，促使水稻植株发育成矮而壮的健康株型，增强抵逆能力。

需要把握以下技术关键点：

品种选择：水稻品种要选育株型紧凑、分蘖力强、抗倒伏性好、抗病性好的优质品种。鸭一般选择野鸭和家鸭的杂交品种。为避免鸭吃秧苗和压苗情况，注意选择体形较小的品种（成年鸭体重 1.25~1.5kg）。

防强光暴雨：为防强光照射和暴雨，在稻田的一角为鸭修建一个简易的栖息场所。同时也可防止因水稻晒田而鸭活动缺水。

放养时间：插秧后 1~2 周，待秧苗活棵后，将孵化 1~2 周龄的雏鸭（雌雄混合）放入稻田。

放鸭密度：一般稻田 10~15 只/亩。

护鸭设施：稻田四周要建立围网，防止鸭子外逃和黄鼠狼等天敌侵害。

放水深度：前期以鸭脚刚好能触到泥土为宜；随着鸭的成长，水的深度也逐渐增加。

人工饲喂：每天辅助一次饲料喂鸭，以碎米、米糠、玉米为主。后期逐渐增加饲喂量，每只鸭每天 50~75g。

及时收捕：水稻抽穗后、穗子下垂时将鸭从稻田里收回，避免鸭吃稻穗。

稻田养鱼

稻田的选择：养鱼稻田要求水源充足，水质良好，排灌方便。稻田田埂、田底保水性能要好，不能漏水。光照条件越好，对田鱼的生长越有利。

养鱼设施建设：开挖鱼沟、鱼坑，加高加宽加固田埂，安装拦鱼栅等基本设施。

清田消毒工作：在投放鱼苗种之前，需要对稻田进行清田消毒，清除野杂鱼及敌害生物，消灭病菌。

鱼苗种放养：放养密度要根据产量指标要求等具体情况灵活掌握。放养的鱼种要求规格整齐，体格健壮，体表无损伤或少损伤。鱼苗放养操作要熟练、轻快，防止鱼体受伤。放入的位置应选择在鱼坑和鱼沟中，让其自行分散。

饲料选择与投喂：田鱼属杂食性鱼类，它的饲料可以分为两大类，一类是天然饵料，传统稻田养鱼的鱼饲料主要是依靠天然饵料；第二类饲料是人工饵料，人工投喂供给。养殖前期可适当多投，平时根据天气变化和鱼的吃食情况等酌情增减；投饲每天上午和下午各一次，投喂地点主要是鱼坑、鱼沟。

养鱼稻田的施肥：原则是基肥为主，追肥为辅；农家肥为主，化肥为辅，且少量多次。稻田养鱼后，因为鱼类排泄物可起增肥作用，所以稻田追肥应相应减少，一般掌握在总施肥量的 30% 即可。施追肥前最好先把鱼赶至鱼沟、鱼坑中。

用药注意事项：稻田需用药时，要选择高效低毒、残留期短的农药。不用对鱼类毒性大的农药。推广生物药物防治病虫害，如井冈霉素、庆丰霉素等，对鱼类基本无害。

日常管理：在水源水质管理方面，关键是要保证用水安全，不能让有毒水体流入田中，在高温季节要注意换排水，防止田水温度过高。既要注意干旱季节的保水问题，又要做好雨季排涝工作；平时巡田要做到认真仔细，注意鱼类的活动及吃食情况，及时掌握鱼类的生长信息，发现问题及时处理；下雨天要增加巡田次数，防止溢水逃鱼；养鱼稻田不能让鸭子进入，如发现水蛇等敌害生物，也要尽量想办法除掉等。

田鱼起捕：田鱼起捕前先放水，慢慢把鱼集中到鱼沟、鱼坑中，然后进行捕捞。

稻田养泥鳅

泥鳅是一种分布很广的温水性底层小型鱼类，具有适温范围广、耐低氧和杂食性等待点。肉质细嫩，味道鲜美，国际市场称泥鳅鱼为水中人参。

泥鳅抗病力强，生长速度快。不仅能用鳃和皮肤呼吸，还具有特殊的肠呼吸功能，耐低溶氧的能力远远高于一般鱼类，离水后存活时间较长。泥鳅属杂食性鱼类，多在晚上出来捕食浮游生物、水生昆虫、水生高等植物碎屑以及藻类等。

稻田的选择：水量充足，雨季不涝；水质清新，无污染，排灌方便，田埂坚实不漏水，黏性土质。

防逃设施：四周开挖环沟，宽 0.5~1m、深 0.35~0.5m，面积占水田的10%。加高加宽田埂，田埂高 50cm，底宽 50cm，顶宽 40cm，在田埂上用塑料薄膜或纱网做防逃设施；进排水口采用密目铁丝网或尼龙网做成拦鱼栅。

稻田施肥：插秧前重施底肥，以有机肥为主，化肥为辅。插秧结束后，稻田每隔 15d 追施鸡、猪粪每亩 25kg，直到 8 月中旬结束。

科学施药：施农药最佳时间是在插秧前 3~5d 或插秧后 5~7d。稻田防病、治虫、灭草时尽量避免使用农药，无法避免时应选用高效低毒、残留期短的农药。水体消毒以漂白粉、生石灰为主。

泥鳅放养：放养 5~8cm 的泥鳅收获效果较好。

水质管理：保持田中水质清新，适时加注新水。苗种放养后，稻田水深度保持在 5cm 以上，养殖中期的高温季节，田水深度应保持在 10cm 以上。在日常巡查中，如发现泥鳅浮头、受惊或日出后仍不下沉，应立即换水。

饵料管理：稻田养殖泥鳅要想取得高产，除施底肥和追肥外，还应每天进行投饵。如：麦麸、米糠等。投饵一般在傍晚进行，一次投足。阴天和气压低的天气应减少投饵量。

日常管理：坚持经常巡田，检查各项设施是否有损坏，特别在雨天要对进、排水孔及堤坝进行严格检查。

链接

稻田养蟹实例

2011 年辽宁省盘山县被命名为"中国河蟹产业第一县"。多年来打造的"大垄双行、早放精养、种养结合、稻蟹双赢"立体生态种养新技术模式——"盘山模式"，使河蟹产业成为具有地域特色、农民增收致富的"黄金"产业。

"盘山模式"是一种"一地两用、一水两养、一季三收"的高效立体生态种养模式。水稻种植采用大垄双行、边行加密、测土施肥、生物防虫害等技术方法，实现了水稻种植"一行不少、一穴不缺"，使稻田光照充足、病害减少，减少了农药化肥使用，既保证了产量，又实现了优质；河蟹养殖采用早暂养、早投饵、早入养殖田，不仅能清除杂草，预防虫害，又能提高土壤肥力。通过田间工程、稀放精养、测水调控、生态防病等技术措施，提高了河蟹养殖规格，保证了河蟹质量安全。稻田埂上种上大豆，稻、蟹、豆三位一体，组成一个多元复合生态系统，使土地资源得到高效利用。

"盘山模式"实现水稻亩产 650kg，河蟹亩产 30kg，豆亩产 18kg。稻蟹豆亩综合效益 2 200元，比常规提高 800 元。水产专家评价"盘山模式"：水稻+水产=粮食安全+食品安全+生态安全+农民增收+企业增效"，即"1+1=5"。"盘山模式"在全国得到推广。

技术要点如下：

水稻栽种模式：大垄双行，把常规的 30cm 一行改为 20cm 和 40cm 宽窄行插秧。

田间工程：暂养池 10m×25m×1.0m；环沟梯形，上开口 1.2m，底宽 0.6m、深 0.5m。

放养规格密度：亩投放 70~80 只，扣蟹 500 只左右。

放养时间：每年四月下旬环沟内培植少量伊乐藻，将越冬扣蟹投放到生石灰消毒后的暂养池中，按时按量观察投喂精细料，插秧后 15~20d 及时放入大田。

田埂上种植大豆，株距 23cm。

水质调控：河蟹每次脱壳施用生石灰 5kg/亩，48h 后泼洒活化光合细菌 0.6~0.8kg/亩；在水稻允许情况下尽量加深水层。

饵料投喂：暂养池撒开扣蟹苗至 7 月上旬投喂优质全价饲料、小鱼虾为主；

7月中至8月中投喂以青饲料为主，兼小鱼虾田螺河蚌等；8月中旬后改投高蛋白精饲料为主，同时搭配新玉米、新高粱等。

科学施肥：养蟹稻田耕前施足有机肥，返青肥和中后期追肥少用勤施。

病害防治：扣蟹放养前用生石灰（70kg/亩）带水10cm消毒，以补钙为目的大田每亩泼洒20kg生石灰。扣蟹入池前用3%盐水或者高锰酸钾溶液药浴消毒。

养殖各阶段按时监测水氨氮值、溶解氧含量、pH值、亚硝酸盐，采取换水等措施调节适合水稻生长与河蟹生长脱壳的环境。

120 水稻机插盘育秧无土基质及育秧技术

由中国水稻研究所研发的一种水稻育苗物化栽培技术。从水稻秧苗株型塑造、高密度盘育秧和稀植机插等水稻机插的特征出发，以簇根发育株型塑造为指导，应用控释生物肥和高分子材料，研发出一种水稻无土育苗基质，并集成一套机插盘育苗标准技术。

该技术中的育秧基质，适用于当前通用的各种软、硬育秧塑盘，各种规格秧盘，如普通毯状盘、钵形盘及钵形毯状盘等；装盘播种适用于当前通用各种播种流水线、装土机、覆土机等各种水稻机插盘育秧装土和播种设备。无土基质育苗用量少、完全替土；成分全降解，生态环保；育成秧苗根毛多、素质好，机插返青快，基本无缓苗；机插效率高；基质育苗省工省力，适合于工厂化和商业化集中育秧，具有水稻育秧技术"傻瓜化"的特点。

该技术的核心来源于现有机插水稻生产体系，适用于全国水稻生产区。该技术在水稻生产中普及使用，有利于扩展水稻生产面积、提高水稻生产效率和经济效益。水稻机插盘育秧每盘基质用量250~300g，较营养土减少70%用工，机插效率提高50%，秧苗机插后无缓苗期，稻谷增产幅度5%~10%。

121 沙漠水稻技术

媒体报道，近年来在内蒙古通辽奈曼旗的沙漠水稻种植示范基地，每年9月份沙漠中可以看到金黄的稻穗，是一道科技创新带来的美丽风景线。

和沙子打了三十多年交道的全国政协委员、北京仁创科技集团有限公司董事长秦升益说：我们的发明使得种水稻需水量很低，一亩地175m³水，比当地种玉米用水量低三分之二。沙漠只是浅层地表缺水，大部分沙漠地下水很丰富，试验种植水稻的科尔沁沙漠，6~7m深处就有水。关键性技术是让沙子透气不透水，而且水可以循环使用。节水效率比滴灌技术还要低 28.5%。水与肥都不容易流失。已经实践了两年，2015 年种了 1 000 亩，亩产超过 500kg。制备这种高科技沙子每吨成本 2 000 多元，改造 1 亩水稻田 5 年可收回成本。

传统的沙漠种植水稻方法是在沙底铺一层塑料膜，既容易发生漏水，又容易形成死水潭，导致水稻发育不良。现在的施工方法是：就地取材，把当地沙子加工成透气防渗沙。用推土机把沙漠推平，铺上 10mm 的透气防渗沙，再用沙子回填上去，拌上牛羊粪做肥料，最后灌水插秧。

沙漠种水稻，兼具经济效益和生态效益。从被动治沙转为主动科学用沙，科技创新化沙害为沙利，使沙漠变成资源。

122　"海水稻"技术

"海水稻"，是指耐盐碱的高产水稻。就是在现有自然存活的高耐盐碱性野生稻的基础上，利用遗传工程技术，选育出可供产业化推广的、盐度不低于 1% 的海水灌溉条件下、能正常生长且产量能达到 200～300kg/亩的水稻品种。

2016 年 10 月 14 日，袁隆平院士领衔的青岛海水稻研究发展中心在青岛市李沧区签约落户。袁隆平院士表示，将在 3 年之内，研发出亩产 300kg 的海水稻。目前我国内陆有 15 亿亩盐碱地，其中有 2 亿亩具备种植水稻潜力。海水稻试种、推广成功后，这对于我国粮食安全意义重大。

据介绍，在胶州湾北部设立的海水稻科研育种基地，研制成功后，可将这些盐碱地全部变为良田。"近期，还需要半海水（一半淡水、一半海水）浇灌，全部实现海水灌溉还需要几年过渡期。"

经过多年试种，"海稻 86"具有良好的抗盐碱、耐淹等诸多特点，它在 pH 值 9.3 以下，或含盐量千分之六以下的海水中都会生长良好。2016 年，海水稻在广东、山东、吉林等地试验种植近 6 000 亩，平均亩产超过了 150kg。目前，以袁隆平院士为首的科研团队正在进行攻关。袁隆平院士说："我们定了个指标，通过 3 年的努力达到海水稻抗盐碱 0.8%，相当于滩涂的盐分，产量每亩 300kg。"

这种在海边滩涂和盐碱地生长的水稻，其植株在海边可以长到 1.8～2.3m，在盐碱地可以高达 1.4～1.5m，稻穗长 23cm。脱粒后的稻米呈胭脂红色，"红色主要是硒含量，比普通大米高 7.2 倍。"海稻米煮成的饭，pH 值 = 8.8 左右。"海稻 86"稻米氨基酸含量比普通精白米高出 4.71 倍。由于海水稻是在滩涂生长，海水的微量元素较高，加上恶劣的野生条件，海水稻的"体质"优良，没有普通淡水稻的病虫害。

海水稻长有长的芒刺，鸟类也不敢啄食。海水稻具有抗盐碱、抗涝、抗病虫害，不用施肥、除草，不用施农药，绿色环保、耐盐碱等独特生长特性，对发展资源节约的绿色农业生产大有裨益。

123 地膜覆盖种稻技术

地膜覆盖种植水稻早在 20 世纪 80 年代就在辽宁、黑龙江、安徽、湖北等地方的缺水地区、高寒地区大面积示范种植，主要目的是解决抗旱栽培和保温栽培问题。

有试验研究表明，地膜覆盖水稻具有明显的增温效应（全生育期增加积温 96.5～299℃）和保湿效应（全生育期节水 154m³/亩）。地膜覆盖种稻这两个效应除用于节水种稻外，在发展休想稻作方面将有更为重要的意义，可以利用保温原理，调节水稻生育期，提前或延后生长，布局稻田景观。地膜覆盖种稻关键措施包括 5 个方面：

第一，根据景观设计，选用适宜的品种。

第二，按水稻旱种方式种植。根据设计，采取沟播或点播，种子处理和病虫草害防治均按常规方法进行。

第三，覆好膜。无论采取机械或人工覆膜，都要覆盖严实，确保保湿保温。

第四，打好孔。覆膜后根据事先设计图案要求打孔，打孔后要用土将孔盖严实，防治跑风跑墒。

第五，施好肥。地膜稻不便追肥，要通过重施有机肥、使用缓释肥、中后期叶面喷肥等措施，实现科学施肥。

124 稻田套放食用菌技术

夏季气温高，湿度不稳定，是食用菌生产的淡季。新乡市农科所研究发现，稻田套放食用菌，生长好，出菇快，产量高。1994 年选用由自育的耐高温平菇品种新选 1 号作为试验种多点试验，套放在水稻田中的时间以水稻始穗期为宜。这时白天气温高，晚上气温凉爽，温差较大，很适宜于平菇子实体的形成。

平菇菌袋套放入水稻田之前，需要完成发丝阶段，发满菌丝需 25d 左右，这就要求在 7 月中旬完成接种工作，此时正值高温季节，因此平菇须是耐高温的品种。发酵好的料要立即装袋接种，接菌种量为 10%。菌丝生长期加强通风，不断翻动栽培袋，一般 20d 能发满全袋，完成套放的前期工作。

水稻插秧密度不少于 2.5 万穴/亩，行株距 30cm×12cm 为宜。套放时，每套放两行，空一行不套放，作为管理采收行走道。8月10日套放后，8月16日就可采收第一茬。

平菇在水稻行间生长，既有较高的湿度，又能遮阳，给平菇一个极好的生长小气候。套放之后省去洒水、通风、遮光等操作，收过菇的下脚料可就地还田，这种菇、粮套种的生产模式实现农业生产的一种良性循环。

125　水稻生产机械化技术

水稻生产机械化技术，是指水稻生产过程中主要的技术环节由机械作业代替人工操作，从而达到不误农时、实现节本增效的目的。如机械整地、工厂化育秧、机械插秧、机械化收获等。

机械整地。用拖拉机深耕或旋耕整地，在插秧前2~3d机耕，确保土壤细碎、地表平整、耕层踏实。

工厂化育秧。在温室或大棚里用机械化流水生产线培育秧苗。需要配备的设施有：碎土机、筛土机、育秧盘、播种流水线、基质等。

机械插秧。浅水插秧，地表水层深1~3cm。目前国内定型批量生产的插秧机主要是2ZT-9356B型，工作行数6行，行距300cm。机械插秧要与工厂化育秧相配套，秧苗规格标准化，有利于插植标准化。此外，抛秧机也正在示范推广。

机械化收获。水稻机收主要有割稻机、脱粒机和联合收割机。联合收割机最为常用，常用的联合收割机有3大类：轮式全喂入联合收割机、履带式全喂入联合收割机、履带式半喂入联合收割机。

126　怎样打造水稻休闲观光园区

20世纪末以来，随着农业结构调整和人们生活水平的提高，各地结合各自的地域优势、农业特点、自然资源、文化遗产等地理历史禀赋，相继建成了具有一定规模的农业园区。这些园区，除生产农副产品之外，还可供人们参观、游览、住宿、餐饮、体验，于是这部分农业园区逐渐演变成为农业休闲观光园。它以农业种植为基础，以科技为先导，以市场为导向，以综合功能为载体，以综合高效为目标。将生态农业、园林绿化、生态旅游、农耕文化、现代科技有机地结合起来，各具特色，是现代农业（水稻产业）发展的一种新思路、新途径，满足了农民增收和市民消费的双重新需求，具有极大的发展潜力。

以水稻为核心的农业休闲观光园建设，既符合国家粮食安全战略，有符合农业追求高效的市场需求，已经开始在新乡市显现。在建设发展中要把握以下几个原则。

第一，坚持以水稻种植为核心，农业科技为先导。围绕水稻种植，运用先进科技，发展相关产业，开拓农业多功能，符合国家粮食安全战略、环境保护战略、科技兴农，实现生态效益、经济效益与社会效益的统一，便于获得各级政府的农业、科技、环保、水利、旅游等领域项目扶持和政策支持。

第二，挖掘优势，因地制宜，打造特色。有良好的水利资源和稻作习惯，不能"不差钱"在一般旱作区人为努力"创造"。同时要挖掘本地与水稻相关的，以及农耕文化、乡村旅游相关的各种潜在的资源禀赋，打造园区特色化，实现高效率发展、可持续发展。

第三，优先策划，科学规划，综合发展。树立一、二、三产业有机融合发展理念，集水稻种植、稻米加工及水稻全产业链，以及相关产业于一体，营造"水、水稻、绿色、生态、休闲、文化、体验"的主题形象。规划生态种植区、名优品种展示区、农耕文化展览区、稻米生产加工区、时令瓜果采摘区、餐饮品尝休闲区、农业科技普及区、地方民俗表演区等。园区外缘要与大型水利工程、环保工程、交通工程等有机衔接。

第四，要与国家相关政策高度融合。必须了解考虑国家两个政策导向，一是建设用地的获取，二是农业项目的补贴。国土资源部和农业部于2010年联合下发了《关于完善设施农用地管理有关问题的通知》，明确规定在农业项目中可以有3%~7%的配套设施建筑用地；水稻休闲园区里的温室大棚、沼气处理站、中水处理站、生物农药试验示范点、太阳能利用示范点等基础设施，都有可能获得政府部门扶持补贴。

链接

海南三亚打造 3 800 亩水稻国家公园

2016年9月开工建设海棠湾水稻国家公园项目，总投资26.4亿元、规划用地3 800亩。水稻公园选址海棠区湾坡村，公园主体是2 700亩的水稻田景区，其中300亩将作为袁隆平水稻试验田，外围将依次布局风情小镇、农耕博物馆、民间艺术美术展馆、大型实景演出舞台、乡村主题酒店、商业街、水稻风情摄影基地等板块。

127 水稻休闲观光园区应当包含的文化元素

绚丽多彩的稻作文化，是水稻文化主题休闲园（农庄、农场、小镇）的精神。设计规划时，应当考虑包含以下文化元素。

（1）种植与收获方面

稻种识别。稻主要分为粳稻与籼稻。为游客解说稻种的特性。

比较水稻播种方式。图示及解说比较直播法、撒播、育苗法，三种播种方式的演进及利弊。

农夫春耕。农夫牵牛犁田，或是牧童伴牛夕阳归，给人安详的感觉。

观摩育秧。人工育秧，机械育秧，让游客感受育苗科技的进步。

插秧比赛。插秧体验，让游客了解插秧辛苦，在流汗中得到乐趣。

观摩机械插秧。新式的高效率插秧机，让人们感到机械化的威力。

秧苗盆栽。在插秧期，设计秧苗盆栽儿童DIY活动。儿童游客将秧苗组装成盆栽，带回家里，观察水稻生长，既是知性体验，又可美化环境。

割稻比赛。稻谷成熟季节，安排游客进入金黄色的稻丛中，挥镰割稻，流汗拍照，体验"粒粒皆辛苦"。

观摩机械收稻。收割机驰骋稻田，游客惊叹稻作科技进步。

传统打谷体验。让游客踩动传统打谷机脱粒水稻。

（2）生态与景观方面

鸭（鱼、蟹、泥鳅）稻共生体验。观摩并讲解互利共生的原理；与稻、鸭、鱼、蟹、泥鳅等合影拍照；配售图书等。

观察黄板诱虫、黑光灯诱虫。观摩与讲解黄板诱虫、黑光灯诱虫等物理治虫原理及绿色大米、有机大米生产标准要求知识。

稻田景观体验。不同季节，或碧绿，或金黄，或白枯，均有风味，不同观感，即便冬季，也有观赏的景致。解说词要按季节更新。

（3）生活与游憩方面

辨别糙米、白米。讲解糙米与白米碾制方法的不同，及营养成分的差别。

米食加工展示。制作与品尝速食米食，如米汉堡、米浆、饭团等。

水稻品味品尝：如香米、绿色米、黑色米、红色米品尝，讲解其保健常识。销售有机米、特色大米或功能性米等。

传统米食展示与体验。游客亲手制作粽子、年糕，竹筒饭等。

新式米食品尝。开发米食新做法、新口味，吸引年轻游客。

传统米醋、米酒品尝及销售。

米画艺术。将米粒染色，精心编贴成画。

稻草迷宫。大型稻草迷宫，训练体能。

稻草人制作。举行稻草人制作创意竞赛。

编织艺术。编织稻草贺卡或各种可爱的纪念品。

（4）文化与科技方面

二十四节气原理解说。详尽解说水稻文明。

稻作旧农机具展示。展示稻作的传统农机与农具，如摔桶、打谷机、风鼓、犁、耙、锄具、牛车等。

衣食住行乐相关内容。如服饰、蓑衣、鞋具、伞具；如农家宅院；如牛车、有马车、驴车；如稻作歌谣、绘画、稻草编织、米瓮、民俗节庆等。

稻米加工储藏设施。旧粮仓、碾米厂、传统米店，及度量衡器具（如升、斗），都可收集照片或以模型展示。

灌溉设施展示。古代灌溉方式、水车引水灌溉等照片或模型展示；现代农业灌溉机械与技术；引黄灌溉历史。

国家或世界水稻名人，以及先进稻作科技成果展示等。

第九部分　新乡水稻生产技术标准

128　为什么要推行农业标准化

我国 2001 年加入世贸组织（WTO）后，农业标准化在全国渐成热潮。

农业标准化的意义在于，通过制定、发布、实施农业标准，达到农产品质量标准统一（实质）。获得农业生产、加工、流通各个环节最佳秩序和最佳农业经济效益、生态效益、社会效益（目的）。当时众多学者列出了农业标准化的十大作用：①为科学管理奠定基础；②促进经济全面发展，提高经济效益；③是科研、生产、使用三者之间的桥梁；④为组织现代化生产创造了前提条件；⑤促进资源的合理利用，保持生态平衡；⑥保障身体健康和生命安全；⑦保证产品质量，维护消费者利益；⑧生产部门间协调，确立共同准则，建立稳定秩序；⑨合理发展产品品种，提高企业应变能力；⑩消除贸易障碍，促进交流贸易，提高产品竞争能力。农业标准化的目的很明确，一方面是服务与生产环节按标准生产出质量安全的农产品，另一方面就是要促进我国农业贸易与国际接轨。

129　农业标准化的基本原理

为在一定的范围内获得最佳秩序，对活动或其结果规定共同的和重复使用的规则、或特性的文件，称为标准。以农业为内容的标准称为农业标准。以农业为对象的标准化活动称为农业标准化。农业标准化是一项系统工程，它着眼于生产、加工、销售、消费等各有关方面的利益，着眼于现实资源和技术条件，以消费者的身体健康和安全为最高目的，以制定标准、实施标准为主要环节，按照统一、简化、协调、选优的原则，在各有关方面的协作下，对产品的生产、加工、贮藏、运输、销售全过程进行标准化管理。农业标准化的基本原理是统一、简化、协调、最优化。

统一原理：为了保证事物发展所必须的秩序和效率，对事物的形成、功能或其他特性，确定适合于一定时期和一定条件的一致规范，并使这种一致规范与被取代的对象在功能上达到等效。

简化原理：为了经济有效地满足需要，对标准化对象的结构、型式、规格或其他性能进行筛选提炼，剔除其中多余的、低效能的、可替换的环节，精炼并确定出满足全面需要所必要的高效能的环节，保持整体构成精简合理，使之功能效率最高。

协调原理：为了使标准的整体功能达到最佳，并产生实际效果，必须通过有效的方式协调好系统内外相关因素之间的关系，确定为建立和保持相互一致，适应或平衡关系所必须具备的条件。

最优化原理：标准化的结果是最优秀的，比如，农业最高产、投入成本最低、环境污染最低、产品质量最好、经济效益最高等。

130　大米的国家标准

国家标准（大米）GB1354—2009，规定了我国"大米质量"指标。将我国大米分为籼米、粳米、籼粳米、粳糯米4个品种种类型，其中"粳米"分为4个等级。表9-1仅列出新乡市稻谷加工的大米对应类型——粳米部分的国家标准。

表 9-1　大米质量指标（国家标准：GB1354—2009）

品种	粳米			
等级	一级	二级	三级	四级
加工精度	对照标准样品检验留皮程度			
碎米总量（%）　≤	7.5	10.0	12.5	15.0
其中小碎米（%）≤	0.5	1.0	1.5	2.0
不完善粒（%）　≤	3.0		4.0	6.0
杂质最大限量　总量（%）　≤	0.25		0.3	0.4
糠粉（%）　≤	0.15		0.2	
矿物质（%）　≤	0.02			
带壳稗粒/（粒/kg）≤	3		5	7
稻谷粒/（粒/kg）≤	4		6	8
水分（%）　≤	15.5			
黄粒米（%）　≤	1.0			
互混（%）　≤	5.0			
色泽、气味	无异常色泽和气味			

131　新乡市制订、发布、实施了哪些稻米技术标准

随着全国农业发展形势的变化，特别是20世纪末粮食丰收、价格下滑倒逼

粮食生产优质化、专用化，以及加入世贸组织倒逼农产品质量的标准化、国际化，新乡市水稻生产标准化开始快速发展。2002 年原阳县水稻办起草制订了原阳大米生产技术规程，新乡市农技站制订了新乡市水稻生产技术标准，全市水稻生产标准化开始起步。2003 年《新乡日报》发出了"发展无公害水稻迫在眉睫"的专家呼吁，2006 年新乡市农业局与新乡市质监局共同成立了《新乡市农业标准化编审委员会》，之后全市水稻生产标准化进入全面普及推广的态势，组织全市农业专家陆续制订了水稻生产的相关技术标准（只列出最新的版本）作为新乡市地方标准发布。有些标准上升为国家标准，或河南省地方标准。为了把技术标准在生产中得到普及应用，将每一项《技术标准》缩写编印成技术"明白纸"印发至广大稻农参考。近些年来，新乡市主要制订、发布、实施了：地理标志产品　原阳大米（国家标准）；绿色食品　粳稻生产技术规程（河南省地方标准）；常规水稻种子生产技术规程（新乡市地方标准）；水稻种子产地检疫技术规程（新乡市地方标准）等。

132　新乡稻米国家标准：地理标志产品　原阳大米

2008-10-22 发布，标准号：GB/T22438—2008。原文如下。

前　言

本标准根据国家质量监督检验检疫总局颁布的《地理标志产品保护规定》和 GB/T17924《地理标志产品标准通用要求》制定。

本标准的附录 A、附录 B 为规范性附录。

本标准由全国原产地域产品标准化工作组提出并归口。

本标准起草单位：河南省质量技术监督局、新乡市质量技术监督局、原阳县质量技术监督局、原阳县大米协会。

本标准主要起草人：马新民、李清芳、崔贵堂、窦克华、廖权虹、毛彦彩、侯永涛、关国强、王美菊、李兴启、张红伟、贺乾刚。

1　范围

本标准规定了原阳大米的术语和定义、地理标志产品保护范围、自然生态环境、要求、试验方法、检验规则、标志、标签、包装、运输、贮存和保质期。

本标准适用于国家质量监督检验检疫行政主管部门根据《地理标志产品保护规定》批准保护的原阳大米。

2　规范性引用文件

下列文件中的条款通过本标准的引用而成为本标准的条款。凡是注日期的引用文件，其随后所有的修改单（不包括勘误的内容）或修订版均不适用于本标准，然而，鼓励根据本标准达成协议的各方研究是否可使用这些文件的最新版本。凡是不注日期的引用文件，其最新版本适用于本标准。

GB1354 大米

GB2710 粮食卫生标准

GB3095—1996 环境空气质量标准

GB4404.1 粮食作物种子第 1 部分：禾谷类

GB5084 农田灌溉水质标准

GB5491 粮食、油料检验扦样、分样法

GB/T5492 粮食、油料检验色泽、气味、口味鉴定法

GB/Ta494 粮食、油料检验杂质、不完善粒检验法

GB/T5496 粮食、油料检验黄粒米及裂纹粒检验法

GB/T5497 粮食、油料检验水分测定法

GB/T5502 粮食、油料检验米类加工精度检验法

GB/T5503 粮食、油料检验碎米检验法

GB5749 生活饮用水卫生标准

GB7718 预包装食品标签通则

GB/T15682 稻米蒸煮试验品质评定

GB/T17891 优质稻谷

JJF1070 定量包装商品净含量计量检验规则

国家质量监督检验检疫总局公告 2003 年第 121 号

3 术语和定义

GB1354 和 GB/T17891 确立的以及下列术语和定义适用于本标准。

3.1 原阳大米 Yuanyangrice

采用在本标准第 4 章规定范围内生产的稻谷，经加工精制而成，并符合本标准规定的大米。

4 地理标志产品保护范围

原阳大米地理标志产品保护范围限于国家质量监督检验检疫总局公告 2003 年第 121 号批准的范围，即河南省原阳县现辖行政区域，见附录 A。

5 自然生态环境

5.1 环境特征 本区域位于华北平原南端，黄河北岸，气候四季分明，水稻生长季节热量资源丰富，雨热同季，日照充足，属于暖温带大陆性半湿润季风气候。

5.2 日照 年平均日照时数为 2 324.5h，平均日照率为 53%，水稻生长季节平均日照时数为 1 205.4h。

5.3 气温 年平均气温为 14.4℃，介于 13.5~15.1℃。无霜期 224d，大于

或等于10℃积温的日数为215~220d，积温4 300~4 700℃。大于或等于15℃的日数为170~175d，积温为4 050~4 100℃，1—9月平均气温22.9℃，稳定通过10℃的天数达218d，积温平均4 723.6℃，在水稻抽穗至成熟期内平均气温在23℃以上。在成熟后期日照充足，昼夜温差达12℃以上。

5.4　降水　年平均降水量为549.9mm，水稻生长季节降水量为459.1mm。

5.5　土壤　本区域属黄河冲积平原。地势平坦，土壤是典型的盐、碱化潮湿土，土质黏重，保水能力强。耕作层含盐量在0.2%~0.4%，pH值8.35~9.05，有机质平均含量1.05%，全氮平均含量0.064%，碱解氮平均含量34.1mg/kg，速效磷平均含量17.9mg/kg，速效钾平均含量110.0mg/kg。

5.6　水源　本区域水稻灌溉用水主要以黄河水和地下水位水源，水质符合GB5084规定。

5.7　环境空气　本区域环境空气符合GB3095—1996中的二级规定。

6　要求

6.1　品种　应选用经过审定的、适宜在原阳县种植的优质水稻品种。种子资料应符合GB4404.1规定。

6.2　栽培技术　原阳水稻生产技术规程见附录B。

6.3　稻谷　产于本标准第4章规定的范围内，并符合GB/T17891规定。

6.4　感官要求

6.4.1　色泽：米质半透明、晶莹洁白或微黄，有光泽。

6.4.2　气味：具有本区域大米固有的自然米香味，无异味。

6.4.3　蒸煮品质：蒸饭时开锅清香，饭粒完整、洁白有光泽、软而不黏结，有韧性、适口性好、凉后不硬，煮饭汤浑米筋。

6.5　加工质量指标　加工质量指标应符合表1的规定。

表1　加工质量指标

等级	加工精度	不完善粒（%）≤	黄粒米（%）≤	杂质					碎米（%）	
				总量（%）≤	糠粉（%）≤	矿物质（%）≤	带壳稗粒（粒/kg）≤	稻谷粒（粒/kg）≤	总量≤	其中：小碎米≤
特等	背沟有皮，粒面米皮基本去净的占85%以上	2.0	0.2	0.20	0.10	0.01	1	1	10.0	1.5
优等	背沟有皮，粒面留皮不超过1/5的占80%以上	3.0	0.3	0.25	0.15	0.01	2	2	15.0	1.5

6.6 理化指标　理化指标应符合表 2 的规定。

表 2　理化指标

项目		要求	
		特等	优等
水分（%）	≤	15.5	
直链淀粉（干基）（%）		15～19	
胶稠度/mm	≥	80	70
垩白粒率（%）	≤	10	15
垩白度（%）	≤	2.0	3.0
食味品质/分	≥	85	

6.7　卫生指标

6.7.1　卫生指标应符合 GB2715 规定。

6.7.2　原阳大米加工过程中除水以外不得添加任何物质，添加的水应符合 GB5749 的规定。

7　抽样

按 GB5491 规定执行。

8　试验方法

8.1　感官指标　按 GB/T5492 规定执行。

8.2　加工精度　按 GB/T5502 规定执行。

8.3　不完善粒　按 GB/T5494 规定执行。

8.4　杂质　按 GB/T5494 规定执行。

8.5　黄粒米　按 GB/T5496 规定执行。

8.6　碎米　按 GB/T5503 规定执行。

8.7　水分　按 GB/T5497 规定执行。

8.8　直链淀粉　按 GB/T17891 规定执行。

8.9　胶稠度　按 GB/T17891 规定执行。

8.10　垩白粒率　按 GB/T17891 规定执行。

8.11　垩白度　按 GB/T17891 规定执行。

8.12　食味品质　按 GB/T15682 规定执行。

8.13　卫生指标　卫生指标按 GB2715 规定执行。

9　检验规则

9.1　检验分类

9.1.1　出厂检验

9.1.1.1　每批产品出厂时，均应由企业质量检验部门检验合格并签发合格证，方可出厂和销售。

9.1.1.2　出厂检验项目包括色泽、气味、垩白粒率、垩白度，加工质量指标和水分。

9.1.2　型式检验　型式检验周期为每年一次。型式检验的项目包括感官要求、加工质量指标、理化指标和卫生指标。有下列情况之一时应进行型式检验。

a. 新产品投产时；b. 原料、工艺、设备等有较大改变，可能影响产品质量时；c. 国家质量监督机构提出型式检验要求时。

9.2　判定规则

检验结果中卫生指标有一项不合格则判该批产品为不合格。感官要求、加工质量指标、理化指标中有不符合规定等级的项目，可以从同批次产品中加倍随机抽样急性复检，复检后仍不符合标准要求的，则判该批产品为不合格。

10　标志、标签、包装、运输和贮存

10.1　标志、标签

10.1.1　地理标志产品专用标志的使用应符合《地理标志产品保护规定》的规定；获得批准的企业，可在其产品外包装上使用地理标志产品专用标志。

10.1.2　销售所用包装标志应符合 GB7718 的规定，即标注以下内容：

a. 产品名称、产品标准号、质量等级；b. 原阳大米字样和厂名、厂址；c. 生产日期、保质期；d. 注意事项及食用方法说明，净含量；e. 食品质量安全"QS"标志及编号。

10.2　包装

10.2.1　包装材料应符合国家食品包装卫生和环境保护的要求；包装应坚固、清洁、干燥，采用无毒、无异味的编织袋或塑料袋；包装封口应牢固，以防撒漏。

10.2.2　包装净含量应符合 JJF1070 的规定。

10.2.3　包装袋表面图案和文字的印刷应清晰端正、牢固。

10.3　运输　按国家有关规定执行。

10.4　贮存

10.4.1　贮存仓库应满足通风、干燥、阴凉、无阳光直射的要求，严禁与有毒、有异味（气）、潮湿、易生虫、易污染的物品混存混放。

10.4.2　存放处地面应设铺垫物，大米堆放应离墙、离地 0.2m 以上，并应根据品种分别堆放。

11 保质期

原阳大米的保质期由生产者自行确定，但常温下不应少于 3 个月。

附录 A（规范性附录） 原阳大米地理标志产品保护范围图（略）

附录 B（规范性附录） 原阳水稻生产技术规程（略）

133 新乡稻米省级地方标准：绿色食品 粳稻生产技术规程

2010 年 10 月 18 日发布，标准号：DB41/T 641—2010。原文如下。

1 前言

本标准按照 GB/T1.1—2009《标准化工作导则 第 1 部分 标准的结构和编写》给出的规则，参照 NY/T419—2007《绿色食品 大米》进行编写。

本标准由新乡市农业局提出。

本标准起草单位：新乡市农业局、新乡市质量技术监督局、新乡市农业技术推广站。

本标准主要起草人：马新民、杨胜利、马玉霞、张东升、路开梅、张大明、马利明。

本标准参加起草人：王永峰、姜桂枝、王桂凤、李婧、窦克华、贺乾刚、任静、崔桂堂。

1 范围

本标准规定了绿色食品粳稻的术语和定义、要求、生产技术、收获和贮藏、档案管理等。

本标准适用于沿黄 A 级绿色食品粳稻生产。

2 规范性引用文件

下列文件对于本文件的应用是必不可少的。凡是注日期的引用文件，仅所注日期的版本适用于本文件。凡是不注日期的引用文件，其最新版本（包括所有的修改单）适用于本文件。

GB 4404.1—2008 粮食种子 禾谷类

GB 4285 农药安全使用标准

NY/T 391—2000 绿色食品 产地环境技术条件

NY/T 393 绿色食品 农药使用准则

NY/T 394 绿色食品 肥料使用准则

3 术语和定义

下列术语和定义适用于本文件。

3.1 绿色食品 按照特定生产方式生产，经专门机构认证，许可使用绿色食品标志的、无污染的安全、优质、营养类食品。

3.2　A级绿色食品　生产地的环境质量符合NY/T391—2000的要求，生产过程中严格按照绿色食品生产资料使用准则和生产操作规程要求，限量使用限定的化学合成生产资料，产品质量符合绿色食品产品标准，经专门机构认定，许可使用A级绿色食品标志的产品。

3.3　绿色食品产地环境质量　绿色食品植物生长地的空气环境、水环境和土壤环境质量。

3.4　农家肥料　就地取材、就地使用的各种有机肥料。它由含有大量生物物质的动植物残体、排泄物、生物废物等积制而成。包括堆肥、沤肥、厩肥、沼气肥、绿肥、作物秸秆肥、泥肥、饼肥等。

3.5　商品肥料　按国家法规规定，受国家肥料部门管理，以商品形式出售的肥料。包括有机肥、腐殖酸类肥、微生物肥、有机复合肥、无机（矿质）肥、叶面肥等。

3.6　生物源农药　直接利用生物活体或生物代谢过程中产生的具有生物活性的物质或从生物体提取的物质作为防治病虫草害的农药。

3.7　化学农药　由人工化学合成，并由有机化学工业生产的商品化的一类农药，包括中等毒和低毒类杀虫杀螨剂、杀菌剂、除草剂，可在A级绿色食品生产上限量使用。

3.8　安全间隔期　最后一次施药、施肥到作物收获时允许的间隔天数。

3.9　安全排水期　稻田施肥及施用农药后不易排水的间隔天数。

4　要求

4.1　绿色食品粳稻产地环境质量　绿色食品粳稻的产地环境质量应符合NY/T 391—2000的规定。

4.2　品种选择　应选用经过国家审定通过和省审定通过批准，并在当地示范成功的优质高产、抗逆性强的粳稻品种，种子质量应符合GB4404.1—2008的规定，种子主要质量指标见表1。

表1　种子质量指标

种子类别		纯度（%）	净度（%）	发芽率（%）	水分（%）
常规种	原种	≥99.9	≥98.0	≥85.0	≤14.5
	大田用种	≥99.0			

4.3 肥料使用

4.3.1 肥料使用原则

肥料使用应满足粳稻对营养元素的需要，以保持或增加土壤肥力及土壤生物活性，并应符合 NY/T 394 的规定。禁止使用未经国家或省级农业部门登记的化学和生物肥料以及重金属含量超标的肥料。采用测土配方施肥技术。

4.3.2 肥料使用要求

4.3.2.1 A 级绿色食品粳稻生产用肥首选有机肥，合理配使化学肥料。若以上不能满足 A 级绿色食品粳稻生产，可以使用化学肥料（氮、磷、钾），但化肥必须与有机肥料或复合微生物肥配合使用，有机氮和无机氮的比例不超过1∶1。

4.3.2.2 禁止使用城镇垃圾、工业垃圾和医院垃圾；严禁使用未腐熟的沼液、人畜粪尿、饼肥等；常用有机肥卫生标准见附录 A。

4.4 病虫草害防治原则

4.4.1 病虫草害的防治应以农业防治为基础，积极推广生物防治技术，科学采用物理防治措施，严格控制化学防治，尽量减少使用农药。

4.3.2 优先采用农业措施，通过选用抗病抗虫品种，非化学药剂种子处理，培育壮苗，加强栽培管理，中耕除草，清洁田园等一系列措施起到防治病虫草害的作用。

4.5 农药使用准则 应按照 GB 4285 和 NY/T393 的要求；生产期内严禁使用具有剧毒、高毒、高残留或具有三致（致畸、致癌、致突变）毒性的农药和本标准禁止使用的化学农药及混配剂农药（附录 B）。严禁使用高毒、高残留农药防治稻谷贮藏期病虫害。严禁使用基因工程品种（产品）及制剂。每种化学农药在生长期中只能使用一次，最后一次用药必须在水稻收获期前 20d 以前，有更长安全间隔期按附录 C 的规定。

5 生产技术

5.1 选用品种 应选用优质高产、抗虫、抗病性强的品种，并注意定期更换。

5.2 培育壮秧

5.2.1 采取旱育稀播技术，培育适龄带蘖壮秧（茎基扁粗，白根多，叶直不披，叶色绿黄）。

5.2.2 每 667m² 施优质腐熟农家肥 3m³（或鸡粪 1m³），磷酸二铵 15kg，硫酸钾 20kg。

5.2.3 5 月上旬播种，每 667m² 播量 35kg。播前大水塌床，达到上糊、下实、面平。

5.2.4　播后苗前，每 667m² 用 60% 丁草胺乳油 100ml 对水 30kg 喷雾；秧苗二叶一心时，每 667m² 施尿素 5kg，浇浅水，每 667m² 用 15% 多效唑可湿性粉剂 75g 对水 50kg 喷雾；三叶一心时，每 667m² 施尿素 10kg，浇小水；此后不旱不浇，使其旱长；移栽前 2~3d 灌一次水。

5.2.5　5 月下旬至 6 月上旬，注意防治二化螟、灰飞虱、稻蓟马。

5.3　大田栽培

5.3.1　插秧密度　插秧密度应符合表 2 规定。

表 2　不同类型品种的插秧密度

类　型	中肥水田	高肥水田
中穗型品种（穗粒数 110~140 粒）	行穴距 30.0×13.3cm，每穴 2~3 苗	行穴距 33.3×13.3cm，每穴 2~3 苗
多穗型品种	行穴距 26.7×10.0cm，每穴 3~4 苗	行穴距 30.0×10.0cm，每穴 3~4 苗

5.3.2　灌水　稻田灌水要做到浅水插秧，浅水分蘖，够苗晾田，湿润灌溉，前水不见后水，足水孕穗，湿润灌浆，活熟到老。一般田块在收获前 7~10d 断水，低洼地在收获前 10~15d 断水。

5.4　施肥

5.4.1　平衡施肥　有机、无机结合，氮、磷、钾配合施用。提倡测土配方施肥，一般有机肥占总施肥量的 30% 以上，氮∶磷∶钾（N∶P_2O_5∶K_2O）一般为 1∶0.5∶1。

5.4.2　施肥总量　每 667m² 大田施肥总量控制在纯氮（N）12~15kg、磷（P_2O_5）6~7kg、钾（K_2O）12~15kg，施硫酸锌 1~2kg。

5.4.3　施肥方法　每 667m² 底施优质腐熟有机肥 2m³ 以上、磷酸二铵 15~20kg、尿素 13~15kg、钾肥 10~12kg、硫酸锌 1~2kg；插秧后 3~5d，每 667m² 用尿素 5~7kg 均匀撒施；插秧后 10~15d 视分蘖情况每 667m² 施尿素 12~15kg；拔节期（早熟品种在 7 月下旬、中晚熟品种在 8 月初）每 667m² 施尿素和硫酸钾各 3~5kg；齐穗期每 667m² 喷施 200g 磷酸二氢钾。

5.5　病虫草害防治

5.5.1　农业防治　采用合理耕作制度、轮作换茬、种养结合、机械或人工除草等农艺措施，减少有害生物的发生；选用抗性强的品种，品种合理布局，保持品种抗性。

5.5.2　生物防治　利用及释放天敌控制有害生物的发生；保护天敌，通过选择对天敌杀伤力小的中低毒性农药，选择生物农药，避开自然天敌对农药的敏感期，创造适宜自然天敌繁殖的环境。

5.5.3 物理防治 采用黑光灯、色光板、震频式杀虫灯等物理装置诱杀害虫。

5.5.4 农药防治

5.5.4.1 选用高效低毒性的农药防治有害生物。推荐农药见附录C。

5.5.4.2 插秧后3~5d，每667m² 用60%丁草胺乳油85~140ml 加细土25kg 均匀撒施，防除大田杂草。6月下旬至7月上旬防治二化螟、稻象甲、稻蝇；7月下旬防治稻苞虫、稻纵卷叶螟、叶稻瘟病、纹枯病；8月下旬防治稻纵卷叶螟、稻苞虫、二化螟、白叶枯病；始穗期至齐穗期防治穗颈瘟病、稻曲病和白叶枯病；灌浆期防治稻飞虱。

5.5.4.3 防治二化螟、三化螟、稻苞虫、稻纵卷叶螟等可选用 Bt781（苏云金杆菌）、氟虫腈；稻飞虱用扑虱灵、吡虫啉、氟虫腈；纹枯病、小球菌核病用井冈霉素、禾果利；稻瘟病、胡麻斑病用三环唑、富士一号、咪鲜胺、宁南霉素；白叶枯病用叶青双、中生霉素、宁南霉素；稻曲病用中生霉素；立枯病用广枯灵；条纹叶枯病用宁南霉素。水稻浸种使用使百克、咪鲜胺。

6 收获和贮藏

6.1 完熟期及时收获。收获机械、器具应保持洁净、无污染，存放于干燥、无虫鼠和禽畜危害的场所。

6.2 单独收、晒；禁止在公路上及粉尘污染较重的地方脱粒、晒谷。

6.3 单独贮藏；贮藏设施应清洁、干燥、通风、无虫害和鼠害。严禁与有毒、有害、有腐蚀性、发潮、有异味的物品混存。若进行仓库消毒、熏蒸处理，所用药剂应符合国家有关规定。

7 档案管理

7.1 生产者应建立文件管理的规章制度。文件包括生产过程记录、质量管理文件等。

7.2 粳稻生产全过程应详细记录，记录内容包括种植、种子、灌溉、施肥、病虫草害防治、收获、贮藏等，记录样式见附录D。

7.3 粳稻生产全过程应详细记录，记录内容包括种植、种子、灌溉、施肥、病虫草害防治、收获、贮藏等，记录样式见附录D。

7.4 文件记录应至少保存3年，档案资料应有专人保管。

附录 A（规范性附录）　绿色食品粳稻有机肥卫生标准

绿色食品粳稻有机肥卫生标准见表 A.1。

表 A.1　绿色食品粳稻有机肥卫生标准

项目		卫生标准及要求
高温堆肥	堆肥温度	最高温度 50~55℃，持续 5~7d。
	蛔虫卵死亡	95%~100%
	粪大肠菌值	$10^1 \sim 10^2$
	苍蝇	有效地控制苍蝇滋生，肥堆周围没有活蛆，蛹或羽化的成蝇
沼气发酵肥	密封储存期	30d 以上
	高温沼气发酵温度	53℃±2℃，持续 2d
	寄生虫卵和钩虫卵	95%以上
	血吸虫卵和钩虫卵	在使用粪液中不得检出活的吸血虫卵和钩虫卵
	粪大肠菌值	普通沼气发酵 10^1，高温沼气发酵 $10^1 \sim 10^2$
	蚊子、苍蝇	有效地控制蚊蝇滋生。粪液中无子了，池周围无活蛆、蛹或羽化的成蝇
	沼气残渣	经无害化处理后方可用作农肥

附录 B（规范性附录）　绿色食品粳稻禁止使用农药种类

绿色食品粳稻禁止使用农药种类见表 B.1。

表 B.1　绿色食品粳稻禁止使用农药种类

农药种类	名称	禁用原因
2,4-D 类化合物	除草剂或植物生长调节剂	杂质致癌
无机砷	砷酸钙、砷酸铅	高毒
有机砷	甲基胂酸锌（稻脚青）、甲基胂酸钙胂（稻宁）、甲基胂酸铵（田安）、福美甲胂、福美胂	高残留
有机锡	三苯基醋锡（薯瘟锡）、三苯基氯化锡、三苯基羟基羟基锡（毒菌锡）、氯化锡	高残留、慢性毒性
有机汞	氯化乙基汞（西力生）、醋酸苯汞（赛力散）	剧毒、高残留
有机杂环类	敌枯双	致畸
氟制剂	氟化钙、氟化钠、氟化酸钠、氟乙酰胺、氟铝酸钠	剧毒、易药害
有机氯	六六六、林丹、艾氏剂、狄氏剂、五氟酚钠氯丹、滴滴涕、甲氧、硫丹	高残留
卤代烷类	二溴乙烷、二溴氯丙烷、环氧乙烷、溴甲烷	致癌、致畸
有机磷	甲拌磷、乙拌磷、甲胺磷、久效磷、甲基对硫磷、乙基对硫磷、氧化乐果、治螟磷、蝇毒磷、水胺硫磷、磷胺、内吸磷、稻瘟净、异稻瘟净、对硫磷、甲基异硫磷、地虫硫磷、灭克磷（益收宝）、氯唑磷、硫线磷、杀扑磷、特丁硫磷、克线丹、苯线磷、甲基硫环磷	高毒异臭味
氨基甲酸酯	克百威（呋喃丹）、涕灭威、灭多威、丁硫克百威、丙硫克百威	高毒

（续表）

农药种类	名称	禁用原因
二甲基甲脒类	杀虫脒	致癌
拟除虫菊酯类	所有拟除虫菊酯	对鱼毒性大
取代苯类	五氯硝基苯、五氯苯甲醇（稻瘟醇）、苯菌灵（苯莱特）	致癌、高残留
二苯醚类	除草醚、草枯醚	慢性毒性

附录C （资料性附录） 绿色食品粳稻生产推荐农药

绿色食品粳稻生产推荐农药见表C.1。

表 C.1　绿色食品粳稻生产推荐农药

农药名称	剂型	常用药量 [g（ml）/（次·667m²）]	最多使用次数	安全间隔期（d）	农药名称	剂型	常用药量 [g（ml）/（次·667m²）]	最多使用次数	安全间隔期（d）
三环唑	20%WP	100~125	1	35	多菌灵	50%WP	100	1	30
	75%WP	20~30	1	21	扫弗特	30%EC	100~115	1	—
百菌清	75%WP	100	1	10	锐劲特	5%	30~40	1	—
稻瘟灵（富士一号）	40%WP	70~100	1	14	二氯喹磷酸（杀稗王、神锄、稗草净）	50%WP	26~55	1	—
宁南霉素（菌克毒克）	2%水剂	100	3	7	禾果利	12.5%WP	30	1	7
使百克	25%EC	20~30	1		扑虱灵	50%WP	100	1	15
广枯灵	3%水剂	100	1	7	土菌消（恶霉灵）	30%水剂	3~6	1	7
中生菌素	1%水剂	250	2	7	甲基硫菌灵	70%WP	100~140	1	30
敌百虫	90%晶体	200	1	7	施保克	25%EC	40~60	1	—
井冈霉素	5%水剂	200~250	3	7	粉锈宁	20%EC	40~50	1	20
杀虫双	20%水剂	200~250	1	15	叶青双	20%WP	100~135	1	10
杀虫单	25%水剂	200~250	1	15	抗菌剂402	80%EC	20~30	1	—
苏云金杆菌	100UT 100×108	200~300	3	7	丁草胺	60%EC	85~140	2	—
吡虫啉	10%WP	15~20	1	20	恶草酮（农思它）	25%EC	65~100	1	—
速灭威	25%WP	200~320	1	14	杀螟丹	50%WP	75~100	1	21

注：WP—可湿性粉剂；EC—乳油；UT—亿万单位。

附录 D　（资料性附录）　生产记录样式

D1　种植记录样式

播种日期	作物名称	品种名称	播种面积	土地位置	签　字	备　注

D2　种子记录样式

种子名称	供应商	产品批号	产品数量	处理方式	签　字	备　注

D3　灌溉记录样式

灌溉日期	灌溉水来源	灌溉方法	灌溉量	签　字	备　注

D4　施肥记录样式

施肥日期	肥料名称	有效成分	施肥方法	施肥用量	签　字	备　注

D5　病虫草害防治记录样式

使用日期	农药名称	有效成分	防治对象	使用方法	施药用量	使用人员	备　注

D6　收获记录样式

收获日期	收获方式	收获量	包装材料	签　字	备　注

D7　贮存记录样式

贮存地点	贮存方式	贮存条件	药剂处理情况	签　字	备　注

134　新乡稻米市级地方标准：常规水稻种子生产技术规程

2014 年 11 月 10 日发布，标准号：DB4107/T 146—2014。原文如下。

前　言

本标准按照 GB/T 1.1（标准化工作导则 第 1 部分 标准的结构和编写规则）要求，参照 DB41/T 293.4（常规水稻四级种子生产技术操作规程）。为发挥育种家种子在种子生产中的源头作用，规范常规水稻育种家种子、原原种和原种的生产技术，保持品种的优良种性和纯度，保护育种者知识产权，使其品种能较长时间地运用于农业生产，加速实现种子产业化。根据新乡市常规水稻种子的生产实际，制定本技术标准。

本标准由新乡市农业局、新乡市质量技术监督局提出。

本标准起草单位：新乡市种子管理站。

本标准主要起草人：李璐、刘贺梅、王伟莉、孔祥云、胡瑞萍、范守学、刘静、田景翠、张梅霞、史淑新、和卫新。

本标准于 2014 年 11 月 10 日修订发布，代替 DB4107/T 146—2009。

1 范围

本标准规定了常规水稻从新品种育成到应用于生产全过程的三级种子（育种家种子、原原种、原种）生产技术规程。

本标准适用于新乡市常规水稻育种家种子、原原种、原种的生产。

2 规范性引用文件

下列文件对于本文件的应用是必不可少的。凡是注日期的引用文件，仅所注日期的版本适用于本文件。凡是不注日期的引用文件，其最新版本（包括所有的修改单）适用于本文件。

GB 4401.1 粮食作物种子 禾谷类

GB 7415 主要农作物种子贮藏

GB/T 3543.1 农作物种子检验规程总则

GB/T 3543.2 农作物种子检验规程扦样

GB/T 3543.3 农作物种子检验规程净度分析

GB/T 3543.4 农作物种子检验规程发芽试验

GB/T 3543.5 农作物种子检验规程真实性和品种纯度鉴定

GB/T 3543.6 农作物种子检验规程水分测定

GB/T 3543.7 农作物种子检验规程其他项目检验

DB41/T 293.4 常规水稻四级种子生产技术操作规程

DB41/T 318 农作物种子田间检验规程

3 定义（术语和定义）

下列术语和定义适用于本标准。

3.1 育种家种子 由育种者直接生产和掌握的原始种子，世代最低；具有该品种的特异性、一致性，遗传性状稳定，纯度达到 100%；产量及其他主要性状符合确定推广时的原有水平的种子。

3.2 原原种 由育种家种子直接繁殖而来，具有该品种的特异性、一致性和遗传稳定性，纯度达到或接近 100%，比育种家种子多一个世代，产量及其他性状与育种家种子基本相同的种子。由育种单位或授权的单位负责生产。

3.3　原种　由原原种繁殖的第一代种子，特异性、一致性和遗传稳定性与原原种相同，产量、品质及其他主要性状指标仅次于原原种，纯度达到99.9%，或按原种生产技术标准生产，达到原种质量标准的种子。由育种单位或授权的单位负责生产。

4　育种家种子生产

4.1　生产方式　育种家种子生产、贮藏由育种单位或授权单位负责。设立专门的育种家种子圃，利用"株行扩繁法"或"穗行扩繁法"进行繁殖育种家种子。在种子圃足量繁殖，低温贮藏，分年利用。

当贮藏的育种家种子即将用尽时，通过保种圃对剩余育种家种子再足量繁殖，贮藏利用。

当不具备低温干燥贮藏条件时，由育种者从材料开始每年建立保种圃，用"株行扩繁法"或"穗行扩繁法"生产育种家种子。

4.1.1　原始株系繁殖法　超前生产育种家种子采用的方式。第一年，在水稻新品系优良株系中，田间选择典型单株，经过室内考种，决选优良单株，分别脱粒保存。第二年，对上年决选的优良单株种植株行进行扩繁，并对各株行逐一进行比较，通过田间评定与室内考种，严格汰劣留优，将符合品种典型性的株行种子混合。第三年，混合繁殖育种家种子。

4.1.2　株系循环法　常年生产育种家种子采用的方式。在"原始株（穗）系繁殖法"的株（穗）行圃中，将符合品种典型性状的各株（穗）行分别取一部分种子单独保存，种植保种圃。以后每年在保种圃各株（穗）行中选留若干单株（穗），供下年继续种植保种圃，其余植株混合脱粒作为育种家种子。

4.1.3　株（穗）行扩繁法　"株行扩繁法"是以"原始株（穗）系繁殖法"或"株（穗）系循环法"生产的育种家种子为种源，通过逐株鉴定，分期去杂，混合收获生产育种家种子。

4.2　育种家种子圃隔离　杜绝周围水稻花粉进入育种家种子圃。时间隔离时，与其他品种的扬花期要错开15d以上；空间隔离时，距其他品种20m以上。在育种家种子圃四周设2~3m保护区，保护区种同品种的育种家种子。当空间隔离条件不具备时，在水稻扬花期可采用塑料膜等帷帐隔离。

严防播种、移栽、收获、脱粒等各环节引起的机械混杂。

4.3　利用方式　育种家种子经过一次繁殖，可生产原原种。未授权的单位或个人无权生产经营育种家种子。

4.4　育种家种子生产技术

4.4.1　土地选择和整地　选择阳光充足，通风透光，土壤肥沃，地势平坦，地力均匀，前茬一致，排灌方便，旱涝保收，无检疫性病虫害的地块作为秧田和本田。秧田选择时还要考虑运输方便，即选择交通方便或靠近本田的地块较好。

精细平整土地，秧田的畦面和本田要平坦、沉实；田沟、围沟要配套且保持畅通；杂草、杂物要清除干净。确保苗全、苗齐、苗匀、苗壮。

4.4.2　种子处理　播前要做好晒种、浸种、催芽等处理，用水稻专用浸种剂或生石灰进行浸种，待种子鼓嘴露白时，即可播种。所有单株种子的浸种、催芽、播种均需在同一天进行。

4.4.3　育秧和移栽　适时播种、培育壮秧、规格插秧。按株行播种育秧，稀播匀播，单株稀植。本田行端设置人行走道，以便鉴定去杂。

一般秧龄 30~35d 进行移栽。人工移栽，单苗插植，依据该品种配套技术确定株行距。行端留 40~50cm 走道，以便观察记载、鉴定去杂。

4.4.4　田间管理　采用优质、高产、高效、安全栽培技术。增施有机肥料，合理使用氮、磷、钾、微肥，做到平衡施肥，科学灌水、晾田。及时有效地防治病虫害和杂草。各项田间管理措施科学、合理、及时、精细一致。

4.4.5　观察记载　田间固定专人负责观察记载，做到及时准确。秧田期主要记载播种期、叶姿、叶色、抗逆性等项目。本田期主要记载移栽期、抽穗期、成熟期。分蘖期为叶姿、叶片、叶鞘色泽、分蘖强弱、抗逆性；抽穗期为始穗期、齐穗期、抽穗整齐度、株叶型、主茎总叶片数；成熟期为株高、穗数、穗粒型、芒有无及着色、谷粒充实度、植株整齐度、抗逆性、熟期、熟相等项目；并目测丰产性。

4.4.6　鉴定去杂　先按品种典型性状和整齐度进行株行鉴定，淘汰劣行，再在典型株行中单株鉴定去杂。当选单株必须符合原品种特征特性："三性""四型""五色""一期"。"三性"即典型性、一致性、丰产性；"四型"即株型、叶型、穗型、粒型；"五色"即叶色、叶鞘色、颖色、稃尖色、芒色；"一期"即生育期。

在生长季节发现有变异株行和长势低劣的株行，应随时做好淘汰标记或人工及时拔除。去杂应在苗期、始穗前、齐穗后等不同发育阶段分次进行，每阶段应进行数次，直至性状典型一致。拔除的杂株应带出田外，妥善处理。

4.4.7　检验　成熟期与收获后，按 DB41/T318 农作物种子田间检验规程和 GB/T 3543.1-7 农作物种子检验规程，进行田间和室内检验。

4.4.8　收获及贮藏　适时收获，保证种子完熟。

当选的株行必须具备本品种的典型性状，株行间一致性、综合丰产性较好，植株、穗型整齐度好。

当选株行区确定后，将保护行和淘汰株行区先行收割。逐一对当选株行区复核，分区收割、脱粒、核产。

脱粒前，须将脱粒场地、机械、用具等清扫干净，严防混杂。各株行区种子要单收、单运、单脱、单晒、单藏，种子袋内外附上标记。

贮藏严格按 GB 7415 主要农作物种子贮藏执行。

5　原原种生产

5.1　生产、利用方式　原原种生产在育种者或育种者授权单位的原原种圃进行。在原原种圃将育种家种子稀播稀植、分株鉴定去杂、混合收获生产原原种。

未授权的单位或个人无权生产经营原原种种子。原原种经过一次繁殖可生产原种。

5.2　原原种圃隔离　同 4.2。

5.3　原原种圃的生产技术

5.3.1　土地选择和整地。同 4.4.1。

5.3.2　种子处理。同 4.4.2。

5.3.3　育苗移栽。不分株行，余同 4.4.3。

5.3.4　田间管理和鉴定去杂。田间管理同 4.4.4；按单株鉴定去杂，余同 4.4.6。

5.3.5　检验、收获与贮藏。成熟期与收获后按 DB41/T318 农作物种子田间检验规程和 GB/T 3543.1-7 农作物种子检验规程进行田间和室内检验。混合收获，余同 4.4.7。

6　原种生产

6.1　生产、利用方式　原种生产由育种者授权的企业或单位负责。在原种圃将原原种育苗移栽生产原种。原种经过一次繁殖可生产良种。也可直接供应大田生产。

育种者或由育种者授权者可将原种作为商品种子经营，其他单位或个人无权生产经营原种。

6.2　土地选择和整地　同 4.4.1。

6.3　育苗移栽　单本或多本，要求集中连片种植，严防混杂。余同 4.4.3。

6.4　管理和鉴定去杂　管理同 4.4.4。单株或整穴鉴定去杂，余同 4.4.6。

6.5　检验、收获和贮藏　成熟期与收获后按 DB41/T 318 农作物种子田间检验规程和 GB/T 3543.1-7 农作物种子检验规程，进行田间和室内检验。收获、贮藏同 4.4.8。

附录 A　（资料性附录）　常规水稻种子生产主要调查记载标准（略）

135　新乡稻米市级地方标准：水稻种子产地检疫技术规程

2016 年 12 月 20 日发布，标准号：DB4107/T 226—2016。原文如下。

前言

为提高水稻种子质量、保障水稻种子不携带检疫性有害生物，维护水稻的安全生产，根据水稻检疫性有害生物发生规律及特点，结合我市的生产实践制定本标准。

本标准由新乡市农牧局、新乡市质量技术监督局提出。

本标准起草单位：新乡市种子管理站。

本标准起草人：李尉霞、李璐、朱素梅、范守学、李宏壮、史淑新、尹学惠、杨玉东、秦贵周、王伟莉。

本标准 2016 年 12 月 20 日修订发布，代替 DB4107/T 226—2013。

1 范围

本规程规定了水稻种子产地检疫术语和定义、检疫性有害生物、健康种子生产、综合治理措施、检验和签证等。

本规程适用于新乡市范围内产地环境和实施水稻种子产地检疫的植物检疫机构以及所有繁育、生产水稻种子的单位和个人。

2 规范性引用文件

下列文件对于本文件的应用是必不可少的。凡是注日期的引用文件，仅所注日期的版本适用于本文件。凡是不注日期的引用文件，其最新版本（包括所有的修改单）适用于本文件。

GB/T 8321 农药合理使用准则（所有部分）

GB 8371—2009 水稻种子产地检疫规程

SN/T 1438—2004 稻水象甲检疫鉴定方法

NY/T 1482—2007 稻水象甲检疫鉴定方法

3 术语和定义

下列术语和定义适用于本标准。

3.1 植物检疫 为了防止人为地传播植物"危险性病虫"，保护本国、本地区农业生产和农业生态系统的安全，服务农业生产的发展和商品流通，由法定的专门机构，依据有关的法规，应用现代科学技术，对在国内和国际间流通的植物、植物产品及其他"应检物品"，在流通前、流通中和流通后采取一系列旨在防止检疫性有害生物传入、扩散以及确保其安全所采取的官方控制的一切活动。

3.2 产地检疫 指水稻种子生产过程中的检疫。包括选择基地、选用无病良种、生长期间检查、必要的室内检验等，直到签发"产地检疫合格证书"。

3.3 检疫性有害生物 国务院农业主管部门和各省、自治区、直辖市农业主管部门根据国家和本地实际，确定的具有局部地区发生危害性大、传播速度快、能随植物及其产品传播的病、虫、草害，为全国农业植物检疫性有害生物和河南省农业补充植物检疫性有害生物。对受其威胁的地区具有潜在经济重要性、但尚未在该地区发生，或虽已发生但分布不广并已进行官方防治的有害生物。

3.4 健康种子 经植物检疫部门检验未发现本规程第 4 章所列带有有害生

物的水稻种子。

3.5　繁育地　经植物检疫部门核定作物繁育健康种子的地块。

3.6　检测　为确定是否存在有害生物或为鉴定有害生物种类而进行的，除肉眼检查以外的官方检查。

3.7　调查　在一个地区为确定有害生物的种群特性（或确定存在的品种情况）而在一定时期采取的官方程序。

4　检疫性有害生物

水稻细菌性条斑病　*Xanthomonas campestris* pv. *oryzicola*（Fang et al）Dye.

水稻白叶枯病　*Xanthomonas campestris* pv. *oryzae*（Ishiyama）Dye.

稻水象甲　*Lissorhoptrus oryzophilus* Kuschel.

5　健康种子生产

5.1　繁育地选择　繁育地的选择应在前一个生长季进行，在当地植物检疫部门的指导下，选择从未发生或连续三年未发生检疫对象的地块，具有一定隔离保护条件，灌溉水源无检疫对象污染。

繁育地确定后，种子繁育单位或个人应在育秧前一个月向当地植物检疫部门申请产地检疫，并提交产地检疫申报表（表1），经审查同意后，方可安排生产。

表1　产地检疫申报表

申报号：

作物名称：

申报单位（个人）：　　　　联系人：　　联系电话：　　　地址：

种植地点	种植地块编号	种植面积（m²）	品种	种子来源	预计播期	预计总产（kg）	隔离条件	备注
合计								

植物检疫机构审核意见：

审核人：

植物检疫专用章
年　　月　日

注1：本表一式二联，第一联由审核机关留存，第二联交申报单位。

注2：本表仅供当年使用。

5.2 选种及种子消毒处理

5.2.1 繁育地用种要求

使用无检疫对象发生地区生产的种子或经检疫部门检验证明不带检疫对象的种子。

5.2.2 播种前必须对种子进行消毒处理（详见附录A）。

6 综合治理措施

6.1 栽培管理要求

6.1.1 播种 5月上旬播种，播前大水塌床，达到上糊、下实、面平，$667m^2$播量35kg。

6.1.2 秧田管理 播后苗前，每$667m^2$用60%丁草胺乳油100ml对水30kg喷雾；秧苗二叶一心时，每$667m^2$施尿素5kg，浇小水，每$667m^2$用15%多效可唑湿性粉剂75g对水50kg喷雾；三叶一心时，每$667m^2$施尿素10kg，浇小水；此后不旱不浇，使其旱长；移栽前2~3d灌一次水。

6.1.3 大田水肥管理

6.1.3.1 灌水 稻田灌水要做到浅水插秧，寸水分蘖，够苗晾田，湿润灌溉，前不见后水，足水孕穗，湿润灌浆，活熟到老。后期不可断水太早，一般田块在收获前7~10d断水，低洼地在收获前10~15d断水。

6.1.3.2 施肥 每$667m^2$施优质腐熟有机肥$4m^3$以上、磷酸二铵15~20kg、尿素13kg、钾肥10kg、硫酸锌1~2kg作为底肥。插秧后3~5d，每$667m^2$用尿素5~7kg均匀撒施；插秧后10~15d视分蘖情况每$667m^2$施尿素12~15kg；拔节期（早熟品种在7月下旬、中晚熟品种在8月初）每$667m^2$施尿素和硫酸钾各3~5kg；齐穗期每$667m^2$喷施200g磷酸二氢钾。基肥要充分腐熟；防止偏施氮肥，氮、磷、钾要合理配比，防止水稻贪青诱发病害。

6.2 病、虫田处理

6.2.1 割除病株 对发生病、虫害田块和病、虫害发生中心插上标记，立即拔除或齐泥割除病株。

6.2.2 化学防治 对发病中心立即进行喷药控制，对周围田块也应喷药预防，特别是在暴风雨及淹涝之后，要立即喷药。可喷施25%叶枯宁可湿性粉剂400~500倍液，或25%叶枯灵300倍液，每间隔6~7d喷一次，应连续喷药2~3次。

对发生稻水象甲田块，选用2.5%溴氰菊酯乳油3 000倍液喷雾，每间隔5d喷一次，连续喷药2~3次。

6.3 病、虫田稻种处理

6.3.1 病、虫田生产的种子要单收、单存，严防与无病种子混杂。

6.3.2 病、虫田种子一律改做粮食不准作种子使用。

6.4　病、虫稻草处理　病、虫稻草作燃料烧掉，或作其他灭菌处理。不得用病、虫稻草捆秧和禁止带病、虫肥料施入稻田。

7　检验和签证

7.1　田间调查

7.1.1　田间调查时间　秧田从四叶期开始，逐畦目测检查，发现可疑病斑，拔出病苗，进行鉴定。调查共分三次：第一次在拔节期；第二次在孕穗至抽穗阶段，多为病害流行时期，症状明显，易于识别；第三次在齐穗后至叶片枯黄前，结合种子纯度、质量检验同时进行。将调查结果填入产地检疫田间记录表（表2）。

表2　产地检疫田间调查记录表

种苗繁育单位：		调查地点：	
调查地块编号：		对应申报号：	
调查面积（m²）：		调查日期：	
作物名称：		品种名称：	
种苗来源：		生长期：	
田间调查情况	症状/危害状：		
	发病率/虫口密度及田间分布情况：		
	危害面积：	判断/初步判断：	
备注：			
填表人（签名）：			
审核人（签名）：		植物检疫专用章 　　　年　　月　　日	

7.1.2　田间调查方法

7.1.2.1　调查方法　在全面目测的基础上，对疑似发生的检疫性有害生物的地块，采取棋盘式取样方法有针对性地调查，0.33hm²以下的地块取样数不少于10点；0.33~1.33hm²的地块取样数不少于15点；1.33~3.33hm²的地块取样数不少于20点；3.33hm²以上的地块取样数不少于25点；每点面积为0.5~1.0m²。

7.1.2.2　症状诊断　田间症状识别（详见附录B）。可疑症状，采集标本带回室内鉴定。

7.2　实验室检验　田间调查发现有检疫对象的可疑植株应带回实验室进一步检验（方法见附录C），繁育地收获的种子必须进行实验室检验（方法见附录C），检验结果填入"实验室检验报告单"（表3）。

表3 实验室检验报告单   编号

对应申报号：	样本编号：	取样日期：
作物名称：	作物品种：	取样部位：

检验方法：

检验结果：

备注：

检验人（签名）：

审核人（签名）：

植物检疫专用章
年   月   日

7.3 签证 经田间检查和实验室检查后，未发现检疫对象的水稻种子，由当地检疫部门签发"产地检疫合格证"（表4）。

表4 产地检疫合格证

有效期至   年   月   日   （ ）检（ ）字第   号
检疫日期   年   月   日

作物名称：	品种名称：
种植面积（m^2）：	田块数目：
种苗产量（kg）：	种苗来源：
种植单位：	负责人：

检疫结果	经田间调查和实验室检验，未发现规程规定的限定有害生物，符合水稻健康种子标准，准予作种用。

签发机关（盖章）   检疫员

注1：本证第一联交生产单位凭证换取植物检疫证书，第二联留存检疫机关备查。

注2：本证不作《植物检疫证书》使用。

7.3.1 凡发生有检疫对象的种子田生产的种子不发给"产地检疫合格证"。

7.3.2 种子繁育单位凭"产地检疫合格证"收购、出售种子。

附录（略）

第十部分　常规水稻良种繁育与营销

136　水稻种子的生活力

水稻在开花授粉后 7~10d，种子处于乳熟阶段，胚已基本发育完成，具有发芽能力，但发芽率低；开花后 14d 后发芽率明显提高，开花后 20d 种子内充实，发芽能力达到正常。

水稻种子虽然发育完全，但要经过一段后熟作用才能正常发芽。据研究，绝大部分籼稻品种种子无明显休眠，成熟后遇适宜条件即可发芽，而大多数粳稻品种种子有休眠期，其长短差别很大。休眠期长短与成熟期间气温高低有关，气温高休眠期短，气温低休眠期长，一般 1~4 周。

水稻种子生活力持续的年限，也就是水稻种子保持发芽势的年限。水稻种子寿命与水稻类型和贮藏条件有关。一般来说，粳稻类型的品种贮藏寿命、生活力以及发芽力都比籼稻类型的品种要长些。品种的种子成熟度不同，贮藏寿命也有差别，从乳熟期、蜡熟期、黄熟期至完熟期，稻种的贮藏寿命有规律地增加。枯熟期和完熟期的稻种贮藏寿命基本相同。所以，稻种最适宜保存的收获期是完熟期和枯熟期，贮藏寿命最长，生活力最高。贮藏条件影响稻种寿命的原因，主要与呼吸作用有关。稻种在干燥状态下保存，寿命较长，在湿润状态下保存则容易失去生活力。外界温度低，种子寿命长，外界温度高，种子寿命短。

137　水稻原种、大田用种质量标准

发达国家把原种分为育成者种子和基本种子：育成者种子是品种育成者自己生产的原始而无混杂的种子，故又称为原原种；基本种子是指由原原种种子直接繁殖、经严格淘汰所繁殖出的种子，称为原种。由原种种子繁殖出的后代称为良种，也叫大田用种，供大田生产使用。

原种是由育种单位提供的原始种子，是经提纯复壮后繁殖的纯正、优良种子，是繁殖种子的基础材料，对其纯度、典型性、生活力、丰产性等方面要求特

别严格：第一，性状典型一致，主要特征特性符合原品种的典型性状，株间整齐一致，纯度高。第二，与原品种相比，由原种生长的植株，其生长势、抗逆性和丰产力等不能降低，或略有提高；而杂交水稻亲本品种的亲和力不能低于原水平，或略有提高。第三，种子质量高，原种籽粒发育好，成熟充分，饱满一致，发芽率高，无杂草及霉烂籽粒，不带有检疫性病虫害等。

经营销售的水稻种子质量标准应符合国家标准 GB4404.1—2008（表10-1）。

表10-1　水稻种子质量标准（%）

种子类别	种子级别	纯度 ≥	净度 ≥	发芽率 ≥	水分 ≤
粳稻常规种	原　种	99.9	98.0	85	14.5
	大田用种	99.0	98.0	85	14.5
籼稻常规种	原　种	99.9	98.0	85	13.0
	大田用种	99.0	98.0	85	13.0
粳稻杂交种	大田用种	96.0	98.0	80	14.5
籼稻杂交种					13.0

138　水稻良种繁育的任务

水稻良种繁育就是有目的、有计划地生产大量的优良水稻品种新种子，迅速扩大其种植面积，保证其优良种性，使其在生产中充分发挥增产作用的重要工作。所以说，水稻良种繁育是水稻育种工作的继续，是水稻良种推广的基础，也是种子工作的重要组成部分。水稻良种繁育的任务主要包括两个方面：

一是水稻新品种种子繁殖。当一个水稻新品种选育出来或引进之后，经过品种区域化鉴定、品种审定后、开始大面积推广时，就应该繁育出大量纯度高、质量好的种子供应生产需要，替换原有的老品种，使水稻生产水平不断提高。

二是保持优良品种种性和纯度。水稻优良品种推广之后，由于混杂退化造成种性变劣，逐渐丧失利用价值。为了防止这种现象发生，使良种能较长时间地在生产中发挥增产作用，必须按优良品种原来种性，专门繁殖种子，不断地提纯复壮，为水稻生产及时供应高质量、高纯度的优良种子，有目的地进行品种更新。

139　水稻品种为什么混杂退化

水稻生产中应用的优良品种，连年利用以后，往往出现所谓的"一年纯、二年杂、三年大退化"，这就是品种的混杂退化现象。品种混杂是指一个品种里混进了一个或多个其他品种的现象。品种退化是指品种在农艺性状和经济性状等方面产生种种不符合要求的变异类型。品种发生了混杂退化，表现是植株生长不齐，成熟不一致，抗逆性减弱，以及生产量降低和品质变劣，失去了品种固有的优良特性。

水稻品种混杂退化的原因很多，归纳起来主要有以下几方面：

一是机械混杂。水稻品种的机械混杂是指在种子收、打、运、管、用过程的某些环节中，由于人为疏忽或条件限制所造成的混杂。

二是生物学混杂。由于自然环境的各种因素引起品种内某些个体产生了遗传性的变异而导致品种的混杂。水稻虽然是自花授粉作物，但仍有 $1\% \sim 5\%$ 的天然异交率。所以，当良种繁育过程中没有将不同品种进行适当隔离，就会与其发生天然杂交出现杂种后代。杂种后代个体间产生各种性状的分离，从而破坏了优良品种的一致性和丰产性等优点。

三是杂交育成品种的继续分离。生产应用的水稻品种，多数是通过杂交选育而成的。尽管在主要性状上看起来整齐一致，仔细比较，个体之间还有不同性状，如连续使用，不同性状扩展，出现不纯。就是同一植株，由于组合基因的分离，后代的性状继续分离，出现多种类型，也出现不纯，导致品种混杂退化。

四是不正确选择的影响。在良种繁育或选留种过程中，没有按原品种典型性状进行选择，就会使良种很快混杂退化。例如，某水稻良种，本来是中秆，但在良种繁育过程中，误选了高秆或矮秆植株籽粒作种子，其生产出来的种子就失去了原来种性，造成严重的混杂退化。

140　我国水稻良种繁育体系与程序

建立和健全良种繁育体系，是搞好水稻良种繁育的组织保证。中华人民共和国成立以来，党和政府十分重视种子工作，1958 年全国种子工作会议提出要依靠农业生产合作社"自繁、自选、自留、自用、辅之以调剂"的"四自一辅"种子工作方针，在农业生产中起到了重大作用。

随着农业现代化的需要，1978 年国务院批准了国家农林部《关于加强种子工作的报告》，提出了"四化一供"，良种繁育体系。"四化一供"指种子生产专业化、种子加工机械化、种子质量标准化、品种布局区域化，以县为单位有计划组织统一供种。

市场经济体系建立以后，随着国营种子公司取缔，种子经营进入市场化，水稻良种繁育体系也相应发生了重大变化，基本上形成了国家科研院所、市场化的种子企业，根据市场需求，自育、自繁、自销的格局。

2002年《中华人民共和国种子法》颁布实施，标志着我国种业进入了新的时期，种业发生了翻天覆地的变化。种子市场放开和市场化经营，活跃了市场，明确了品种权和种质资源保护，重视和投资水稻育种发展，促进了水稻种业的发展。但不规范的市场行为十分普遍，侵权、套牌、虚假宣传等投机行为盛行。2011年新的《中华人民共和国种子法》颁布，逐步建立了高效率、可持续的水稻品种研发体系，增强了水稻种子企业的竞争力。

141　防止水稻品种混杂退化的方法

防止水稻品种混杂退化，要注意以下环节。

防止机械混杂。根据本地具体条件，或与企业签订的种植订单，一个地方应确定一个"当家品种"，选择1个或2个搭配品种为宜，并建立严格的良种繁育制度，制订防杂保纯措施。对良种种子实行单收、单运、单打、单晒、单藏和专人负责管理，防止人为的机械混杂。

防止自然杂交。水稻良种繁育田与生产田要适当予以隔离；并要单独育秧、单株移栽，在抽穗开花前，彻底拔除杂株，防止不同品种间的自然杂交。

注意加强选择。根据某水稻品种的典型性状，年年进行选株或选穗留种，以此提高种性和保持品种纯度，延长优良品种使用年限，充分发挥良种的增产作用。

改善栽培管理措施。一个水稻良种所具有的一切特征特性，只有在一定的生态环境条件下，才能形成。因此在良种繁育过程中，要根据品种特性，创造适合品种需要的外界环境条件，采用先进的管理措施，做到良种良法结合，保持优良品种的种性，繁殖健壮饱满的优质种子，有效地防止水稻品种混杂退化。

142　水稻良种提纯复壮程序

由于多种原因引起水稻良种混杂退化，仅采用一般的防止混杂退化措施是不够的，要想保持优良品种原有的遗传性和纯度，还要做好提纯复壮、生产原种的措施。

提纯复壮，就是从优良品种中选择典型的优良植株繁育出纯度高、质量好的种子，充分发挥良种的增产性能。所以说，提纯复壮的过程，也就是生产原种的过程。

水稻原种生产程序，一般采用"三圃制"进行，"三圃制"的程序如下。

（1）株行圃

首先，要选择好单株（第一年）。选择具有典型性、丰产性等性状好的单株（穗），是搞好提纯复壮生产原种的关键。①在生长整齐一致、无病虫害的水稻种子繁育田选择，不在边行选。②在抽穗期初选、成熟期复选、考种时决选。③选择株数根据原种圃面积确定，一般1亩原种圃应选择4~5个单株。④当选单株务必具有该品种原有典型性状，植株健壮，无病虫害，籽粒饱满，成熟一致，穗位整齐等。⑤当选单株连根拔起，晾干挂藏。室内考种决选后单脱、单存，做好标记，妥善保管。

其次，种好株行圃（第二年）。①将上年当选的单株籽粒分别育秧、分别栽植成小区。②栽植前规划好田间小区（即株行区，每个小区种植一个株行），设置好走道；绘制种植图，搞好小区编号；每隔5个小区设置一个对照小区（对照种用上年的原种）。③育秧、插秧、施肥、用药等措施力求一致，同一措施要同一天完成。④专人观察记载。生育期间对主要性状逐行进行观察比较，并根据典型性、丰产性、一致性进行选择，将生长较差、典型性与原品种不一致的株行作出拟淘汰标记，收获前综合考评，淘汰不符合要求的株行。⑤淘汰的株行、对照小区，要先行收割；当选株行逐一分别收获，单脱、单存，做好标记，妥善保管。

（2）株系圃

上年当选的株行的所有种子各自为一系，简称株系。把每个株系的种子分别种进株系圃，继续进行比较鉴定（第三年），种植方式方法、观察记载标准与株行圃类同。成熟后将合格、当选的各株系混合收割、保存，供下年原种繁殖。

（3）原种圃

将上年获得的株系种子稀播、稀插，精细管理，严格去杂、再经过1~2次除杂去劣，适时收获，即得水稻原种（第四年）。

原种繁殖的下一代，既可以作为"大田用种"销售给农民下一年种植，也可以是商品水稻了。

"三圃制"生产原种质量高、效果好，但较费工、费时。也可采取"二圃制"生产原种，即通过株行圃—原种圃，而不经过株系圃生产原种。这种方法简便易行，但种子质量不如"三圃制"高，可根据制种经验、生产实际需要而定。

143　怎样种好水稻种子田

把水稻田作为种子企业的种子田来种植，能够增加种稻效益，但必须在种子企业的指导下生产出合格的种子。

要与种子企业协商签订水稻种子繁育合同，合同包括繁殖材料供应办法与价格、种子回收办法与价格、违约责任等。其次，要在种子企业技术人员指导下，做好以下工作。①选好地块。作为种子田的地块，要选在地势平坦，排灌方便，肥力均匀，便于耕作管理的地块。②适时精细育苗、精细插秧，提高田间生长整齐度。③管理一致、及时，确保均匀健壮生长。④搞好选择、去杂、去劣。不论穗行种子田、原种繁殖田，要多次进行观察比较，对不符合原品种特征特性的单株、杂草，人工拔除，运出田间。⑤严格收获。对检验合格的种子繁育田，要专人、专机、专场收获、脱粒、晾晒，严防混杂。最后逐袋加签，专库贮存保管。

144 水稻种子检疫的主要环节

自然条件下，农作物病虫草害分布具有地域性，但可以人为地远距离传播并在新的地区蔓延危害，为了禁止或限制危险性病虫草害人为地从外国、外地传入或传出，国家出台了《植物检疫条例》以法律形式规定对农作物病虫草害进行检疫。

水稻种子产地检疫，是水稻种子繁育及营销的重要环节，在实际工作中要把握以下环节。

选择好种子繁育基地。水稻种子基地从未发生过、或近3年连续未发生过检疫对象。有一定的隔离条件，灌溉水源无检疫对象。

繁殖材料为无检疫对象种子。用于繁殖的水稻原原种经检疫部门检验不带检疫对象。

生长期检验。秧田从4叶期开始目测；本田分别在拔节期、抽穗期、灌浆期进行3次调查。

室内检验。在化验室进行细菌溢检查、保湿检查、染色检查、分离培养检查等方法，检查病株；用噬菌体、免疫荧光检验方法检查种子带菌情况。

对通过上述检验无检疫对象的种子签发合格证书（参考本书第九部分：新乡市地方标准：水稻种子产地检疫技术规程）。

145 怎样自选自留水稻良种

一般常规水稻原种种子可以连续种植三年。三年内，农户应采用简易提纯复壮法选留种子，可以保持原种的基本特征特性和生产力。留种田要严格去杂去劣，单打单收，防止品种间的混杂，确保种子质量。

具体方法一般有两种：

①穗选留种：第一年种植的原种，成熟前，到田间选留与原品种标准性状相同的单株稻穗，混收，脱粒，晒干，贮藏，作为下年度种子。

②割方留种：第一年种植的原种，成熟前，选长势均匀一致的地方，田间人工去劣，然后单收，脱粒，晒干，贮藏，作为下年度种子。

146　水稻种子怎样贮藏

水稻种子收获后要做好安全贮藏，如果贮藏不好，就会出现种子含水量高、被老鼠偷食、混杂等现象，造成一定的损失。因此，在稻种收后，要做好贮藏保管工作。

①适时收获：充分了解水稻品种的成熟特性，切实做到适时收获。过早收获的种子成熟度差，瘦瘪粒多；收获过迟，在田间呼吸作用消耗物质多，若遇雨还会发生穗发芽。这两种情况下的种子都不耐贮藏。

②及时干燥：未经干燥的稻种堆放时间不宜过长，否则容易引起发热或萌动甚至发芽以致影响种子的贮藏品质。种子脱粒后，立即进行晾晒，经过 2~3d 晾晒即可达到安全水分标准（粳稻种子水分含量 14.5% 以下）。晾晒时要多翻动，使其受热均匀，避免种子灼热受损。机械烘干时要注意温度不能过高，防止灼伤种子。

③冷却入库：经过高温暴晒或加温干燥的种子，待冷却后才能入库。否则，种子堆内部温度过高会发生"热焖"，引起种子内部物质变性而影响发芽率。

④防止混杂：种子晾晒时，必须清理晒场，扫除垃圾和异品种种子，避免造成品种混杂。晾晒后，要标明品种，分品种入库，按品种有次序地分别堆放。一个仓库同时贮藏几个品种时，品种之间要保持一定距离。

农家贮藏种子最好按不同品种分别用布袋装好，悬挂在通风、干燥的屋里。不能与化肥、农药、油类等有腐蚀性、易受潮、易挥发的物品混贮在一起。

⑤控制水分和温度：水稻种子水分含量的多少是直接关系到稻种在贮藏期内的安危状况。据试验证明，种子水分降低到 6% 左右，温度在 0℃ 左右，可以长期贮藏而不影响发芽率；水分为 13% 的稻种可安全度过高温夏季；水分超过 14% 的稻种，次年发芽率明显下降；水分在 15% 以上，翌年 8 月份后种子发芽率几乎全部丧失。水分 12% 以下的水稻种子，可保存 3 年，发芽率仍可达 80% 以上。

稻种水分对发芽率的影响，与贮藏温度密切相关。贮藏温度在 20℃，水分 10% 的稻种保存 5 年，发芽率仍可达 90% 以上；而温度在 28℃，水分为 16% 的稻种，贮藏 1 个月便会发霉。因此，种子水分、贮藏温度要协同控制。通常情况下，仓库温度在20~25℃，种子水分应掌握在14%以内；温度在10~15℃，水分可放宽到15%~16%。

⑥治虫防霉：水稻种子贮藏期间主要的害虫有玉米象、米象、谷蠹、麦蛾、谷盗等。仓虫大量繁殖，除引起贮藏稻谷的发热外，还能剥蚀稻谷的皮层和胚部，使稻谷完全失去种用价值。仓内害虫可用国家规定的药剂熏杀，要按要求操作，注意用药安全。

种子上寄附的微生物较多，危害贮藏种子的主要是真菌中的曲霉和青霉。温度降至18℃时，大多数霉菌的活动才会受到抑制；只有当相对湿度低于65%，种子水分低于13.5%时，霉菌才会受到抑制。所以密闭贮藏必须在稻谷充分干燥、空气相对湿度较低的前提下，才能起到抑制霉菌的作用。

147 水稻种子营销策略

做好种子营销，加快新品种推广，是促进水稻生产的重要基础。同时，新乡市是重要的粳稻种子生产基地，把水稻商品粮提升为水稻种子出售，不仅是水稻种子企业的追求，更是促进稻农增收的有效途径。随着种子市场放开，各种经济成分的种子企业纷纷进入种业市场，种子市场的供求关系已由卖方转变为买方市场，如何提高水稻良种的市场竞争力？

首先，要准确把握水稻种子市场宏观环境和细化消费者定位。比如国家对水稻产业及其种业发展的大政策是什么；既定区域的水稻面积趋势、水稻种子需求趋势怎么样。消费者定位分析，就是要明确种子销售给谁，是种植面积较小的、众多的农户？或是水稻种植面积较大的合作社、家庭农场、农业企业？或是各种子代售公司、代理商？其次，在上述基础上，种子企业自身创新营销，应当综合施策。

一是品种领先策略。拥有自己的核心品种是至关重要的。培育出符合生产需要、满足群众要求、满足市场需求的优质、高产、抗逆、高效的水稻新品种，才能在市场竞争中立于不败之地。

二是质量提升策略。种子质量是根本，是种子经营策略成败的关键。在水稻种子的生产、经营过程中必须强化种子质量意识，抓住质量这个关键。按照国家标准，搞好种子的生产田检、精选加工、包装贮藏等。

三是品牌提升策略。一个好的水稻良种品牌，与各种名牌产品一样，有利于强化农户的记忆，从而实现重复购买、重复利用。一个好的水稻良种品牌，应有五大特征：①良种名称言简意赅，图案大方不俗，农民易读易记；②展示企业理念，引发用户有益联想；③符合农民情感，不会引起歧义；④适应多种媒介，便于宣传发布；⑤符合法律规范，有利社会认可；⑥商标、包装、造型、色彩构思巧妙，美感性强。

四是宣传提升策略。在市场经济条件下，"好酒也怕巷子深"，再好的种子如果不进行宣传，将难以被用户认知，更难以成为名牌。要推广一个品种，宣传是十分必要的途径。①充分利用电视台、电台、报刊等媒体进行宣传。②积极利用互联网现代新媒体进行宣传。③利用新品种示范展示会、新品种现场观摩会进行宣传。④赠送少量新品种试种，"品种好不好，种了就知道"，群众通过试种，品种的优良性状，能够看得见，摸得着，印象深刻。⑤制作印有公司和产品名称的简易物品，发放给业务员和群众，形成"移动"的活广告。⑥开展公益营销。举办或赞助公益慈善活动拉近与消费者的距离，树立种子品牌形象。

五是价格控制策略。质优价廉是种子营销出奇制胜的法宝。在质量高、品种好的基础上，在销售价格上下工夫。比如，树立薄利多销的理念，以低廉的价格打动农户，实现社会与经济效益的双赢。比如，让利于代理商，调动其积极性，才能促进销售。

六是信息提升策略。充分利用现代化信息手段，最快地了解和掌握国家对农业的大政方针，了解农民的种植规模、品种动向、市场需求及价格变化等一系列信息；还可积极参加一些种子展销洽谈会了解种子市场信息。这样才能有的放矢地安排种子生产、销售计划。

七是服务提升策略。农民是种子的最终消费者，要想农民所想、应农民所求。在销售环节中做好品种介绍，进行跟踪登记、服务。向农民传授基本知识，提高农民的防伪意识；处理好种子使用中出现的问题，化解矛盾，树立形象；改变经营方式，注重不同层次、不同形式的联合，建立销售网络体系；如与农药、化肥捆绑优惠销售等。

八是人才创新策略。当今世界是人才资源竞争的时代，种子企业要强化人力资源管理，造就"名牌员工"，使一批懂技术会管理的高素质复合型人才融入企业中。建立激励机制，提升种子营销的综合水平。

148　"互联网+"时代水稻种业如何发展

新乡市是全省最大的粳稻种子基地，年产粳稻种子0.5亿kg以上。目前，互联网、大数据、云计算等正在改变人们的思维方式与工作模式，利用"互联网+"这个信息化工具，成为水稻生产及水稻种业发展的重要手段。

首先，"互联网+"思维对现代水稻种业发展具有积极意义。一是种业发展面临新常态。"互联网+"作为新的发展业态，不但是种业发展的一种工具化载体，更是给从事种业者发展观念的革命性冲击。只有当种业产业链上的育种者、经营者、使用者、监管者等环节，都具有了"互联网+"思维，才能提升种业信息化水平，才会促进和加快种业发展。二是有利于国家粮食安全和种业安全。新乡水稻种业发展必须积极参与国内、国际竞争，必须在信息化上有所突破，缩短与发达地区、发达国家的差距，在市场竞争中壮大种业发展。三是有利于种业自身发展。市场化的种业发展，必须建立现代企业制度，依托信息平台，走向大创新，实现大发展。

其次，在应用层面要注重创新和配套。一是政府要积极引导与参与。在互联网+时代，农业生产的自然客观规律不会改变，"农业丰收，种子先行"仍是农业发展基本要义。从现代农业可持续发展角度出发，政府应积极介入现代农业的基础——种业信息市场建设。让农业生产经营者与种业经营者从信息的对等、公平交流中共同受益。尤其在种子产量（市场预测）、种子质量（市场监管）、种子价格（市场引导）等重要信息方面，形成高效的种子市场管理与良种便民服务。

二是注重提高种子消费者对互联网的认知度。新型农业经营主体，不仅是应用最新良种信息的终端（良种推广载体），更是种业发展上游——种子企业、生产基地、政府管理者发现了解、开发利用种业信息的"最大民意"（信息源）。最大限度地促进线上线下互动，提供"不关门的市场，不下课的教室，不拆展的展厅"，使农业经营者真正成为种业信息化的受益者。

三是种子企业当为种业"互联网+"的主要载体。种子企业高效利用互联网工具，构建现代种业化信息平台，提高对市场的反应速度，实现共赢。为此，要建好两个体系，一是通过互联网技术建立自身的诚信体系——如质量可控制、可追溯制度，扩大品牌影响力；二是借助互联网之力快速建立高效的营销体系——最佳的生产规模、最佳的营销区域、最优的营销队伍、最好的营销模式、最大的客户终端。尽可能满足顾客的需求，实现人性化定价，通过优质专业的服务获得溢价。

四是种业"互联网+"发展的措施要操作性强。如构建种业信息化平台，"与大家一起玩"，培育优良种业商圈；注重复合型人才培养与引进，提升企业现代信息化运营；加强新乡水稻种业品牌建设；把种子市场监管作为切入点，提高种子管理水平；加强政策支持引导；搭建电子商务平台，探索种业电子商务发展，尝试网上销售种子等。

149　新乡市水稻良种繁育单位——河南丰源种业有限公司

　　河南丰源种子有限公司，总部位于河南省新乡市新乡县，是新乡市水稻良种繁育重点企业。公司始建于1993年，主要从事水稻新品种选育、良种繁育、种子经营、技术服务工作，是一个产学研相结合、育繁推一体化的科技型创新企业。注册商标"孙老"牌，是河南省著名商标，新丰系列水稻种子销售位于全省前茅。始终坚持以科技兴农为宗旨，以科研创新为灵魂，以培育良种为目标，为国家粮食安全做贡献。

　　公司概况：与河南师范大学、河南科技学院、河南农业大学、河南省农业科学院、新乡市农业科学院等多家高校、科研院所合作，优势互补，追求创新。成立了新乡市远缘分子育种工程技术研究中心，拥有现代化的生物工程重点实验室和科技创新园。公司拥有试验田300亩，原种繁育基地8 000亩。拥有现代化的成套加工设备、晒场、检测中心和仓储中心。公司科研队伍配置合理，研发实力与转化能力并重。共有专业技术人才21人。其中硕导1人、教授3人，助教、助研8人，农艺师9人。

　　先后承担了河南省水稻重大科技专项、河南省水稻新品种选育重点科技攻关项目、河南省水稻区域试验、新乡市科技发展计划项目、新乡市科技成果转化项目等多项科研任务。是河南师范大学的研究生教育创新实践基地、作物育种科研基地，被全国妇联、科技部、农业部认定为"全国巾帼现代农业科技示范基地"。

　　育种概况：现有自育水稻品种4个：新丰2号、新丰5号、新丰6号、新丰7号，分别于2007年、2010年、2012年、2013年通过河南省审定。其中新丰2号2010年起被定为河南省审定试验对照品种，大米荣获第六届中国优质稻米博览会金奖。

　　现有各类水稻亲本材料1 000余份、杂交后代材料2 000余份、稳定的新品系33个。其中，2017年新品系苑丰136、新丰9号、新丰1620进入国家区试；新丰56、新丰78进入国家联合体筛选试验；新丰88、苑丰1517进入省区试，2个品系进入河南省水稻品比试验。

　　远缘分子杂交稻研发取得进展：与河南师范大学合作运用常规育种和分子育种工程技术，将玉米、谷子、高粱、稗草、苇荻、芦荟等DNA片段导入水稻中，克服了远缘杂交不亲和性，创制出一批新的种质资源。

　　公益服务：建立"育种单位+制种基地+制种户+经销商""大米加工厂+农户+合作社"一体化组织管理模式，销售网络辐射黄淮稻区五省。20多年来，坚持无偿服务稻农，田间地头现场指导，无偿印发技术资料、无偿举办水稻技术培训，帮助数十万名稻农提高了生产技能。直接或间接推广水稻新品种 4 000 余万亩，增产稻谷 20 多亿 kg，稻农增收 60 多亿元。公司成立至今还始终坚持技术扶贫和资金扶贫，对一些稻农贫困户给予无私帮助，免费技术指导和免费提供种子，帮扶其科学种植水稻脱贫致富。

主要荣誉：先后获得"全国科普惠农兴村先进单位""河南省科普示范基地""新乡市农业科技研发先进集体""新乡市农业产业化市重点龙头企业""新乡市优秀科技创新团队""河南省守合同重信用企业"等荣誉称号。

150　新乡市水稻良种繁育单位——河南九圣禾新科种业有限公司

河南九圣禾新科种业有限公司成立于 2004 年，注册资金 3 000 万元，是一家集科研育种、生产加工、产品推广、技术服务为一体的现代科技型种子企业。

公司主要研发和推广小麦、玉米、水稻等农作物新品种，营销网络遍布河南、安徽、江苏等省，先后荣获了"中国种业五十强企业""中国种子行业 AAA 级信用企业""河南省农业产业化重点龙头企业""河南省高新技术企业"等荣誉称号。

公司拥有强大的科研实力，技术依托新乡市农业科学院，拥有 6 个研究所，其中小麦、玉米、水稻、白菜育种居国内先进水平。拥有配套齐全的种子检验检测仪器设备和先进的种子加工生产流水线，总加工能力达 30t/h 以上，检验室面积 325m^2，能够开展芽率、生活力、纯度、净度、分子标记等多个种子质量项目检测。

公司技术依托的新乡市农业科学研究院水稻研究所，现有科研人员 9 人。其中研究员 1 人，副研究员 2 人；博士 1 人，硕士 2 人；享受国务院政府特殊津贴 1 人，河南省学术技术带头人 1 人，河南省优秀青年科技专家 1 人。建有 3 个科研平台：河南省粳稻工程技术研究中心、河南省粳稻工程技术研究中心院士工作站、河南省水稻遗传育种改良中心（省水稻产业技术创新体系）。先后承担国家、省、市级科研项目 18 项，获省部级科技成果 9 项。

"九五"以来科研成果丰硕：培育了河南省第一个国审粳稻品种豫粳 6 号，培育了河南省第一个自育超级稻品种新稻 18 号，培育了河南省第一个纯自育杂粳品种新粳优 1 号。先后育成 7 个国审品种：豫粳 6 号、新稻 10 号、新稻 18 号、新稻 20 号、新科稻 21、新稻 25、玉稻 518；7 个省审品种：豫粳 8 号、新稻 11 号、新稻 19 号、新粳优 1 号、新稻 22、新科稻 29、新稻 69；10 个新品种权申请了保护。新稻系列水稻品种在黄淮稻区水稻生产上发挥着重要作用。这些品种累计在生产上推广 9 600 多万亩，创造社会经济效益 100 多亿元。

目前还有新科稻 31、新科稻 35、新稻 36、新稻 37、新稻 39、新稻 89、新粳优 3 号、新稻 567、新稻 568 等多个品系正在参加国家或省新品种试验。

公司遵循"创造精品，服务农业"的企业宗旨，倡导"每天提高一点，做百年九圣禾"的企业精神，以开放、包容、学习、提高的心态，与各界同仁携手同行共赢未来。

第十一部分　稻米品质、品牌与消费

151　优质稻米的概念

优质稻米，简言之，就是指具有良好的外观、蒸煮、食用以及营养较高的商品大米。优质稻米品质主要从以下6个方面来衡量。

（1）碾米品质

碾米品质指稻谷在砻谷出糙、碾米出精等加工过程中所表现的特性，通常指的是稻米的出糙率、精米率及整精米率，而其中精米率是稻米品质中较重要的一个指标。精米率高，说明同样数量的稻谷能碾出较多的米，稻谷的经济价值高；整精米率的高低关系到大米的商品价值，碎米多商品价值就低。一般稻谷的精米率在70%左右，整精米率一般在55%~65%。还有稻谷谷壳的脱离难易程度，谷壳米粒难分离，势必造成碾米难度增大，耗电耗能增加，影响加工成本。

①糙米率。稻谷脱去颖壳（谷壳）后所得糙米籽粒的质量占样本净稻谷质量的比率。

②精米率。脱壳后的糙米碾磨成精度为国标一等大米时、所得精米的质量占样本净稻谷质量的比率。

③整精米。糙米碾磨成精度为国标一等大米时，米粒产生破损，其中长度仍达到完整精米粒平均长度的4/5以上的米粒。

④整精米率。整精米的质量占样本净稻谷质量的比率。

（2）外观品质

稻米的外观品质是指糙米籽粒或精米籽粒的外表物理特性。具体是指稻米的大小、形状及外观色泽。稻米的大小主要相对稻米的千粒重而言，形状则指稻米的长度、宽度及长宽比。稻米的外观主要指稻米的垩白有无及胚乳的透明度，垩白包括心白、背白和腹白。

世界各地的消费者对稻米的大小和形状的要求各不相同，美国、法国及欧洲的消费者喜欢长粒型稻米；在亚洲，印度喜食长粒米，东南亚则喜食中等或偏长粒型的米粒，而在温带地区却是短粒米较受欢迎。在中国长江以北喜食短粒型的粳米，长江以南大部分地区喜食长粒型的籼稻米。目前国际市场上，长粒型的大米似乎更受欢迎。

①垩白。稻米的垩白大小是稻米商品价值十分重要的经济性状，垩白是由于稻谷在灌浆成熟阶段，胚乳中淀粉和蛋白质积累较快，填塞疏松所造成的。垩白的大小用垩白率表示，垩白率是稻米的垩白面积占稻米总表面积的比率，比率越大，垩白则大，在碾米时易产出较多的碎米，从而影响稻米的整精米率及商品价值。垩白的大小直接影响稻米胚乳的透明度，从而影响稻米的外观。垩白除品种本身的性状决定外，影响的主要环境因子是外界温度。灌浆期如果温度增加较快，稻米的垩白也会增加，温度降低则垩白越少，胚乳的透明度也较好。垩白度和胚乳的透明度属遗传性状，但环境也有一定的影响。育种者能在较早世代中有目的地选择无垩白和半胚乳的稻米品种，能有效地改善大米的外观品质。

②粒长。完整无破损精米籽粒两端的最大距离，以 mm 为单位。据此通常把稻米分为三类：长粒>6.5mm，中粒 5.6~6.5mm，短粒<5.6mm。

③阴糯米。胚乳透明或半透明的糯米籽粒。

④白度。整精米籽粒呈现白色的程度，用白度计测得。一般分为 5 级：1 级>50；2 级 47.1~50；3 级 44.1~47；4 级 41.1~44.0；5 级<41.1。

（3）蒸煮与食用品质

稻米的蒸煮与食用品质指稻米在蒸煮过程中所表现的各种理化及感官特性，如吸水性、溶解性、延伸性、糊化性、膨胀性等。

稻米中含有 90% 的淀粉物质，而淀粉包括直链淀粉和支链淀粉两种，淀粉的比例不同直接影响稻米的蒸煮品质，直链淀粉黏性小，支链淀粉黏性大，稻米的蒸煮及食用品质主要从稻米的直链淀粉含量、糊化温度、胶稠度、米粒延伸度等几个方面来综合评定。

直链淀粉：直链淀粉含量较高的大米，煮饭时需水量较大，米粒的膨胀较好，即通常说的出饭多。同时，由于支链淀粉含量相对较少，使蒸煮的米饭黏性减少，因而柔软性差，光泽少，饭冷却后质地生硬。糯米中几乎不含有直链淀粉（含量在 2% 以下），因而在蒸煮时体积不发生膨胀，蒸煮的饭有光泽且有极强的黏性。普通大米的直链淀粉含量可分为三种类型，即高含量（25% 以上）、中等含量（20%~25%）和低含量（10%~20%），目前，国际和国内市场上中等直链淀粉含量的大米普遍受到欢迎，主要是由于这类型的大米蒸、煮的米饭滋润柔软，质地适中，饭冷却后不回生。在泰国和老挝部分地区，人们喜爱吃糯米，在中国北方，以直链淀粉含量相对较低的粳稻为主食大米，而中国南方居民喜爱吃直链淀粉含量中等的大米，两广及海南等部分地区则是直链淀粉含量相对较高的大米更受欢迎。

糊化温度：煮饭所需的时间与糊化温度呈正相关，糊化温度是大米中淀粉的一种物理性状，它是指淀粉粒在热水中吸收水分开始不可逆性膨胀时的温度。可以采用碱消值表示，碱消值越大，糊化温度越低。糊化温度过低的稻米，蒸煮时所需的温度低，糊化温度高的所需蒸煮温度较高，吸水量较大且蒸煮时间长。中等糊化温度的大米介于两者之间，普遍受到消费者的喜爱。糊化温度受稻谷成熟时的环境因素影响较大。

胶稠度（CP）：是稻米淀粉胶体的一种流体特性，它是稻米胚乳中直链淀粉含量以及直链淀粉和支链淀粉分子性质综合作用的反映。胶稠度是评价米饭的柔软性的一个重要性状，是指米胶（米饭糊冷却后形成的胶冻体）冷却后的黏稠度，它可分为硬、中、软 3 种类型（米胶长度<40mm、41~60mm、>60mm），并与稻米的直链淀粉含量有关。一般低直链淀粉含量和中等直链淀粉含量的品种具有软的胶稠度，高直链淀粉含量的品种其胶稠度存在很大的差异，胶稠度软的品种蒸、煮的米饭柔软、可口，冷却后不成团、不变硬，因而普遍受到消费者的喜爱。

一般来说，各类水稻品种大米胶稠度（CP）顺序是：粳米（75）>粳糯（71）>晚籼米（52）>早籼米（35）。

碱消值：碱液对整精米的侵蚀程度。

（4）食味品质

即米饭好吃（适口性好），包括气味、色泽、饭粒粒形、冷饭柔软等。优质稻米蒸煮时应有清香、饭粒完整、洁白有光泽、软而有弹性不黏结、食味好、冷后不硬等特征。

（5）贮藏品质

稻谷或者大米除了直接供给消费者外，大部分需要贮藏起来，有的贮藏时间长达几年，短的也有几个月。因为贮藏条件的不同，稻米经过一段时间贮藏后，胚乳中的化学成分发生变化，游离脂肪酸会增加，淀粉组成细胞膜发生硬化，米粒的组织结构随之发生变化，使稻米在外观及蒸煮食味等方面发生质变，即所谓陈化。稻米的贮藏品质优良，即在同一贮藏条件下，不容易发生"陈化"，也就是我们通常说的耐贮藏，稻米的贮藏品质与稻米本身的性质、化学成分、淀粉细胞结构、水分特性以及酶的活性有关。这些特性之间的差异，就造成了稻米耐贮藏性能之间的差异。另外，稻谷收割时的打、晒、运等方法及机械损伤也影响稻米的耐贮藏性能。当然，贮藏时，环境的温度及湿度等都对稻米的贮藏有重要影响。

（6）营养及卫生品质

稻米的营养品质主要取决于稻米的蛋白质含量，稻米的蛋白质是营养最好的谷物蛋白之一，易被人所消化吸收，所以稻米蛋白质含量越高其营养价值也就越高。评价稻米的营养品质，主要依据稻米中蛋白质和必需氨基酸的含量及组成。

大米蛋白质含量一般在 7% 左右。而米糠中蛋白质的含量高达 13%～14%；米胚中含有多种维生素和优质蛋白、脂肪，因而它的营养价值较普通大米高，不同品种的大米，其氨基酸的组成及含量各不相同，但主要含有赖氨酸及苏氨酸，另外还有少量色氨酸、亮氨酸、异亮氨酸、苯丙氨酸、缬氨酸等人体必需氨基酸。

蛋白质含量：糙米中蛋白质占糙米干重的百分比。

稻米的卫生品质：主要是指稻米中有无残留有毒物及其含量的高低，有无生霉变质等情况，必须符合国家食品卫生标准《食品安全国家标准　粮食》（GB2715—2016）。

152　国标"优质大米"指标

国家标准《大米》GB1354—2009，规定了我国"优质大米"质量指标。将我国大米、优质大米分为籼米、粳米、籼粳米、粳糯米 4 种类型、4 个或 3 个等级。表 11-1 仅列出新乡市稻谷加工的大米相对应的类型——粳米部分的等级标准。

表 11-1　优质大米质量指标（国标准：GB1354—2009）

品种			粳米		
等级			一级	二级	三级
加工精度			对照标准样品检验留皮程度		
碎米	总量（%）	≤	2.5	5.0	7.5
	其中小碎米（%）	≤	0.1	0.3	0.5
不完善粒（%）		≤	3.0		4.0
垩白粒率（%）		≤	10.0	20.0	30.0
品尝评分值 / 分		≥	90	80	70
直链淀粉含量（干基）（%）			14.0～20.0		
杂质最大限量	总量（%）	≤	0.25		0.3
	糠粉（%）	≤	0.15		0.2
	矿物质（%）	≤	0.02		
	带壳稗粒/（粒/kg）	≤	3		5
	稻谷粒/（粒/kg）	≤	4		6
水分（%）		≤	15.5		
黄粒米（%）		≤	1.0		
互混（%）		≤	5.0		
色泽、气味			无异常色泽和气味		

上表中有关名词注释：

加工精度等级分类：一级：背沟无皮，或有皮不成线，米胚和粒面皮层去净的占90%以上；二级：背沟有皮，米胚和粒面皮层去净的占85%；三级：背沟有皮，粒面皮层残留不超过五分之一的占80%以上。（加工精度是指大米背沟和粒面的留皮程度，是大米加工的重要指标。加工精度高低影响大米的商品外观、食味品质及出米率。稻谷籽粒被磨去的皮层越多，精度越高，商品外观变好、食味品质提高，但出米率则变低）。

不完善粒：包括5种尚有食用价值的米粒：①未成熟粒：米粒不饱满，外观全部呈粉质的米粒。②虫蚀粒：被虫蛀蚀的米粒。③病斑粒：粒面有病斑的米粒。④生霉粒：粒面有霉斑的米粒。⑤糙米粒：完全未脱皮层的米粒。

糠粉：通过直径1.0mm圆孔筛的筛下物，以及黏附在筛上的粉状物质。

杂质：除大米粒之外的其他物质，包括糠粉、矿物质、带壳稗粒、稻谷粒等。

小碎米：通过直径2.0mm圆孔筛、留存在直径1.0mm圆孔筛上的不完整米粒。

黄粒米：胚乳呈黄色，与正常米粒颜色明显不同的米粒。

垩白粒率：胚乳中有白色（包括腹白、心白和背白）不透明部分的米粒为垩白粒；垩白粒占试样米粒数的百分率为垩白粒率。

品尝评分值：大米制成米饭的气味、色泽、外观结构、滋味等因素评分值的总和。

互混：同一批次大米中的其他类型米粒。

153　什么是"三品一标"稻米

要弄清什么是"三品一标"稻米，首先要理解"三品一标"农产品的概念。"三品一标"农产品，是指目前我国安全优质农产品认证体系包括的4种认证农产品类型，即无公害农产品、绿色食品农产品、有机食品农产品、地理标志农产品。

无公害农产品突出强调安全因素控制；绿色食品农产品既突出安全因素控制，又强调农产品品质营养；有机食品农产品注重影响生态环境因素的控制；地理标志农产品强调的是农产品的地域性、独特品质。

与上述概念相对应的、通过4种认证的稻米就是"三品一标"稻米，这四种大米新乡市全部包含有。即无公害大米、绿色食品大米、有机食品大米、地理标志大米（原阳大米）。

154　无公害、绿色、有机稻米的概念及区别

（1）无公害农产品及无公害稻米

无公害农产品是指产地环境、生产过程、产品质量符合国家有关标准和规范的要求，经认证合格获得认证证书并允许使用无公害农产品标志的未经加工或初加工的食用农产品。

无公害农产品标识。共有 5 种类型：刮开式纸质标识、锁扣标识、捆扎带标识、揭露式纸质标识和揭露式塑质标识。

无公害农产品标志图案。由麦穗、对勾和无公害农产品字样组成，包含黄、绿两种颜色。麦穗代表农产品，对勾表示合格，金色寓意成熟和丰收，绿色象征环保与安全。

无公害稻米。生产地的环境、生产过程和产品质量完全符合国家规定的标准和规范要求，经过质量认证达到合格要求，并获得认证证书及允许使用无公害农产品标志的稻谷或稻米。无公害稻米所含有害物质与有害生物含量应控制在国家有关标准规定的限量之内，是对农产品质量的最低要求，是对其市场准入的最低标准，也是我国政府为了解决近些年来日趋严重的农产品安全问题所采取的政府行为。

（2）绿色食品农产品及绿色食品大米

绿色食品农产品是指产自优良生态环境、按照绿色食品农产品标准生产、实行全程质量控制，并获得绿色食品标志使用权的安全、优质食用农产品及相关产品。

绿色食品农产品分 A 级和 AA 级，执行国标，分为两个等级。初级为 A 级绿色食品，指产地符合规定，生产过程中允许限量使用限定的化学合成物质；高级为 AA 级绿色食品，指产地符合规定，生产过程中不使用任何有害化学合成物质。我国 AA 级绿色食品与国际上的有机食品标准基本一致。

绿色食品农产品注册形式有 4 种：绿色食品标志图形、绿色食品中文、绿色食品英文、标志图形与文字组合。

绿色农产品标志图案。由上方的太阳、下方的叶片、中心的蓓蕾组成，圆形、绿色。寓意自然、生态；绿色象征生命、农业、环保；圆形表达保护、安全。

绿色食品大米。指产自优良生态环境、按照绿色食品标准生产、实行全程质量控制，并获得绿色食品标志使用权的安全、优质大米。

（3）有机食品农产品及有机大米

有机食品农产品是指来自于有机农业生产体系，根据有机农业生产要求和相应标准生产加工的、通过独立的有机食品认证机构认证的农副产品及其加工品。有机食品是目前国际上对无污染天然食品比较统一的提法，不同的语言中有不同的名称。如生态食品、自然食品等，国外最普遍的叫法是 ORGANIC FOOD。联合国粮农和世界卫生组织（FAO/ WHO）的食品法典委员会（CODEX）将这些称谓各异、内涵类同的食品，统称为 ORGANIC FOOD，中文译为有机食品。

有机食品在我国的标识管理称"中国有机产品"，标志图案由 3 部分组成：外围圆形表达地球、和谐、安全；中国有机产品的中英文；中间椭圆表示种子，寓意有机产品认证从种子开始，种子中间的环形是 C 的变体，种子形状又是 O 的变体，合起来寓意"China Organic"。绿色表达环保、健康，橘红色表达旺盛的生命力、可持续发展。

有机大米。来自有机农业生产体系，根据有机农业生产要求和相应标准生产加工的、通过独立的有机食品认证机构认证的大米。

无公害农产品标志

绿色食品农产品标志

有机食品农产品标志

地理标志农产品标志

155　怎样才能生产出质量安全的优质大米

品质优良、质量安全的大米，到底质量如何，关键取决于 4 项基本条件。

第一，优质稻米是在严格控制污染的产地环境条件下生产出来的稻米。产地环境条件：主要是产地的大气质量、灌溉水质量以及土壤质量是否达标。无公害大米、绿色食品大米、有机食品大米对其规定了不同标准的具体指标限制。

第二，优质稻米是在严格控制农药、化肥、生长调节剂等外源物投入、确保在无污染、无残毒、无残留的生产条件下生产出来的稻米。生产过程控制：生产者按照特定的生产技术规程进行生产，主要是生产投入品的质量以及使用方法要符合规程要求。

第三，优质稻米是在保持无污染的操作环境条件下加工出来的稻米。加工过程控制：贮藏、加工、包装等环节的二次污染控制要达标。

第四，优质稻米是经国家特定部门检测分析、不含或含量不超过规定指标的稻米。产品认证：最终产品（大米）必须经过法律规定的认证部门认证，品质指标、卫生指标必须达到标准要求。因为这些指标消费者是难以判断的。

当然，随着科技进步及经济社会的发展，农产品质量安全的标准也在相应的调整。每年国家各级农业、质检、环保、卫生等部门，都会组织大量的专家，进行检测、试验研究，制订、修订相应的技术标准，作为农产品质量安全管理的依据。

156　怎样规划绿色优质稻米生产基地

第一，要有符合绿色食品水稻生产要求的水稻生产环境，大气、土壤、水质必须达标。并且确定绿色优质稻米生产基地，应立足长远，而不是权宜之计。基地周围环境必须长期保持有效的无害化，杜绝和控制基地范围内一切污染源及其相关设施等。

第二，要有明确的实施组织者实体，如农业龙头企业、合作社、家庭农场等，以便于在稻米生产活动的全过程，从使用各种生产物资及与之有关的各个方面，严格制止各种途径引起的污染，分散的农户很难做到这一点。

第三，绿色优质稻米生产基地要有利于统一区划，要与行政村落的管理相一致，不要使该种植区域内，存在有与绿色优质稻米生产相矛盾和无关的单位和部门（尤其是某些企业），以免失去控制。

第四，要有良好的生产条件。田间作业路与渠系合理布局，为科学管理创造条件；有利于机械化作业，包括田间耕作和出入运输畅通；田面平整，农渠和毛渠符合节水灌溉要求。

第五，实施主体要有自己的品牌，并依此品牌、邀请专家制订绿色水稻生产技术规程，严格按照标准进行生产。

157 绿色、无公害水稻生产怎样合理施肥

坚持以有机肥为主，化肥为辅的原则，实施测土配方施肥，依据土壤供肥能力、品种需肥要求等特点，最大程度地保持稻田土壤养分平衡和有利于土壤肥力的提高，减少肥料的损失及对稻谷与环境的污染。

无公害优质稻米生产使用的肥料，要符合相关要求。第一，商品肥料包括化肥和生物肥及各种复合肥，必须通过国家有关部门登记认证及生产许可，其质量要达到国家有关标准要求。第二，化肥应与有机肥配合使用，无机氮肥与有机氮肥的配比以 1：1 为宜。第三，倡导施用长效尿素及长效碳酸氢铵等缓释长效型肥料。第四，积极推行秸秆还田、种植和翻压绿肥，对一般有机肥应进行无害化处理和充分腐熟后使用。第五，倡导施用生物肥，国家正式登记生产的生物氮肥、磷细菌肥、硅酸盐细菌性钾肥、复合型微生物肥等。禁止使用未经处理及不符合国家标准规定的城市垃圾、污泥物及含污染物的粉煤灰等作为肥料或改土制剂。还要注意运用科学施用的方法。如重施有机肥、重施底肥，适期、适量追肥，叶面喷肥等。

绿色食品（A 级）稻米生产中不允许施用硝酸铵等硝态 N 肥，防止稻米内含有硝酸盐及亚硝酸盐等有害物质；也防止因施用硝态氮肥污染水体，污染土壤；而 AA 级绿色稻米、有机稻米生产不允许使用任何化肥产品。在有机肥施用中，无论是农家肥或绿肥，一定注意加强无害化处理，杜绝污染源，使农家肥和绿肥无农药污染和残留。包括还田的秸秆、稻草及其他杂肥均应达到无害化；生物肥是绿色食品稻米生产的重要肥源，不准含有激素类及其绿色食品生产禁用的一切易造成污染和残留的化学物质。

158 影响稻米品质的生理性因素

一些生理性因素，会导致稻米品质严重下降，应在生产中重视。

倒伏。倒伏不仅造成减产，同时导致籽粒不饱满，籽粒蛋白质等营养物质下降，死米、青米、垩白增多。

毒害。本田期药害、肥害、硫化氢、甲烷气以及污水灌溉等，导致大米质量

下降，以及卫生标准不达标。

早衰。早衰对稻米品质影响很大，籽粒发育不充分，养分积累少，大米的外观和内在品质均明显下降。

缺素。某种大量、中量、微量元素缺乏，导致体内代谢失衡，植株发育不良，最终米质下降。

干旱、涝灾、管理不当造成的贪青晚熟。水稻正常的生长发育受到抑制和破坏，导致产量和品质同步下降。

针对上述原因，在生产管理中予以重视，采取相应的措施预防或补救，是获得优质稻米的基础。

159　为什么要重视大米品牌建设

以 2009 年金龙鱼大米进入大米小包装市场作为标志，中国大米品牌化之路全面开启，原来松散的大米消费市场越来越向优势品牌集中，国内大米终端消费正在迈向品牌化时代。城乡居民消费结构加快升级，健康、营养、安全的中高端大米消费需求已经形成。中高端消费者对价格不太敏感，更重视食品质量安全，而品牌化能够为消费者提供一种品质保障。对于企业而言，要在市场竞争中取胜，除了拼价格、渠道、促销，还要拼品牌。

实践证明，品牌大米具有非常强的集聚效应。品牌建设是当前我国粮食行业供给侧结构性改革形势下大米产业走出困境的必然选择。在粮食加工行业整体不景气的状况下，一些走品牌化发展路线的加工企业实现逆势增长。大型大米加工企业，建设自己水稻种植基地，通过持续不断的技术改进和规范化管理，确保产品质量，产品有市场、有销路、价格高、效益好。与那些没有水稻生产基地、无法创建品牌、经营越来越艰难的小型加工企业形成鲜明对比。

从国际经验来看，泰国以举国体制来建设大米品牌，严格大米标准。泰国的大米标准被认为是目前世界上所有稻米生产国家稻米标准中最为复杂和详细的，对出口大米的质量起到了保证作用，也是泰国大米畅销世界的"通行证"。

从国内情况看，由于大米加工过程简单，进入门槛低，造成国内大米品牌过于泛滥。目前我国有 1 万多个大米品牌，比较活跃的大米品牌就有 3 000 多个，然而能在全国叫得响的品牌寥寥无几。

大米品牌建设是一个系统工程，首先，要做好稻谷生产全过程管理；其次，要强化大米加工、产品包装、产品暂存等生产全过程各环节的操作规范规程；第三，还要做好客户服务规范、实体店管理规范、电子商务服务规范，提高产品质量市场竞争力。通过持之以恒地对生产、加工、流通全过程实行综合标准化管理，取得消费者信赖，打造有市场影响力的大米品牌。

因为区域性的因素，当前国内各个地方的大米都有自己的强势地域品牌，这些区域性的品牌都因当地的独特生态环境以及悠久的历史文化渊源而在区域内有一定影响力，但距离全国性品牌尚需一段路要走。

160 国内有影响的几个大米品牌

天津小站稻

开始于宋辽，发展于明代，成名于清代。原产于（目前的）天津市津南区小站镇。米粒椭圆形，晶莹透亮，垩白极少，洁白有光泽，蒸煮有香味，饭粒完整，软而不黏，冷后不硬，已有 1000 多年种植历史。据《明史·汪应蛟传》：明万历二十八年（公元 1600 年），天津巡抚汪应蛟利用驻防兵丁垦田种稻，采用筑堤围田，利用淡水洗碱，收获颇丰。明万历四十一年至天启元年，科学家徐光启曾四次来天津，致力于垦田种稻。

清同治十年（公元 1859 年），直隶总督部下提督周盛传率兵进驻马厂（河北省青县境）屯田练兵。为补充军饷，于光绪元年（1875 年），令士兵移屯小站一带挖河种稻，收成颇丰。河水源来自黄河，水质很好，稻米外观、蒸煮、食味品质均佳，成为清皇室贡米。20 世纪 30 年代后，又从日本、朝鲜引进"银坊"等优良品种，米质更佳。2004 年天津市启动小站稻食味提升工程，中外水稻专家联合攻关，培育出既高产，又食味好的小站稻新品种"津原 45"。目前天津小站稻的主要品种是"津原 45"，种植区域涵盖天津市 12 个区县；1999 年成为全国第一个粮食作物地理标志证明商标，2001 年为天津市著名商标。

五常大米

五常市为黑龙江省哈尔滨市的县级市，取自"三纲五常"之意。

五常从清乾隆年间 1835 年开始种植水稻，一直是皇室御贡米。1994 年使用国家绿色食品标志；2001 年获保护原产地证明商标，2013 年被评为"中国驰名商标"。2001 年五常市整合稻米资源及品牌，集中打"五常大米"一个品牌，根据不同品种，分别注册"五常大米""五常香米""五常糯米"和"五常黑米"四个商品名称。

五常稻作区是一个三面环山，开口朝西的盆地。水稻生长季节（4～9 月）日照 1 080～1 370h，日平均气温 17℃，昼夜温差 10℃，最大温差 20℃，≥10℃积温 2 700～3 000℃，降水量平均 480mm。土壤主要为砂壤土和草甸土，耕层pH 值 6.5；有机质含量 4.2%，碱解氮 108mg/kg，速效磷 32mg/kg，速效钾215mg/kg，全氮 0.12%。

"五常大米"主要水稻品种：五优稻系列、松梗系列的梗稻品种，如五优稻4号、松梗9号、松梗12号、松梗13号、龙洋1号等。

响水贡米

俗称"长在石板上的大米"，生长在黑龙江省牡丹江市宁安市渤海镇响水村一带的万年熔岩台地上，享受着黑色土壤的滋养，纯净镜泊湖水的灌溉，呼吸着原始森林的空气，自唐代以来成为朝廷贡米。

生长环境独特。北纬44°属于极寒地区，1 300年前能够在这里种植水稻，当属奇迹，直到今天，"北纬44°现象"仍闻名于世。每年长达6个月的土地休眠，其中5个月气温在零度以下，对病虫害有很好的防御。

黑土地极为肥沃。熔岩石板地上10～30cm厚的土壤，矿物质、有机质、微量元素含量极为丰富，有机质含量高达9.8%～11.5%。火山熔岩石板地为多孔状结构，通透性好，易于贮存热量，白天积热夜晚散发，稻田的地温、水温高出2～3℃，水稻吸收营养充分，成熟度极高。

灌溉水源自镜泊湖。长白山脉冰雪融化，汇入镜泊湖，水质纯净，手掬可饮。加之瀑布落差撞击，产生大量负氧离子，水中含有丰富矿物质和微量元素。蜿蜒45km后汇入灌渠，水温升高，促进水稻生长。

清新的空气。地处镜泊湖5A级风景区，植被覆盖率高达70%，空气新鲜纯净，联合国在此专门设立了大气监测站。

河龙贡米

河龙贡米，指福建省宁化县河龙乡及周边地区生产的大米，因河龙乡而得名。公元1004年（宋真宗景德元年）被列为贡米。

环境独特：一是地理位置。宁化县低山、丘陵、盆地，适于水稻生长。二是气候适宜。属中亚带季风湿润型山地气候，四季分明，光照充足，年平均气温16.2℃，昼夜温差平均10℃以上。有利于千粒重高，蛋白质、支链淀粉含量丰富。三是土壤优良。土壤多系冲积物或坡积物熟化演变形成，有机质含量高。海相沉积和陆相沉积交互形成的成土母质，富含硅、钙、磷、钾、铁、硒、铜、锌等营养元素。四是水资源好。境内雨量充沛，为闽、赣、粤三省的三江之源，水质良好，无污染，森林覆盖率62.8%。

河龙贡米目前选用的水稻品种主要为宜香2292、宜香优673，以及具有同类品种特色的中晚熟籼稻品种。2008年获国家地理标志产品保护。

竹溪贡米

竹溪贡米是湖北省竹溪县特产，米质白如玉，形状似梭，粒大个长，色泽光亮，晶莹饱满，浆汁如乳，香柔可口，富含人体所需钙、铁、锌、硒等微量元素。竹溪大米在唐中宗李显为帝始，就被定为朝廷"贡米"。

竹溪县，林茂水清，环境洁净，生态优良，土质肥沃。主产区位于鄂西北，产地群山环绕，沟壑幽深，独特的温差和泉水灌溉，使稻谷生长周期长，内含维生素，米质香若幽竹，营养丰富，味道可口。2009 年获国家地理标志产品保护。

目前使用水稻品种：宜香 725、国稻优 5 号等籼稻品种。

万年贡米

万年贡米产于江西省万年县裴梅镇东南部山区龙港荷桥一带，吸取四季清泉，根植水土特异，营养丰富，颗粒大，体细长，粒形如梭，米色似玉；用其做饭，质软不腻，味道浓香。

明正德七年（1512 年）进贡朝廷，遂"代代耕食，岁岁纳贡"，贡米因而得名。1958 年在印度尼西亚万隆博览会上展出，受到好评。1959 年中共庐山会议期间选为食米，颇受赞誉。

花田贡米

主产于海拔 800m 的重庆酉阳县花田乡，稻米脆酥油糯，滑而不腻，粒细体长、形状似梭、质白如玉。

花田土壤肥沃、光照充足、雨量充沛、空气清新、昼夜温差大，生长期地处武陵亚热带，利于稻谷中有机质的积累，因此谷粒饱满，味道甜美，口感好，而且很多大米的品质都可以与泰国香米等相媲美。

梁港贡米

梁港，即梁家港，是武汉黄陂区前川街道梁港村的一个自然湾村。

明朝，"梁港稻谷粒饱、质重"。米乃"质白如玉，颗形如梭"，饭则"质软不腻，清香四溢"，粥则"汤稠香浓，回味绵长"。

梁家港年均日气温 16.5℃，年降水量 1 195mm，年日照数 1 903h，无霜期 251d，四季分明，无霜期长，雨量充沛，日照充足，热量丰富，具备良好的水稻生产小气候。

京山桥米

湖北省京山县特产，因产于京山县孙桥镇而得名，明代被御定为"贡米"。青粳如玉，腹白极小；米粒细长、光洁透明；饭松软略糙，喷香扑鼻，可口不腻，营养丰富。2004 年获原产地保护。桥米中的极品是"洋西早"品种，但产量低。

种植优势：一是京山处于丘陵地带，昼夜温差大；二是独特的土壤富含多种微量元素，特别是铁的含量比较高；三是灌溉的水源来自山涧的温泉水，富含铁、硒等元素；四是生长周期长，充足的日照。

传说：京山县孙桥镇距嘉靖皇帝的故居钟祥皇庄只有 30km，嘉靖之父品尝桥米后，赞赏不已；嘉靖品尝后誉之为"食宝"，常以桥米为"御膳"。当时朝廷限量种植，当地民歌描绘"桥米"："桥米长，三颗米来一寸长；桥米弯，三颗米来围一圈；桥米香，三碗吃下赛沉香"。

161　"原阳大米"是个怎样的大米品牌

"原阳大米"是河南省新乡市原阳县的特色农产品，既是传统的名优农产品，又是新时期的品牌农产品，2008 年"原阳大米"成为国家标准，标准号GB/T22438—2008（见本书第九部分）。

"原阳大米"得益于良好的生产环境。原阳县地处黄河中下游冲积平原，属暖温带季风型大陆性气候，日照充足，四季分明。北面是黄河故道，南面是黄河高滩，原阳县水稻生长区就是在这一长 60km、宽 15km 的狭长背河洼地带中。加之用富含有机物和微量元素的黄河水浇灌，水稻生长期内昼夜温差较大，大米蛋白质含量高、营养成分丰富。尤其是昔日的盐碱地还赋予了原阳大米天然的独有碱性，使原阳大米煮饭时香味十足。

原阳大米种植历史悠久，东汉时期已成为宫廷专用大米。但由于黄河洪涝和盐碱的侵扰，原阳水稻种植发展缓慢。新中国成立后，重修了黄河大堤，解除了水患之忧，并引来黄河水，用其沉淀的泥沙淤住盐碱地栽种水稻，水稻种植规模迅速扩大，1973 年 8 月 14 日《人民日报》头版以《引来黄河水　碱区稻花香》为题目，对原阳县除盐碱种水稻进行了高度评价报道，"原阳大米"品牌效应日益扩大。1991 年举办了首届大米节，在北京人民大会堂召开了新闻发布会，李先念、田纪云等国家领导人为其题词。2016 年接续举办了第 24 届大米节。目前"原阳大米"的主导水稻品种主要有新稻 22、新丰 2 号、新丰 6 号、黄金晴等。

经农业部稻米品质监督检验测试中心（杭州）检测："原阳大米"长宽比、垩白率、垩白度、透明度、胶稠度、碱消值、直链淀粉含量、蛋白质含量八项指标均达到国家优质米一级标准；蛋白质、淀粉以及铜、铁、钙等微量元素含量均高于国际有名的泰国大米。1990 年被指定为北京第十一届亚运会专供食品；1992 年获首届中国农业博览会金牌，被誉为"中国第一米"；1996 年通过国家"绿色食品"认证，成为河南省首个绿色食品农产品；2002 年获国家工商总局"原产地证明商标"，成为河南省第一枚获准注册的原产地证明商标，也是中国大米行业第一家；2003 年获国家质检总局原产地域产品保护认证，成为全国大米类中第三个、河南省粮食类首家原产地域保护的产品。还先后获中国绿色食品展销会金奖、河南名牌农产品、河南省十大最具影响力地理标志产品、河南省著名商标等称号。先后出口到吉尔吉斯斯坦、加拿大、南非、俄罗斯等国，开创了河南粳米出口之先河。

162 新乡市主要大米品牌

新乡市以"原阳大米"为无形品牌，众多稻米加工企业在这个无形品牌下，都在试图打造企业自己的商标品牌。这些品牌多达几十种，现择要若干品牌列表11-2。这些品牌未来要做大做强，真正把"原阳大米"这个品牌做成中原地区、乃至全国的知名品牌，还需要较长的路要走，亟须整合，充实内涵，增强实力，共享资源，扩大影响。

表 11-2　新乡市主要大米品牌

大米品牌	主要荣誉	获奖年份
原阳大米	国家地理标志产品（国家工商总局）	2001
	河南省著名商标	2009
新丰2号大米	第六届中国优质稻米博览会金奖	2007
原黄牌大米	河南省著名商标	2009
迪一牌黄金晴大米	全国农产品加工业博览会优质奖	2009
	全国农产品加工业投资贸易洽谈会优质奖	2010
	第十一届中国国际粮油产品及设备技术展览金奖	2011
	中国农产品加工业投资贸易洽谈会优质产品奖	2014
迪一牌高硒大米	第四节中国.郑州农博会优质产品奖	2012
黄河稻夫牌有机米	第十二届中国国际农产品交易会金奖	2012
	第四节中国.郑州农博会优质产品奖	2012
	中国农产品加工投资贸易洽谈会优质产品奖	2014
龙誉牌怡口香大米	中国农产品加工业投资贸易洽谈会优质产品奖	2014
金八素牌富硒香米	第十八届中国农产品加工业投资贸易洽谈会优质产品奖	2015
水牛稻牌有机胚芽米	第十八届中国农产品加工业投资贸易洽谈会优质产品奖	2015

163 大米的营养成分与人类生活健康

大米是中国人的主食之一，无论是家庭用餐还是去餐馆，米饭几乎都是必不可少的。其易消化吸收的能量高达 96.3%，居小麦、玉米、大麦、黑麦、高粱等禾谷类作物之首。

　　糙米中大约含水分 12%、碳水化合物 75%、蛋白质 9%、脂肪 2%、矿物质 1% 左右（表 11-3）。大米是补充营养素的基础食物，是提供 B 族维生素的主要来源，是预防脚气病、消除口腔炎症的重要食疗资源。远在周、秦时代，医学家们就提出"五谷为养、五果为助、五畜为益、五菜为充"的膳食配制原则。中医认为，粳米性味甘平，有补中益气、健脾养胃、益精强志、和五脏、通血脉、聪耳明目、止烦、止渴、止泻的功效，认为多食能令人"强身好颜色"。米粥具有补脾、和胃、清肺功效；米汤有益气、养阴、润燥的功能，能刺激胃液的分泌，有助于消化，并对脂肪的吸收有促进作用。中药方剂中常用的"谷芽"（发芽的稻谷），与大麦芽制作方法、功效相同，《本草纲目》说"快脾开胃，下气和中，消食化积"，其作用较大麦芽、山楂更为缓和，促消化而不伤胃气。

　　大米是老弱妇孺皆宜的食物。病后脾胃虚弱或有烦热口渴的病人更为适宜。大米作为粥更易于消化吸收，但制作大米粥时，千万不要放碱。因为大米是人体维生素 B_1 的重要来源，碱能破坏大米中的维生素 B_1，会导致 B_1 缺乏，出现脚气病。长期食用精米不好，应粗细结合，营养平衡。用大米制作米饭时最好是"蒸"而不是"捞"，因为"捞饭"会损失掉大量维生素。同时做米饭时淘洗次数不能太多，更不能用力搓洗，以免营养物质流失（表 11-4），简单冲洗两三遍或泡洗几分钟即可。

　　值得关注的是糙米由于含较高的膳食纤维、B 族维生素和维生素 E，不仅有预防脚气病的食疗效果，而且对维持人体血糖平衡也有重要作用。但大米中几乎不含维生素 A、维生素 D。

表 11-3　稻谷籽粒组成部分主要化学成分（%）

组成部分	水分	粗蛋白	粗脂肪	无氮浸出物	粗纤维	灰分
稻谷	11.68	8.09	1.80	64.52	8.89	5.02
糙米	12.16	9.13	2.00	74.53	1.08	1.10
胚乳	12.40	7.60	0.30	78.80	0.40	0.50
胚	12.40	21.60	20.70	29.10	7.50	8.70
皮层	13.50	14.80	18.20	35.10	9.00	9.40
稻壳	8.49	3.50	0.93	29.38	39.05	18.59

　　注：无氮浸出物是包括淀粉、可溶性单糖、双糖，一部分果胶、木质素等有机物在内的一组复杂的物质。一般可通过公式无氮浸出物 %=100%−（水分+灰分+粗蛋白质+粗脂肪+粗纤维）% 求得。灰分是谷物高温灼烧后的残留物，间接表示各部分的矿物质含量。稻米的矿物质主要有铝、钙、氯、铁、镁、钾、硅、钠、锌等。

表 11-4　100g 大米淘洗过程营养物质的损失量

大米类型 及等级	淘洗次数	干物质 （%）	维生素 （%）	钙 （mg）	磷 （mg）	铁 （mg）
标准一级 粳米	淘洗前	—	—	10.54	102.70	10.54
	淘洗 1 次	2.40	2.56	5.55	4.55	1.78
	淘洗 2 次	0.40	5.36	1.06	14.94	—
	淘洗 3 次	0	—	1.64	—	—
	总　计	2.80	7.91	8.25	19.49	1.78

164　大米种类有哪些

糙米

稻谷去除稻壳之后的稻米。营养价值较高，营养成分保留 80% 左右。但耐浸水和煮食时间也较长。

胚芽米

糙米加工后去除糠层保留胚及胚乳的稻米。营养成分稍低于糙米，营养成分保留 75% 左右。

白米

即我们平时食用的大米。糙米经继续加工，碾去皮层和胚（即细糠），基本上只剩下胚乳，营养成分保留了 70% 左右。

营养强化米

添加一种或多种营养素的大米。

预熟米、速食米

经浸润、蒸煮、干燥等加工处理，开水浸泡或短时煮沸，即可食用的大米。

免淘洗米

清洁干净、晶莹整齐、符合卫生要求，不必淘洗就可以直接蒸煮食用的大米。

蒸谷米

蒸谷米，国际市场俗称"半熟米"，是以稻谷为原料，经清理、浸泡、蒸煮、干燥等水热处理后，再按常规稻谷碾米加工方法生产的大米制品，具有营养价值高、出饭率高、储存期长、蒸煮时间短等特点。

蒸谷米在中国还不广为人知，但在欧美、中东等地区非常畅销，在国外以健康米著称，卖价通常比同规格的白米高出 5%~10%。由于加工成本高、米色较深、米饭黏性较差和口味习惯等，未被国内消费者普遍接受。

中国蒸谷米的起源，最多的说法是指公元前 400 多年的春秋时期吴越时代，据《杭州市志》：吴越相争时，吴国要越国进献良种，越国大臣文种献计，将种子蒸熟后再送给吴国。结果吴国人种了，都长不出苗，造成大荒年，民心大乱，越国乘机灭吴。越国臣民大喜，将余下的蒸谷碾米造饭以表庆祝，于是沿袭下蒸谷米的食用习俗。据《中国农业科技史》记载，中国蒸谷米加工技术最早出现在宋代。公元 1101 年四川采用"先蒸而后炒"的稻米加工方法，历史上江浙、福建、江西等地都曾有蒸谷米加工。目前中粮集团江西米业是国内唯一、亚洲最大的蒸谷米加工厂。

蒸谷米外观与普通米大不一样，呈现浅黄色，颜色类似于蜂蜜、琥珀的颜色。原因一是蒸谷米经过高温、高压的水热处理，使大米内部淀粉排列结构变化，引起外观颜色改变；二是稻米糠层中营养素经过高温、高压的水热处理渗入到大米，引起颜色变深。

165　大米食用方法有哪些

米饭类食用方法

大米饭、大米粥：稻变成米之后的蒸煮烹调方式方法很多，最基本的可依煮后的含水量来分为两种：一是大米饭：一杯米加一杯水，煮出来的米适当的膨胀，里面全熟，且整锅不留水分，就是饭。二是大米粥：一杯米加三杯水，煮出来的米软烂，边缘模糊，膨胀得比原来大三四倍，且整锅还有相当多的水分，就是粥。

泡饭：饭煮好后加水。看起来有些像粥，但米没有膨胀的那么大。

炒饭：把煮好的饭和蛋、蔬菜、肉、海鲜等食材一块翻炒，可说是国际化的米料理，几乎世界各地的华人餐馆都有卖炒饭，在中国最著名的有扬州炒饭。

烩饭：干饭煮好以后，淋上以太白粉勾芡的酱汁。如牛肉烩饭、猪肉烩饭或鸡肉烩饭；淋上咖喱酱汁的就叫作咖喱烩饭。

手抓饭：中亚和阿拉伯地区常用胡萝卜、葱头、羊肉和米加水一起焖饭，熟后淋上羊油翻炒食用，手抓着吃，就叫手抓饭。

盖浇饭：中国南方常在米饭上浇上菜和菜汁一起食用，称作盖浇饭。

寿司：日本家常食物，源自中国的饭团，其特色是一口一件。将生鱼片或清淡的食材卷起后切块放在手指长度的饭团上，由于日本是岛国，亦多以生鱼片为配搭。

饭团：中国、日本等地普遍的方便食品，以饭包裹食材成团状，馅料千变万化。

粢饭（音 zi；或称粢饭团）：中国江南地区早餐食品，亦流行于香港，由饭团演变而成，以糯米为主，亦有掺其他米。通常会夹上油条、肉松和榨菜，亦有以酱瓜或砂糖等作馅料，一般食用时还配上豆浆一杯。

粢饭糕：油炸食品，将米饭煮熟，再压至方状冷却然后油炸而成。

蒸饭：把米饭以蒸的方式煮熟。

盅头饭：蒸饭的一种，也是中国广东点心的一种，以炖盅把饭和配菜放在一起蒸。

焗饭：常见于香港，在饭面铺上芡汁焗制而成。

煲仔饭：源于中国广东，把饭放进砂煲（煲仔），再用炭烧热而成，日本称为釜饭。

条类米制品

一般由米磨成粉再加工制作而成面条或面线的形状。制作过程已煮熟，煮食时以滚水烫熟即可食用。

米粉：历史悠久，可追溯至魏晋南北朝的食品，当时中国南方盛产稻米，而米粉因携带、食用方便而流行，有汤米粉及炒米粉等吃法。

米线：与米粉相似，但做法不同。以中国云南的过桥米线为源，亦最为著名。

饵丝：中国云南食品，没有米线滑溜。一般滇西和滇西北人比较爱好吃饵丝，而滇东滇中一带比较喜欢米线。著名的饵丝是腾冲饵丝。

酹粉（音 lei；俗写作濑粉）：中国广东地区的食品，经常伴与叉烧和烧鸭等烧味，如：叉烧濑。

河粉（沙河粉）：源自中国广州沙河，最著名的为干炒牛河及生牛肉沙河粉。河粉亦在东南亚相当普遍。

粿条（又称粄条或粿仔条）：泰国米制品，与河粉相似。

加工类米制品

锅巴：煮饭时锅底微焦，全干的部分。

米香（华南地区称米通）：不加水，只用高温使米膨胀。一般以混合糖的制法为主，近年亦有朱古力、花生味等口味。

爆米花：高温、高压使米粒膨胀成熟，形成较大的粒状食品。

米饼：包括雪米饼、香米饼、仙贝及婴儿吃的牙饼等。

萝卜糕：中国南方的菜色。将萝卜切丝后混入米浆蒸制成的料理。

汤圆（南方称汤圆，北方称元宵）：是一种中国节日的食物，一般在元宵节前后入汤吃。汤圆煮后汤比较清，元宵煮后汤比较浓。

糍粑（朝鲜、韩国称打糕，日本称镜饼）：以煮熟的糯米饭入石臼以木棒捶打而成，广泛分布于东亚各地。

粽子：中国端午节传统的食品，相传粽子的发明与古代中国诗人屈原投江有关。粽子使用竹叶或芦苇叶包裹糯米或黄米和其他辅料如枣、豆沙、火腿等，隔水煮熟而成。

年糕：中国各地均有不同口味的年糕，以糯米粉制成。

酒酿（又称醪糟）：用糯米饭加入酒药（由米和食用真菌制成）发酵而成。另一普遍吃法是加入汤圆做成"酒酿汤圆"（又称酒酿丸子）。

米布丁：甜品，世界各地都有，配制内容不同，主要是甜味道的米粥，中国的八宝粥就是其中一种；有些国家甚至放入果仁、橘皮、桂皮、牛奶等。但也有些米布丁是咸味道的。

饮料类制品

用米做的饮料相当多，如将米炒制后做成的米茶和糙米茶，米酒更为大众所知，广西的三花酒、浙江的加饭酒、黄酒、女儿红、四川甜米酒、日本的清酒等，都是用稻米酿制的。米浆则是一种冷热皆宜的饮料，制法与豆浆相似，将米炒过与芝麻等再加水及糖煮沸而成。

大米的食用方法太多了，仅列出以上几种。

166 怎样看待大米的精度与白度

吃粗粮、吃糙米渐成时尚，不过，和琳琅满目的精米相比，目前市场上的糙米是少之又少！糙米和精米到底差在哪里呢？

糙米经过碾米机的碾压，磨掉表面的糙米皮，每碾压一遍，米就会更白一点。碾完后再经过色选机挑出异色粒，再经抛光后形成晶莹光滑的精制白米。

胚芽米是介于糙米和精白米之间的产品，加工工艺更为复杂和精细。

一般情况下，稻谷变成糙米，还剩79%~82%的重量；之后变成胚芽米，还剩69%~75%的重量；之后变成精米，还剩57%~72%的重量。精米，基本就是稻谷的胚乳部分。

专业检测表明，每100g大米的总膳食纤维含量：糙米是3.29g，胚芽米是1.23g，一级白米只有0.3g。也就是说，糙米的膳食纤维含量是精细加工后大米的11倍！每100g糙米中维生素B_1含量是0.26mg、胚芽米是0.21mg、一级白米只有0.084mg。

从营养角度看，糙米的营养是保留最全的。但糙米含有糙米皮，含有粗纤维，吃起来口感差；其次是卖相不太好；第三是糙米中植酸含量较多，植酸是一种抗营养剂，能降低矿物质的吸收利用、蛋白质的消化及消化酶的活性。因此，也不能一味地说，白米不好，糙米越糙越好。

中华人民共和国成立初期，为节约粮食，政府推广"九二米"，即 50kg 的糙米，通常要出 46kg（92 斤）白米。这个数据如果转换成以稻谷为原料，大体相当于 70% 左右的出米率。

由于长期以来我们追求大米精白好看、口感细腻，对营养健康关注较少，这甚至影响到了大米国家标准的制定。1986 年，我国出台了大米的国家标准，这个标准是按照加工精度来进行分级的，分成四级，一级最白。2009 年，大米国家标准进行了修订，但还是按照加工精度来分，无论是粳米还是籼米，全都分成四个等级（国家定级主要是从储存安全角度考虑，去掉糙米皮和胚，能保存更长时间）。

近几年来，情况有所变化，糙米越来越受欢迎。事实上全球都经历了这么一个认知过程，真正认识到糙米的好处和对人体健康作用，国际上是 20 世纪 80 年代初开始的，在一些发达国家和地区，糙米最先受到欢迎。2005 年以前到美国也很难看到糙米，但现在各种类型的糙米产品琳琅满目。我国大米的国家标准规定，加工精度越高，等级就越高，也间接造成了加工精度越高的大米价格越贵。这样的标准使生产企业一味地追求精白细的大米，让消费者、生产厂家、市场都陷入了一个大米越精越好的误区。目前，学者已经开始呼吁尽快制定更加科学合理的大米标准体系。

167 什么是彩色稻米

彩色水稻，是指水稻叶色、穗色、糙米颜色等为常规的植株绿色、大米白色以外的其他颜色的水稻。彩色水稻是大自然对人类的馈赠，是不同区域、众多水稻类型物竞天择的结果，也是农业科技人员辛勤培育的结果。一般而言，彩色水稻有三大类型：①稻米是彩色的。由于花青素在水稻籽粒种皮内大量累积，从而使糙米出现褐色、紫色、红色、黑色、绿色等颜色，迄今未发现胚乳有色泽的品种。②叶片是彩色的。水稻的叶片呈现绿色、红色、紫色、黄色等，这类水稻品种有些大米也有色泽，但多数为普通白米，主要用于景观、标记等。③谷壳是彩色的。叶片与大米同于普通水稻，但谷壳呈现棕色、褐色、红色、黑色等。彩色水稻在新乡市稻区有零星种植，主要品种有黑香糯、血香糯等黑米、红米、绿米、紫米等，产量一般低于当地普通水稻，但效益一般高于普通品种。

依据祖国医学药食同源理论，天然食物的颜色与功能相关，如黑色补肾，白色润肺，红色补心，黄色益脾，紫色养肝，绿色防癌等。彩色稻米，一般具有补硒防癌、预防贫血、缓解疲劳、滋阴补肾、益气活血等多重保健功能，食、医兼用，色香味俱佳。

现代科研表明彩色稻米的保健功能：①清除自由基，延缓衰老；②改善营养性贫血；③增强免疫力；④具有降血脂，抗动脉粥样硬化；⑤具有耐氧化，抗疲劳等；⑥改善睡眠，具有镇静作用，对睡眠较差的老年人有催眠效果等。

彩色稻米的食疗作用主要表现在：种皮中的花色素，具有滋阴补肾，健脾暖肝，明目活血，益补心脏等功效。

此外，要注意，彩色大米米粒外部有一坚韧的种皮包裹，不易煮烂，故彩色米应先浸泡一夜再煮。黑米粥若不煮烂，不仅大多数营养素不能溶出，而且多食后易引起肠胃不适。因此，消化不良的人、病后消化能力弱的人，以及消化功能较弱的孩子和老弱病者，不要吃未煮烂的黑米。

尽管彩色水稻特色明显，如富含花青素、营养丰富等，但大面积种植推广要注意两点：一是新品种推广种植，必须审定登记，目前审定的彩色稻品种很少。二是一般食用的彩色稻米为糙米，其质地紧密、口感较粗，导致彩色米饭消费群体受限。利用彩色稻米加工成彩色面包、彩色芝麻糊、彩米饮料、彩米粉丝、彩米米粉、彩米冰淇淋等利用价值较高，但要以销定产，切莫盲目大面积种植。

下面简介黑米的特征特性：

黑米蛋白质、脂肪、维生素及矿质元素含量普遍高于白米，特别是黑米还富含白米所缺乏的维生素C。维生素C又名抗坏血酸，是人体最重要的维生素之一，可提高和稳定细胞的生物活性，促进人体伤口愈合和毛细血管的再生，降低人体胆固醇，并且有解毒和抗癌作用，这对人们健康具有重要意义。

黑稻除了富含多种人体必需的营养物质外，还具有独特的药用价值。中医认为：黑稻有"滋阴补肾，健脾暖肝，明目活血"之功效。李时珍《本草纲目》记载，黑米治"走马喉痹，调中气，主骨接风，瘫痪不遂，常年白发"等症。可治疗体质虚弱、头昏贫血、白发眼疾、腰酸腿软、四肢乏力等，奏效较快，是理想的食疗、滋补佳品。现代医学也证实了黑米的医疗价值，可治疗贫血、白发、腰膝酸软、视力不良等症。

黑米煮成米饭，颜色深棕带黑，疏松爽口，不黏不腻，入口有嚼劲，质脆韧，富青草香味，风味独特。作为主食原料，主要是用其煮粥。黑米粥深棕带紫，黝黑醇香，加入不同食物可煮成具有不同食疗作用的药膳。如加入核桃仁、芝麻、蜂蜜、玫瑰之类，温热服食，可补血益气、补脑健肾；加入红豆、红枣、百合，常食能滋阴润肺、和胃利湿，治疗缺铁性贫血；加入黑芝麻、白糖等，能使头发乌黑；加冰糖和不去红衣的花生仁，对产妇有催乳作用；加粳米、芝麻、核桃仁、红枣、白果、银耳、冰糖等，能增强人体免疫功能。将黑米配上百合、天麻、银耳、白果、红枣、核桃仁、花生仁、薏米、冰糖等煮粥，便成为难得的"黑米八宝粥"，更是一味高级滋补美食。黑米大量营养物质集中在糊粉层，因此只能以糙米形式被利用，在烹调时应有别于精白米，以熬粥为主，并提前浸泡，文火慢煮。

168　怎样识别真假黑（红、紫、绿）米

目前黑（红色、紫色、绿色）米还没有国家标准，一般参照大米标准执行。

由于彩色大米产量低、营养成分高，保健功能优于普通大米，市场售价也就高于普通大米，于是一些不法分子靠化学染色制造假黑米销售，牟取暴利。假彩色大米用肉眼很难辨别，但彩色大米的生长发育机理是相似的，现以黑米为例，告诉大家怎样识别真假黑（红色、紫色、绿色）米。"黑米一淘洗水就会发黑"，并不能得出这黑米是染色的结论。要注意以下五个关键点。

一看色泽。正常的黑米表皮是有光泽的，而染色的黑米没有光泽。优质黑米有光泽，米粒颜色有深有浅，米粒大小均匀，少有碎米、无虫、无杂质。染色黑米米粒颜色基本一致，劣质黑米的色泽暗淡，米粒大小不匀，饱满度差，碎米多，有结块等。黑米的黑色集中在皮层，胚乳仍为白色，因此，可以将米粒外面皮层刮掉，观察米粒是否呈白色，若不是呈白色，有可能是染色的假黑米。另外，黑米用指甲抓下来的表皮是片状的。如果是粉末状的那就是劣质黑米。

二看米心。正常黑米的米心是白色的。普通大米的米心是透明的，没有颜色。如果染色的黑米是用普通大米染成的，那么染料的颜色会渗透到米心里去，变成黑色。

三看泡米水。正常黑米的泡米水是紫红色的，稀释之后也是紫红色或偏红色。如果泡出的水像墨汁一样经过稀释以后还是黑色，那就是人工染色的假米了！

四是搓、闻。用手搓大米，正宗米不掉色，水洗时才掉色，而染色米一般手搓会掉色。正宗黑米用温水泡后有天然米香，染色米无米香、有异味。

五是做实验。方法一，滴白醋法：取一些黑米放入一个盘子或者碗里，加入一些白醋。最后白醋会变成红色，表明该大米是真的。原理：黑米里的花青素，遇到酸性的醋会变成红色。如果白醋不变色，则基本可以判定是染色的黑米。方法二，食用碱法：在盘子或者碗里放入适量黑米，加入适量的水和一小勺食用碱，搅拌。最后水的颜色变成蓝色，表明该大米是真的。原理：黑米里的花青素遇到碱性物质会变蓝。

169　泰国香米

泰国香米以其口感芳香软滑、外形晶莹剔透享誉世界。

基因突变，大米"致香"主因

泰国香米又称"茉莉香米"，一种长粒型大米，具有香糯的口感和独特的露兜树香味。目前泰国香米的品种有 KDML105 和 RD15 两种。泰国科学家认为，香米之"香"，是因为发生了基因突变。最好的泰国香米出产于泰国东北部和北部，那里具有特殊的生长条件，香稻扬花期间，凉爽的气候，明媚的日光，适宜的土壤，对香味的产生和积累起了非常重要的作用。为确保香稻的品质，泰国政府对香稻种植区域进行了严格限制。香米亩产较低，一般亩产 150~200kg，每年仅种植一季。大多采取传统方式，在自然条件下进行，政府提倡多用有机肥，少用化肥和农药，不提倡为追求产量而降低大米的品质。

层层把关，出口质量有保障

农业部负责稻米的品种改良、植保技术推广和农药控制，商业部负责大米出口监管。泰米出口商公会配合政府对大米出口商实施行业管理。社会检验机构负责泰国大米出口的检验检疫，并接受政府部门监管。泰国近年来年产香米约 300万 t，其中约 2/3 用于出口。2010 年泰国向中国大陆出口香米 12.4 万 t。但"泰国香米"卖遍中国，远远超过 12.4 万 t。市场调研发现，一些外包装标有"泰国香米"字样，注明的产地却在中国。有商家称，是从泰国引进种子在中国种植的香米。泰国农业部说，泰国政府从未向其他国家出口过香稻种子。

泰国香米价格比一般大米高出一倍，有些不良商家为赚取更多利润，在分装环节掺杂了泰国产的其他大米，甚至直接混进国产大米。

原装进口，确保产地正宗

泰米出口商公会说，泰国对大米的种植、加工、出口、检验等环节都有完善的管理体系。泰国香米远销 100 多个国家和地区，出口到中国的泰国香米质量同样是有保证的。

中国市场上一些标着"泰国香米"的大米，每千克零售价不到 3 元人民币，这明显有悖常理。2010 年，泰国香米平均出口价格约为每吨 1 000 美元，按此推算，加上进出口以及批发、零售环节的成本和利润，在中国市场上销售的泰国香米每千克合理售价应在 12 元人民币以上。在曼谷的大型超市，2kg 包装的上等香米，售价约合 21 元人民币。

目前进入中国市场的香米有两种。一种是原包装进口的，主要以 5kg 及以下包装为主。另一种是大包装进口，在国内进行分装。泰国原包装进口的产品外包装上 5 个标识：一是标明泰国原产；二是条形码以 885 开头；三是注明纯度在 92%以上；四是要有泰国茉莉香米官方注册标志，即绿色圆形底盘上有金色谷粒和稻穗；五是印有"五洲检验（泰国）有限公司"字样。

——（据 2011 年 7 月 22 日《人民日报》文章整理）

第十二部分　水稻收获、贮藏与综合利用

170　稻谷的科学收获

适时收获是确保稻米优质高产的关键环节之一，收获的早晚对稻米的外观、品质、食味和产量高低有直接的影响。

水稻的成熟，可分为乳熟期（开花后 25~28d，体积达到最大值，乳熟末期籽粒鲜重达到最大值，内含物是白色乳浆状、不透明。植株茎叶、谷粒、米粒全部仍是绿色）、蜡熟期（开花后 25~40d，籽粒内含物逐渐成为蜡状物。稻壳发黄，籽粒仍青色，茎叶由绿转黄）、完熟期（开花后 35~50d，稻壳、植株茎叶均变为黄色，籽粒失水变硬，呈白透明实状；籽粒含水量 19%~21%）、枯熟期（护颖和枝梗干枯或断裂）。

适时收获非常重要，既不能过早收获，也不能过晚收获。完熟末期干物质积累达到最高值，是最适宜的收获期。新乡市水稻适宜的收获期一般在水稻抽穗后 45d 左右，要因地、因天、因机等条件，力保适时收获，才能丰产丰收。

若收获偏早，成熟度不够，灌浆不充分，千粒重降低，造成秕粒多，青米多，产量低，出米率低，品质不佳，尤其是垩白明显增多。若收获偏晚，一方面会造成落粒而减产，另一方面，若遇到连阴雨天气，也会造成稻壳霉变，甚至籽粒穗发芽。人工收获时要将稻株捆成小捆，竖立摆放在田间晾晒，隔 5~7d 翻动一次，以防霉变。若遇降雨天气，雨前要将稻株运至避雨处，避免雨淋。2011 年、2016 年，新乡市水稻都因出现连阴雨天气，导致水稻在 11 月上旬收获，造成严重的产量损失和米质下降。

要大力普及推广水稻机收，缩短收获时间，提高收获效率，提高稻谷质量，减少产量损失，避免影响品质。目前新乡市水稻机收比重太低，全市平均机收率（指直接收获成籽粒的）不足 20%。

171 稻谷如何安全贮藏

一要控制好水分。水分过大，容易发热霉变，不耐储存，因此稻谷的安全水分是安全储藏的根本，入库前应经过自然干燥，水分达到安全标准（14%以下），若入库原始水分大，应及时进行干燥处理。

二要清除干净杂质。水稻中通常含有稗子、杂草、穗梗、叶片、糠灰等杂质以及瘪粒，这些物质有机质含水量高、吸湿性强、载菌多、呼吸强度大、极不稳定，而糠灰等杂质又使粮堆孔隙度减少，湿热积集堆内不易散去，这些都是储藏不安全的因素，因此，入库前必须把杂质含量降低到 0.5% 以下，可以大大提高储藏稳定性。

三要注意适时通风。新水稻往往呼吸旺盛，粮温较高或水分较高，应适时通风，特别是一到秋凉，粮堆内外温差大，这时更应加强通风，结合深翻粮面散发粮堆湿热，以防结霉，有条件的可以采用机械通风。

四要力求低温密闭。充分利用冬季寒冷干燥的天气通风，使粮温降低到 10℃ 以下，水分降低到安全标准以内，在春暖以前进行压盖密闭，以便度夏。

172 大米的贮藏特性与贮藏技术

大米在储藏的过程中极易受到陈化、霉变、受潮等危害，严重影响大米的储藏时间和营养口感。大米的贮藏特性有三点：一是含水量高的大米难以人工降低水分；二是容易发热霉变；三是容易受潮陈化。

大米在加工完成以后失去了稻壳的保护，储藏过程中容易受到外界温度、湿度等影响，降低大米品质。大米储藏过程中容易受到的危害主要有三个方面：①霉变。储藏中受到霉菌、细菌、病菌等感染，产生霉变，导致大米失去光泽、呈现黑、黄、绿等颜色，并散发霉味，口感较涩，霉变大米还会造成食物中毒。②虫鼠为害。虫鼠为害不仅会严重降低大米的储藏数量，其产生的有毒有害物质还会严重影响大米的色泽、完整，也容易带来病菌，影响大米的安全性。③受潮陈化。大米陈化主要变为色泽暗淡，米质易碎，米饭黏度下降，米汤浓度不高，口感不好，有明显的陈旧味道等。在大米水分含量高、糠粉含量高、储藏环境温度高、湿度大的情况下，大米陈化快。

影响大米储藏保鲜的主要因素有 4 个：①初始水分含量：通常以初始水分量不超过 15% 为宜。②储藏温度：大米储藏温度最好控制在 20℃ 以内。如果温度能够控制在 10℃ 以内，还能起到抑制虫鼠繁殖，抑制大米呼吸，抑制霉菌生长等作用，能极大程度地保持大米的新鲜。③储藏湿度：湿度越大，大米越容易出现受潮霉变现象，也容易滋生病虫。④包装材料：防水性、密闭性、质量好的包装袋包装的大米，能够很好地将大米与外界的水蒸气、空气和虫霉等隔绝开来，不仅能够延长储藏期限，还能很好地对大米进行保鲜。

企业化大米储藏保鲜技术主要有五大类型：

分类储藏：指对大米进行分批次、分质量、分种类的储藏，以防出现大米受潮、霉变等这类问题的相互污染。

常温储藏：当前最为常规的技术，是指水稻收割完成以后，自然晾晒，经过碾磨之后直接装入编织袋、粮柜或者粮缸当中，这是农村普遍采用的储藏方法。这种方法适合库存量较少的储藏。

低温储藏：当前实现低温储藏的方式主要有 2 种，一是机械通风降温，二是空调补充冷源，但是由于成本较高，通常都是采用的第一种方法。

气调储藏：指在大米包装当中填充二氧化碳、氮气等气体，降低包装袋内的氧气浓度，可以有效降低大米的呼吸强度，并减少害虫和霉菌活动。

化学储藏：是在大米储藏过程中添加化学制剂的一种储藏方法。主要用于防霉防虫，但要符合食品卫生质量安全要求。

家庭贮藏大米的小窍门很多，基本的要求是做到低温、干燥。

173　怎样看待大米的保质期

现行国家标准 GB1354—2009《大米》对大米保质期的要求是，"在常温下保质期不应低于三个月"，这是规定了大米的最短保质期。大米保质期的长短，与其品种、加工方式、包装方式、存放的环境条件等密切相关。真空包装的保质期相对最长，普通包装相对短些，散装米保质期更短；水分含量较多的大米，保质期会比含水量少的短；存放季节、环境高温、高湿不利于防潮、防霉、防虫。

大米的保质期一般可以多久？大米虽不像新鲜蔬菜一样容易坏掉，但存放时间越长，营养成分越易流失，营养价值越低。因此，大米一般在夏季存放 3 个月，在秋冬季为 6 个月。购买大米时一定要注意生产日期和保质期等标识。袋装大米上标注的保质期，由生产厂家通过实验确定，质监和食药等主管部门通过抽检进行监督。

真空包装的大米开封后，也会受空气中水分等影响。因此，最好选择小包装米，在一两个月内吃完。

需要格外注意的是，已经轻度变质的大米，从外表基本看不出什么变化。判断大米是否可以安全食用，方法有三种：一是看淘米水的颜色，如果淘米水的颜色发黑、发绿，最好不要食用；二是观察米胚，如果米的顶端发黑，说明大米已经过了安全食用期；三是将大米放入塑料袋中密封 5min 后打开，如果有异味，也说明大米已经变质。

174 水稻的综合利用价值

水稻对人类的贡献是巨大的，其综合利用价值非常高。

首先是为人类提供食品，大米是人类最重要的主食，世界上一半人口以大米为食，我国这个比重则达到 60% 左右。其次是重要的工业原料，用于酿造、医药等，稻壳可做燃料、填料、抛光剂，可用于制造肥料和糠醛。三是能够净化空气，吸收 CO_2，释放 O_2。四是具有湿地功能，净化污水、消解、钝化、无效化有机、无机有毒物质。五是散热功能，能够减轻城市热岛效应。六是吸、固空气尘沙，减轻雾霾。七是蓄水防涝效应。八是副产品稻草可用作饲料、覆盖屋顶材料、包装材料、席垫等。1991 年日本三菱综合研究所评估种植水稻的大米价值每 1kg 是 3 万日元，而外部综合效应是 12 万日元。

175 稻壳的综合利用价值

稻壳由内外颖组成，一般长 5~10mm，宽 2.5~5mm，厚 25~30 μm。稻壳堆积密度 96~160g/m³，粉碎后堆积密度可达 380~400g/m³。稻壳燃烧后剩下的稻壳灰，一般为稻壳质量的 20%；稻壳灰的主要成分是二氧化硅，含量高达 87%~97%；稻壳灰的容重为 200~400kg/m³，相对密度为 2.14，热导系数 0.062（碎石棉为 0.041，软木为 0.028）；稻壳灰通常具有较大的表面积，可以高达 50~100 m²/g。

稻壳的化学组分：粗纤维 40% 以上，半纤维（五碳糖聚合物）20% 以上，灰分 20% 左右；还有少量粗蛋白、粗脂肪、维生素等。其中，稻壳的有机成分有：①碳水化合物，主要由纤维素、半纤维素组成，半纤维素多为戊聚糖构成，可水解生成木糖。稻壳不含淀粉。②粗蛋白一般含量 3% 左右。③粗脂肪一般含量 1% 左右，粗脂肪的脂肪酸主要是饱和脂肪酸。稻壳的无机成分有：二氧化硅，含量高达 87%~97%，还有氧化钾、氧化钙、氧化镁、氧化铁等。

稻壳的综合利用：随着科技发展，以稻壳为原料制取的产品广泛应用于能源、化工、建筑、饲料、医药等行业。

第一，作为能源利用。2t 稻壳相当于 1t 标准煤的发热量，1kg 的稻壳可以产生 2.5kg 蒸汽，2.5kg 稻壳可以发 1 度电。因此，稻壳可以直接做燃料、发电、制造煤气等。

第二，作饲料利用。

第三，作化工原料利用。提取二氧化硅制作石英玻璃；水解制取糠醛，广泛用于合成树脂、合成纤维、合成医药、合成染料等。制取活性炭、硅酸钾。用于空气净化、制作精细陶瓷、高级涂料等。

第四，作为建筑材料利用。制作高级板材，1t 稻壳可制作 $1m^3$ 板材；制作高档砖。中国客家族村落中的圆形土楼，材料中就有稻糠。

176　米糠的综合利用价值

米糠是稻谷加工的主要副产品，一般占稻谷重量的 5% 左右。目前米糠的深加工利用价值很高，但开发增值不够，大量的还是被用作饲料。随着农产品深加工技术的研发进步，米糠的增值增效前途广阔。

米糠是米的皮层，主要由果皮、种皮、糊粉层以及胚、胚乳组成，这些成分的粒度不同，能通过 100 目筛孔的，一般称为糠粉。新鲜米糠呈黄色，有米香味。米糠的化学组分因稻谷品种不同、碾米精度不同而差异很大。一般情况下，米糠含脂肪 12%～14%、蛋白质 12%～16%、粗纤维 6%～7%、无氮浸出物 35%～40%、灰分 11%、水分 10%。米糠富含膳食纤维，总膳食纤维含量 20%～50%。膳食纤维是存在于植物细胞壁内、不能被人消化的物质，主要由纤维素、半纤维素、木质素构成，对人的肥胖、便秘、高血压、大肠癌等具有良好的预防作用。

米糠的综合利用现在是世界发达国家科研的热门，有的已经进入实用阶段。主要有以下几个方面：

酿酒。米糠是酿酒的优质原料，据资料介绍，每 100kg 米糠可以制出 47° 的白酒 7～8kg。

在食品工业上的应用。功能性食品添加物；制取米糠营养纤维；制作烘焙食品；制作饮料等。

制取米糠油。米糠油不饱和脂肪酸与饱和脂肪酸的比值为 4∶1，还有较多的维生素 E，是一种高档食用油，对降低人体胆固醇、促进人体发育有良好效果。

制作糠蜡。加工米糠油的副产品，可用于制造蜡纸、蜡笔、复写纸等。

制取植酸钙、植酸、肌醇、谷维素等。用于医药、食品添加剂等。

177 稻草的综合利用价值

稻草也是一个相当有特色的经济副产品，用途相当多，通常被用于加工肥料、饲料、造纸等。除供牛羊等牲畜食用，以稻草编成的草绳、草鞋与蓑衣，是许多农民的必备品。早期也有许多房子是以稻草做屋顶；利用稻草编织出的工艺产品，也相当常见，如草席，草帽等；在稻田中最常见的还有戴着帽子，用来吓阻鸟群的稻草人，是早期农村相当常见的景观。

目前新乡市稻农对稻草的利用，主要用来编制草绳、草苫，用于运输包装、蔬菜大棚冬季保暖等，不同年份每亩地的稻草加工收益可达 200~500 元。

由于机械化器具引进、牲畜减少等，稻草的用处也逐渐减少。许多农民水稻收割之后，会在田中以焚烧的方式来处理大量稻草，造成空气污染。最佳的方式是就地掩埋稻草，除不会制造空气污染外，还可加强土壤养分。据台湾农业改良会研究，在排水良好的稻田中，就地掩埋稻草，能对第一季水稻增产 10%；排水不良的田中，每年都掩埋稻草的话，第 4 年以后，可增产约 5%~8%。研究资料也显示，3 年中每年都掩埋稻草，会让稻田土壤有机质含量得到提升，同时田中的磷、钾、钙、铁、硅含量也有所增加。

第十三部分　水稻栽培试验与产量验收

178　为什么要进行水稻栽培试验

　　实践是检验真理的标准，进行水稻栽培试验的目的，是为了解决生产中存在的问题。通过试验研究，解决水稻怎样更高产、更省工、更节能、更优质、更环保、更高效等问题，实现水稻生产技术的不断改进和提高，促进水稻生产持续发展。一是对引进的新技术、新品种，在本地试验验证其适应性、重演性，因为在外地是高产品种、高产技术，引到本地后就不一定是高产品种、高产技术了，必须经过农技人员在小面积上试验，然后在适当的面积上进行示范验证确认后，才能在本地推广。二是针对当地条件的变化，如气候的变化、土壤的变化、品种的变化、病虫害的变化，以及市场对大米品质需求的变化，有针对性地进行比较试验，探明解决的办法后，才能组织推广。三是随着本地生产条件的变化，如机械的变化、种植规模的变化、水资源、环保要求等变化，当地的以往科学的传统栽培模式需要改进与之相适应，也必须通过试验检验后，才可宣传推广，引导群众应用。

　　品种、气候、地力、水利等各种条件不断发生变化，水稻栽培技术也就需要长期进行下去，不断研究，不断改进，周而复始，不断提高。开展水稻栽培试验，应当坚持以下基本原则：

　　一是要有针对性。要针对当地水稻生产中存在的新问题、农民的新要求、市场的新需要、生产条件的新变化，有的放矢，提高试验的实际应用价值。

　　二是要有严谨性。从试验田选择、试验方案设计、试验过程各项调查、最终结果分析，都要严格按要求进行，绝不能捏造数据，想当然行事，要由专门的专业技术人员和田间管理人员负责，确保各种措施及时落实，保证每个数据真实可靠。

　　三是要有重复性。试验要经过不同年份、不同地点的重复验证，才能得出真实可靠的试验结论用于指导生产。

　　四是要有渐进性。坚持试验→示范→推广"三步走"原则，避免盲目下结论，把一年的试验、把一个点的试验当成完美成果，有可能给生产上带来损失。

五是要有可观性。试验田要安排在交通方便的地方，便于有关领导和群众参观，一旦试验成熟，便于快速推广。

179　水稻田间试验有哪些方式

水稻试验有很多不同的方式。如田间试验、盆栽试验、人工气候室、实验室试验等。盆栽试验、人工气候室、实验室试验等，虽快捷简便，但由于试验的环境条件与大田生产差别较大，试验结果难以直接应用于生产，只是为了解决特定问题而采用的辅助试验方式。田间试验接近生产实际，是水稻生产技术的最主要试验方式。

水稻试验按试验项目的性质主要分为栽培试验和品种试验两类：①丰产栽培试验，主要研究水稻各种栽培技术措施的增产作用。②品种试验，主要研究水稻育种、引种和良种繁育等问题。

水稻试验按涉及因素复杂程度可以分为单因子试验和复因子试验两类：①单因子试验。只研究一个因子效应的试验，叫单因子试验。如品种、播期、播量、施肥量、灌溉方式等试验。一个试验因子可以从质或量的方面分成若干个具体的试验项目，叫"处理"或"水平"。如施氮量试验可以分为 5kg/亩、10kg/亩、20kg/亩等处理（水平）。降水量、气温等因子，由于目前还不能人为加以有效控制，所以一般不将其作为试验因子。②复因子试验。研究两个以上因子的试验叫复因子试验。如不同水稻品种的最佳施肥量试验，就是复因子试验。

水稻试验按试验小区大小分为小区试验和大区试验：①大区试验。试验小区面积较大的试验称为大区试验。小区面积一般 0.5~2 亩，或更大一些。②小区试验。小区面积较小的试验称为小区试验。小区面积一般 0.2 亩以下。田间试验中每个处理所占用的面积称为试验小区。

180　怎样进行水稻栽培试验

首先要明确试验目的，设计试验方案。进行这项试验的基本目的是什么，要经过实践调查，访问稻农，综合思考。在此基础上，设计好试验方案，包括试验目的、名称、地点、试验处理、小区面积、试验材料、播种方法、管理措施、田间记载表、收获办法、室内考种项目等，同时绘制田间小区示意图。

其次要选好试验田。试验田要有代表性，与计划推广地区的条件相似，水肥条件符合试验要求。前茬作物要一样，田间肥力要均匀，耕作措施要一致。所处位置适当，不能太近树、近路、近建筑物等。

第三要设置好试验小区。小区长宽比一般（3~5）：1；大区对比不设重复，小区试验设 2~4 次重复；小区面积 10~20m²，大区对比示范时，每区面积不小于 0.2~0.5 亩，一组试验应在同一田块进行；小区内水稻种植方向与当地群众种植习惯一致；小区一般按灌水方向顺序排列（与渠垂直），如果是比较严格的试验，可以采取随机排列。区组排列的方向应与试验田实际肥力梯度方向一致。

第四要设计好对照与保护行。根据试验目的，合理设置对照处理（品种或其他试验因子）。同时试验田四周均应设置保护行，保护行不少于 4 行，种植对应试验的品种。试验区组之间、保护行之间应留操作道，宽度 40cm 左右，以便于观察记载。

第五要严格试验操作。试验开始田间实施前，应把各小区的内容由"亩用量"换算成"小区用量"，提前做好准备，按时按法完成，防止田间操作出错。插秧后按试验要求逐项做好观察记载，一般要每个小区划定取样区和定点观测段，观测段以 1~2m 长为宜。

第六要搞好试验收获。成熟期搞好测产，成熟后及时收获。收获时剔除小区两边各 3~5 行、小区两头各 50cm，进行实打实收。如果小区成熟期不一致，应当按成熟期逐区收获。收获后及时脱粒晾晒、分区装入布袋，供进一步称重、检验等。收获时在取样区连续取 20 个整株，供考查植株性状。

181 目前应当注重哪些方面的水稻栽培试验研究

根据当前社会经济发展水平及水稻生产现状，围绕农业供给侧结构性改革的主线，今后一个时期水稻栽培试验的侧重点应包括以下几个方面：

一是高产栽培方面：突破性超高产优质品种的筛选、综合高产栽培技术与新型农业机械化组装配套、不同生态生产条件下的水稻综合优质高产模式等。大幅度提升水稻生产机械化水平，均衡提升水稻产量、质量、效益综合水平。

二是品质优化方面：探讨不同管理措施对水稻品质的影响，不同品种在不同年份、不同生产条件下如何保持品质稳定等。尤其是肥料的使用、微肥的使用、水的管理、农药的使用对稻米品质的影响等。

三是节本节能方面：怎样最大限度地降低耕作强度、减少化肥和水的投入，节约成本，简化栽培。如抗旱、抗虫、抗倒、节肥品种的筛选利用等。

四是生态安全方面：怎样最大限度地减少化学农药使用量。如抗病品种筛选、生物农药的选用、物理治虫技术等。

五是发育规律方面：传统水稻栽培学研究的相关水稻生长发育规律、指标、在目前条件下是否仍然对指导水稻生产实用等。

六是融合性水稻产业技术方面：将水稻生产与湿地保护、休闲农业、鱼虾养殖、民俗文化传承等有机地融合，探索水稻为主体的三产融合发展模式。

182　怎样对水稻栽培试验结果进行分析

水稻栽培试验目的不同、试验设计不同，对其结果的分析方法也不同。田间试验结果所得到的数据比较多，并且本质性的东西常常可能会被偶然性现象所掩盖。因此，在认真做好试验的基础上（尽量减少试验误差），必须对试验数据结果进行认真整理、归纳、分析，从而得出正确的试验结论。

（1）大区对比试验（示范）结果分析

将每个试验（示范）大区的实产折合成亩产，再将各个处理的亩产与对照相比，求出增减产百分比，编排位次即可。如表13-1所列××品种4种插植模式的试验（示范）结果，简单明了，可以看出，A模式最好，D模式次之，C模式最差。

表13-1　××品种4种播种方式比较试验结果（模拟）

插植模式 （行距 cm×穴距 cm）	小区产量 kg	折合亩产 kg	比 CK 增产		位次
			（kg）	%	
A 模式（30cm×12cm）	70.0	700.0	+80	+12.9	1
B 模式（25cm×16cm）（CK）	62.0	620.0	——	——	3
C 模式（20cm×20cm）	55.0	550.0	−70	−11.2	4
D 模式（30cm×24cm）	65.0	650.0	+30	+4.8	2

（2）小区对比法试验结果的分析

以××××水稻品种插秧期比较试验结果（模拟，表13-2）为例，说明小区对比法设计的试验分析方法。

①分别将各处理（插秧期）的二次重复小区产量求合计数，并将合计数折算成亩产。②计算每个处理产量与邻近对照产量的百分比。因为对照产量是统一的对照标准，因此每个对照均为100%。③按求得的百分比高低编排处理位次，从中得出最佳插秧期。

表 13-2　××××水稻品种插秧期比较试验结果（模拟）

插秧期	小区产量（kg）			折合亩产（kg）	为对照的%	总位次
	重复 I	重复 II	合计			
6 月 10 日	74.0	76.0	75.0	750	107	1
6 月 15 日（CK）	70.0	70.0	70.0	700	100	2
6 月 20 日	70.0	66.0	68.0	680	97	3
6 月 25 日	61.0	61.0	61.0	610	87	4
6 月 30 日	56.0	54.0	55.0	550	79	5
7 月 5 日	53.0	51.0	52.0	520	74	6
7 月 10 日	49.0	49.0	49.0	490	70	7

（3）随机区组试验结果分析

随机区组试验结果分析，有简易分析法和方差分析法。前者较简便，后者更严谨。现以 6 个旱种水稻品种（即 6 个区组）、3 次重复的丰产性比较试验结果（表 13-3）为例，说明随机区组试验简易分析法：第一步：分别将各处理（品种）的三次重复小区产量求合计数，并将小区合计数折算成亩产。第二步：计算每个处理产量与对照产量的增产百分比，编排位次，即可确认最高产品种。

需要方差分析时，参阅农业生物统计学。

表 13-3　六个水稻品种丰产性比较试验结果（模拟）

品种名称	产量（kg/小区）				折合亩产（kg）	比对照±%	位次
	重复 I	重复 II	重复 III	合计			
A（CK）	47.0	47.9	48.9	143.8	479.3	0	4
B	54.6	52.8	53.5	160.9	536.3	+11.9	1
C	44.7	45.6	46.7	137.0	456.7	-4.7	5
D	43.7	42.8	43.9	130.4	434.7	-9.3	6
E	48.6	48.8	49.2	146.6	488.7	+2.0	3
F	51.0	52.3	50.1	153.4	511.3	+6.7	2

183　怎样写水稻试验研究报告

做好水稻试验研究是基础，写好试验研究总结（论文）也很重要，它既是把研究成果用于社会实践的有效传播途径，也是研究成果被社会认可的需要。

水稻试验研究总结（论文），有别于一般技术工作总结，最好按论文的格式撰写。一般应包括：标题、作者、摘要、关键词、前言、正文、结论、参考文献、英文摘要等。如果向报纸杂志投稿，应按该杂志的具体要求进行。①标题。用词准确，内容具体，观点鲜明，词语精炼。②作者。完成试验研究的单位和个人。包括作者姓名、工作单位、邮政编码；多名作者和多家完成单位的，以对研究工作的贡献大小排序。③摘要。对论文简明扼要的陈述。为读者提供主要信息，为情报检索提供方便。摘要应当突出表达主要研究成果和结论，语言高度精简概括，一般100~300字。④关键词。反映文章内容特征的几个关键性名词。一般3~5个即可。⑤前言。文章的开头、引言，向读者介绍研究的目的、意义。但勿要自我评价。⑥正文。文章的核心部分，包括三大部分：材料与方法，结果与分析，结论与讨论。⑦参考文献。写作过程中参考的别人研究成果。参考文献应是正式发表和出版的文献资料。⑧英文摘要。国内农业学术刊物，一般都要求附英文摘要。英文摘要包括英文标题、作者、摘要、关键词。

184　怎样组织水稻生产观摩

每年水稻收获前，在一定范围内组织水稻生产观摩，是抓好水稻生产常见的组织形式。通过专家、领导、基层干部、群众代表共同现场观摩水稻品种、田间长势、各种对比示范、各种典型，交流看法，统一认识，为下年水稻生产选择适宜品种、确定主推技术，推进水稻生产向前发展。

为了提高观摩效果，组织观摩会应当注意以下事项。

一是参加人员、人数要适当。市级水稻生产观摩会应由当地农业行政部门、科技部门、科技型企业等牵头组织，参加人员包括当地政府领导、分管农业领导、农业科技人员、乡村干部、种田农户代表、种子企业代表、新闻记者等。一般总人数50~100人为宜，人数过多时田间观摩不便，效果不好。如果是某一品种、某一技术的专业性观摩，可以由某个单位组织，人数以10~30人为宜，便于现场仔细观摩和研究交流。

二是观摩路线、观摩现场要科学设计。观摩路线要力求最近，最好不要走回头路；观摩地点要有典型性、针对性、代表性。同时便于参观，便于车辆运行、调头，观摩点介绍情况的人要熟悉情况，简明扼要、清晰地表述观摩内容，最好现场配发情况介绍的相关资料。

三要提前做好准备。设计、印发一个观摩路线图，提供给相关人员，让与会者和服务会议者明白观摩会议的观摩路线和时间安排。每辆观摩车上要安排一名服务联系人员，防止车辆走失。

四是水稻观摩时间和观摩会议时间安排要适当。观摩时间太早了，水稻最终的生长结果难以判定，太晚了水稻开始成熟枯黄时，看不出某些特征特性。一般应当在水稻成熟的前15d左右进行。观摩会议一般要安排70%的时间现场观摩，30%的时间进行室内会议交流。

185　水稻产量验收有什么意义

　　组织水稻产量验收，可以对水稻高产竞赛结果、水稻新品种的丰产性状、新技术的应用效果予以客观评价，有利于推动水稻生产向前发展。第一，产量验收可以检验水稻新品种的丰产性。追求水稻生产高产，品种自身的丰产性很重要，当更换（推广）一个新品种时，这个新品种相对于过去种植的品种有没有推广价值，应通过试种、验收产量才能下结论，才能决定是否大面积推广应用。第二，产量验收可以检验某一技术的应用效果。同样的品种，采用了不同的栽培管理技术，这种技术的效果如何，通过产量验收结果，予以肯定或否定，决定是不是可以在生产上应用。第三，产量验收可以对水稻高产竞赛活动进行评价，对组织水稻生产的工作予以认定。第四，通过产量验收，让群众参加、观摩，用事实说话，引导群众使用新品种、采用新技术。水稻产量验收，一般包括测产、实收两种方法，根据需要，适当掌握。

186　水稻测产验收办法

　　农业部办公厅2008年出台了《全国粮食高产创建测产验收办法（试行）》（农办农〔2008〕82号），规范了水稻产量验收的相关要求和具体办法。

　　（1）基本要求

　　一要科学规范、公开透明、客观公正、严格公平；统一标准，严格把关，阳光操作。二要科学选点。不论是小面积攻关田，或是大面积示范方，乃至万亩高产方，要注意区域代表性、田块代表性、测点代表性，确保测产科学有效。三要统一标准，实行理论测产和实收测产相结合。四要与技术档案相结合，有具体地点、农户、分布图、工作方案、记载档案、工作总结等，便于宣传推广。五要选择5~7名具有副高以上职称的从事水稻科研、教学、推广的专家组成测产验收专家组，其中推广专家应占3~5名，设正副组长各1名，测产验收实行组长负责制。

　　该办法明确的具体测产步骤包括：在听取高产创建者汇报情况、查阅有关档案后，确定取样方法、测产程序和人员分工。实施理论测产和实收测产。结合测产实践，分理论测产、实收测产分别表述其具体测产程序和注意事项。

　　（2）理论测产

　　①田块及取样点选择。将万亩示范方按田间长势划分为30~50个（千亩方划分为5个）测产单元，每个测产单元选取有代表性的1个田块进行理论测产，每个田块面积1亩以上，按对角线3点取样。小面积攻关田（1~20亩），根据

田间长势，按对角线法随机 9 个点取样。

②田间取样点取样方法。移栽稻每点随机量取 21 行，测量行距；随机连续量取 21 穴（株），测定穴（株）距、计算每亩穴数；连续选取 20 穴测定每穴有效穗数（结实籽粒 5 粒以上的稻穗计入）、每穗实际结实粒数，计算每亩有效穗数及每穗平均粒数及平均结实粒数。抛秧稻每点取 1 m² 以上面积，调查有效穗数；取平均穗数左右的稻株 5 穴（累计不少于 50 穗）调查每穗粒数、结实率。千粒重以该品种审定公告平均值计算。

③计算产量。

理论产量（kg/亩）＝有效穗数（万穗/亩）×穗粒数（粒）×

结实率（%）×千粒重（g）÷1 000 000×0.9

式中：有效穗数（万穗/亩）——（20 穴平均有效穗数）穗数/穴×穴数/亩 ｛666.67÷［行距（m）×穴距（m）］｝。

穗粒数（粒）——20 穴全部稻穗的平均籽粒数。包括空秕粒和结实粒。

结实率（%）——结实粒数/总粒数数×100%。

千粒重（g）——该品种审定公告平均值。

0.9——是缩值系数。一般根据经验得出，在测产专家经验相对不是十分丰富的情况下，此值可采用 0.85。

（3）**实收测产**

实产验收，就是通过实际收获、实际称量，得出实际产量。通常在严格的水稻试验研究、品种比较、高产竞赛活动时采用。

①实收田块选择。万亩示范区划分为 10 个百亩方，随机选择 3 个百亩方、每个百亩方随机选取 3 块田（共 9 块田）进行实收测产，每块田实收 3~5 亩。千亩方、百亩方依此方法分别选择 5 个、3 个田块实收。高产攻关田按面积全部实收。

②田间实收。机械收获后装袋并称重，计算扣除袋子后的水稻籽粒总重量（kg，用 W 表示）；→专家组对实收地块面积进行丈量（m²，用 S 表示）；→随机抽取实收稻谷 50 kg，去杂后计算出杂质含量（%，用 i 表示）；→取去杂后的稻谷 1~2 kg 测定水分和空秕率；→剔出空秕粒，称重后计算出空秕率（%，用 e 表示）；用谷物水分速测仪测定含水率，重复 10 次取平均值（%，用 M 表示），计算每块田产量 Y，再把 9 块地的产量相加，计算万亩区平均产量 $\overline{Y}$。

③产量计算。

每块田产量 $Y=(666.67÷S)×W×(1-i)×$

$(1-e)×[(1-M)÷(1-Mo)]$

式中：Mo——标准干重含水率。籼稻 13.5%、粳稻 14.5%。

万亩方平均亩产量 $\overline{Y}=\sum Y \div 9$。

最后，专家组提交测产验收报告。

注意事项：收割前由专家组对收割机进行清仓检查；田间落粒不计算重量。确定测产的地块或地段中间不得有沟渠、坟头、机井房等障碍物。实际丈量收获田块的长和宽，计算实际面积。如果是选择地块中间部分收获时，地块的"宽"，从收获一侧最边行的水稻植株基部，量至另一侧未收获植株的基部；地块的"长"，丈量收获水稻行两端之间的长度即可。如果某些情况下可以采取室内烘干、去杂计算实产，现场取样后立即称量样品（鲜）毛重，然后用塑料袋密封装好，拿回室内称重、晾晒或烘干，得出样品净（干）重，然后计算样品毛重与净（干）重的比值，得出折净（干）率，折净（干）率乘以田间（鲜）毛重，即实际产量。

为了防止现场验收时出现差错，测产验收前要制订、携带下面（表13-4）样式的田间实产验收和样品登记草表，现场填写，每个地块一张表，作为田间测产的原始记录，备最后填写验收报告用。

表13-4 ××××年水稻田间测产验收记录草表

现场记录	验收地点、地块编号：
	品种名称：
	面积丈量：长××m，宽××m，实收面积××m²。
	行距：_____cm；穴距：_____cm；计算得出：每亩穴数：_____穴。
	每穴有效穗数： 计算得出：每穴平均有效穗数_____；每亩有效穗数_____。
	每穗结实籽粒： 计算得出：平均穗粒数_____。（其中结实粒数_____，空秕粒_____粒）
	收获方法与时间：
	现场称重：第一称：_____kg，毛皮_____kg，实际毛重_____kg； 第二称：_____kg，毛皮_____kg，实际毛重_____kg； …… 共计_____称、共计毛重_____kg；折合每亩毛重_____kg。

（续表）

样品记录	样品毛重：_____ g，毛_____皮_____ g，样品实际毛重_____ g
	样品杂质重量：_____ g，样品净重_____ g
	样品净（干）重：_____ g
	样品折净（干）率：_____ %

附：新乡市一高产攻关水稻田理论测产步骤实例

①丈量行距。连续丈量 21 个稻株行距为 600cm，实际是 20 个行距，则平均行距为 $600/20=30cm$；

②丈量穴距。随机连续丈量 21 个稻穴长度为 234cm，实际是 20 个穴距，则平均穴距为 $234/20=11.7cm$；

此时可计算得出每亩插植穴数：$666.67/（30×11.7）=1.899$ 万穴/亩。

③查数有效穗数和结实粒数：在丈量 21 穴长度的行中，连续查数 10 穴得出有效穗数共计 138 穗，则每穴平均有效穗 13.8 个。依此计算得出每亩有效穗数：1.899 万穴/亩×有效穗 13.8 个/穴＝26.2 万穗/亩。同时，查数 10 穴全部稻穗的穗粒数为 186 162（结实粒 175 178 粒＋空秕粒 10 984 粒），则平均穗粒数为：186 162 粒（结实粒 175 178 粒＋空秕粒 10 984 粒）/138 穗＝134.9 粒/穗；依此计算得出结实率为：结实粒数 175 178 粒/总粒数 186 162 粒＝94%。

④千粒重。该品种审定公告千粒重平均值为 26.5g。

⑤缩值系数。根据经验，采用 0.9。

⑥计算理论产量。有效穗数 26.2 万穗/亩×穗粒数 134.9 粒×结实率 94%×千粒重 26.5g÷100×0.9＝理论产量 792.37kg/亩。

187 怎样填写水稻产量验收报告

水稻产量验收报告，根据验收的目的不同，填写的内容各有侧重，一般情况下，应当包含表 13-5 所列的内容，根据需要，可以增删。同时，要填写验收组专家名单（一般 5~7 名，单数）与职称（表 13-6）。

表 13-5 ××××××水稻测产验收报告样式参考

水稻测产验收报告

×月×日，专家组（见附名单）对×××完成的××××××项目，进行了现场测产，结果如下：

测产地点：新乡市原阳县××乡××村×××承包田

水稻品种：新丰 6 号；面积：15.8 亩

测产方法与结果：全地块均匀布局，随机选取 6 个测产点，实地丈量面积为 15.8 亩。实测行距平均为 30cm、穴距平均 12cm。连续查数 10 穴得出每穴平均有效穗 13.8 个；查数 10 穴全部植株穗粒数平均为 134.9 粒/穗，结实率为 94%。千粒重按该品种审定公告千粒重平均值为 26.5g，采用缩值系数 0.9。

测产计算理论产量：792.37kg/亩（26.2 万穗/亩×穗粒数 134.9 粒×结实率 94%×千粒重 26.5g÷100×0.9＝理论产量）。

测产验收组组长：（签名）
副组长：（签名）
二〇一七年十月×日

表 13-6 ××××××水稻测产验收组专家名单

测产组职务	姓　名	单　位	专　业	职　称	联系电话	签　名
组　长						
副组长						
成　员						
成　员						
成　员						
成　员						
成　员						

××××年××月××日

188　怎样写好水稻生产技术总结

写好水稻生产技术总结，对总结水稻生产经验、分析生产存在问题、提高水稻种植水平、推动水稻生产发展有重要意义。水稻生产技术总结一般由标题、正文和落款三部分组成。

一是标题。标题的一般格式为：范围+内容+总结，有的还在内容之前加上时间。如下面链接：新乡市农技站《新乡市 2015 年水稻生产技术总结》。

二是正文。正文一般分为导语、主题两部分。导语部分一般应当包括面积和产量结果、成产要素特点、本年度的气候特点等。主题部分一般包括主要成绩、做法、存在问题和体会等。要把主要成绩、做法事先罗列一下，分出详略。主要的放在前面，详细叙述，次要的放在后面，从轻从略。既要用事实说话，有具体的材料和必要的统计数字，又要点面结合，有总的归纳，有典型事例，忌就事论事，搞材料堆砌，找出规律性的东西、本年度突出的特点。存在问题主要写哪些工作没做好，哪些技术不到位及其失误的原因等。

三是落款。包括写总结的单位、总结的日期，可以落在标题之下，或者文章最后。

写好水稻生产技术总结，应注意五个问题。一是内容充实，层次分明。让事实说话，用数字表达。动笔之前要搞好调查，吃透情况，在此基础上精心构思，先编写提纲，后下笔撰写。二是要主次有别，点面结合。做过的工作千头万绪，写作时不能面面俱到，多用典型说明总体情况。三是要突出重点，找出规律。肯定工作成绩，找出经验教训，明确努力方向。要认真归纳、概括，找出规律，上升到理性认识。四要语言朴实，实事求是。语言词句要朴实无华，要准确无误，如"增产一成""增长一倍""历史新高"等词语，要斟酌使用，力求准确。五要广听意见，反复修改。初稿完成后，要广泛征求意见，进行修改，防止分析失当，出现差错。

实际工作中，文无定式，可以灵活多样，但基本的模式是大同小异的。

链接

新乡市农技站2015年新乡市水稻生产技术总结

在市委市政府和上级业务部门的支持下，经过广大干群的共同努力，通过推广关键技术，落实应变管理，今年水稻在去年高基数的基础上再次获得了丰收，单产创历史最高水平。

一、基本情况

农业部门统计，2015年全市水稻种植面积28.2万亩，较上年减少5.3万亩；亩产557.8kg，较上年增产11.7kg，增2.14%；总产15.73万t，较上年减少2.51万t，减13.76%。

今年水稻生产呈现五个特点：一是面积继续减小。由于今年水稻插秧期干旱少雨，加之黄河水下放较晚（6月底放水），地下水位下降，水稻插秧较常年晚5d左右，种植面积继续萎缩，水改旱面积大，水稻、旱作物插花种植现象普遍。二是品种更新换代步伐加快。今年我市水稻主导品种新丰2号、新稻22、新丰6号、五粳04136、五粳519等，优质高产品种应用面积进一步扩大。三是灌浆充分。今年水稻生产关键期天气较好，晚熟面积大，灌浆期延长。四是病虫害发生较轻。今年除少部分地块、个别品种二化螟、穗颈瘟发生较重外，水稻病虫害整体发生危害较轻。五是水稻机械收获面积逐步扩大。通过近几年的大力推广，水稻机械收获、半机械收获基本普及，从传统的割、捆、拉、打繁重人工收获向机械收获转变加快。

二、气象对水稻生产影响

6—10月，累计积温3 662.8℃，比常年增加166.9℃，增幅4.77%；比去年增加20.7℃，增0.57%。降雨355.8mm，比常年减少79.3mm，减18.23%；比去年减少96.2mm，减21.28%。日照时数920.3h，比常年少101.2h，减9.91%；比去年多182小时，增24.65%。整体上，水稻生育期积温略高于常年，但日照时数减少。

6月积温799.6℃，比常年增加35.6℃，增4.66%，日均温较常年偏高1℃以上。6月份降水87.7mm，比常年增加20.2mm，增29.9%。日照时数160.7h，比常年少73.8h，减31.5%。6月中旬以前，全市降水量只有2.5mm，影响了水稻插秧，个别灌溉条件差的地区，出现改种玉米的情况。同时日照时数降低，插秧后的稻田返苗受到影响。

7月积温862℃，比常年增加27.4℃，增3.28%，与去年基本持平。降雨77.2mm，比常年少82.5mm，减51.66%；比去年少56.8mm，减42.39%。日照时数208.4h，比常年多6h，增2.69%；比去年多2.8h，增1.36%。7月份整体积温偏高、降水较少、日照时数偏多。7月上旬降水偏少，只有0.1mm。7月21—25日，全市普降中到大雨，降水量67.6mm，对解除旱情较为有利。

8月积温827.7℃，比常年增加27.1℃，增3.38%；比去年增加39℃，增4.94%。降水量115mm，比常年少2.3mm，减1.96%；比去年多7.6mm，增7.08%。日照时数191.8h，比常年少20h，减9.44%；比去年多48.3h，增33.66%。8月份气温适宜，日照时间相对平均，降雨时间空间分布相对均匀，为保粒数打下了良好的基础。

9月积温662.9℃，比常年增加30.9℃，增4.89%；比去年增加23℃，增3.59%。降雨39.6mm，比常年减少16.3mm，减29.16%；比去年减少128.2mm，减76.4%。日照时数167.3h，比常年少18.2h，减9.81%；比去年增加61.9h，增58.7%。9月天气条件整体有利于水稻灌浆。

10月积温510.6℃，比常年增加45.9℃，增幅9.88%；比去年减少37.4℃，减6.82%。降雨36.3mm，比常年增加1.6mm，增4.61%；比去年增加31.3mm，增62.6%。日照时数192.1h，比常年多4.8h，增2.56%；比去年增加53.1h，增32.8%。10月份的天气对水稻后期灌浆有利，灌浆时间长，晚熟面积大。

三、主要措施

(一) 优化品种布局

今年在品种布局上，主导品种新稻22、新丰2号、黄金晴、新丰6号、五粳04136，搭配品种新稻25、五粳519、获稻008、新稻18等，品种布局更趋合理。

(二) 培育水稻壮秧

一是推广稀播技术。塑料软盘育秧每盘播种量40~50克，湿润育秧每分地播种量控制在3.5kg左右，为壮秧奠定基础。二是大力推广壮秧剂应用技术，防治水稻苗期立枯病及生理性黄苗、死苗。

(三) 测土配方施肥

稻区麦收前后进行取土化验，科学施肥。一般地块亩施45%配方肥40kg加尿素10kg左右，配方施肥技术应用面积达到90%。在施肥方法上，采取前重、中控、后轻的原则，重视有机肥施用，适当控制氮肥用量，增施钾肥及中微量元素。

(四) 防治好主要病虫害

根据近年来水稻病虫害发生特点，将水稻纹枯病、穗颈瘟、稻曲病、稻飞虱、稻纵卷叶螟列为病虫害防治重点，加强测报，及时发布防治信息，组织群众统防统治，将病虫危害造成的损失降到最低限度。农业部门通过发布病虫预报信息、召开现场会、集中培训指导、电视预报等多种形式组织群众在最佳防治时机进行统一防治，有效地控制了病虫害的发生蔓延，将损失降到最低限度。

(五) 大力推广水稻轻简栽培技术

水稻生产劳动强度大，尤其是插秧环节，季节紧、人工紧张、工价高，每亩插秧人工费200元左右，传统的湿润育苗、人工插秧不但费工费时，而且增加生产成本，降低种植效益。近年来，原阳县的机插秧面积逐年扩大，而获嘉县则大力推广水稻抛秧栽培技术，降低劳动强度，节约生产成本，提高种植效益，推广面积迅速扩大，2015年全县水稻盘育抛秧栽培面积占到43%。

(六) 狠抓高产创建，实现均衡增产

2015年，在原阳、获嘉各设高产攻关田1块，经测产，亩产分别达到735kg、768.5kg，较我市平均亩产分别增产31.8%、37.8%。通过高产创建，实现了关键栽培技术的大田应用，辐射带动周边农户开展科学种稻。

(七) 加强技术培训、指导

继续开展千名科技人员包千村活动，从全市农业、科研、教学等部门遴选1 000名农业科技人员组成包村科技人员，分包全市3 000多个行政村，积极开展送科技下乡活动，把高产管理技术送到田间地头，确保各项增产技术措施落实到位。重点推广水稻机插秧、抛秧、病虫害综合防治、测土配方施肥、节水灌溉、

精确定量栽培等关键技术。

（八）推广无公害稻米生产技术

中高毒农药由于毒性强，残效期长，在水稻上应用后，直接影响大米的食用安全，而且喷洒时容易引进人身中毒。一方面我们通过改善栽培技术，提高水稻的抗病虫能力，减少喷药次数；另一方面，大力推广生物农药及高效低毒农药的应用技术，推荐使用甲维·氟铃脲、甲维盐、中生菌素、井冈霉素等中低毒或生物杀虫、杀菌剂，禁止使用甲铵磷等高毒、高残留农药。

四、水稻面积下降的原因分析

（一）引黄灌溉恶化

引黄灌溉是我市水稻种植的一个重要特点和优势。但近年来，受小浪底调水调沙的影响，黄河主河槽南移且下切较深，引水口门和引黄穿堤闸门逐年抬高，引水困难。特别在调水调沙后的 7 月，黄河水量极小，而此时正是稻区急需用水之际，引黄灌溉反而成为制约水稻插秧的最主要因素。部分稻区，由于不能引黄灌溉，改用井灌，成本较高，水稻生产需水量又大，极大增加了种植成本，影响了种植积极性。

（二）比较效益下降

种植水稻与种植玉米相比，种子、化肥、农药用量高，加上病虫害多，水稻生产成本节节攀高。由于灌溉、用工成本高于其他作物，许多农民改种产量更稳、种植更方便的玉米等，收益比种水稻相差不多。另外，土地流转费用连年上涨，也成为制约水稻发展的一个原因。

（三）费时费工加剧

我市水稻生产过程包括育秧、耕整、插播、灌溉、施肥、病虫害防治、收割、干燥等，历时 6 个多月。整个生产过程需用工 10 个以上，特别是育苗、插秧、收割用工量大，劳动强度高。人工费用剧增，2014 年水稻插秧季节每天工费最高涨到 200 元。但另一主要秋作物玉米产量稳定，技术成熟易掌握，种植方便，机械化程度高，劳动力投入少，许多水稻种植户改种玉米外出务工。

五、存在问题及打算

（一）存在问题

一是水稻面积逐年下降。2015 年，全市水稻种植面积继续萎缩，比上年减少15.8%。二是机械化程度还比较低。随着人工成本提高和农业现代化程度提高，我市水稻机械生产水平还较低，严重制约了效益提升。三是主导品种不够突出。

（二）下步打算

一是继续加大品种的引进和试验示范力度，推进水稻品种更新换代。二是开展水稻农机农艺融合的试验研究，推广成熟的机械化栽培技术，提高机械化程度，降低成本，提升种稻效益。

189 水稻田间试验通常记载项目与标准

　　水稻栽培试验要经过秧田育秧、本田生产两个阶段，搞好田间观察记载，统一记载标准，对最后得出正确试验结果和系统分析非常重要。一方面要做好试验田基本情况记载，另一方面要记载好水稻生长发育和收获产量情况。调查记载的内容很多，根据试验目的可以予以取舍。现将主要调查项目记载标准和方法解释如下。

　　育秧情况

　　品种名称：具体记载供试品种审定名称及当地群众俗称；标明是原种、或是大田用种；以及具体的发芽率、千粒重等。

　　种子处理：种子翻晒、清选、药剂处理等措施；药剂名称、浓度，以及时间。

　　育秧方式：水育、半旱、旱育、塑料盘育等及具体方式方法。

　　秧田播种量：秧田净面积播种量，以 kg/亩表示。

　　秧田施肥：日期及肥料名称、数量。

　　秧田管理：除草、病虫防治等日期及药剂名称与浓度。

　　试验田（本田）概况

　　土壤质地：目测、手感耕层土壤质地，按重壤、中壤、轻壤 3 级填写。

　　土壤肥力：一般分为肥沃、中等、一般 3 级。同时取土化验氮、磷、钾、有机质以及钙、镁、硫、硅等元素含量。

　　前茬作物：作物名称、种植方式及产量等。

　　整地情况：耕耙地的日期、耕地深度、地面平整程度等具体状况。

　　基肥：肥料名称及数量。

　　试验设计

　　设计方法及重复次数。

　　试验田小区（大区）面积：实栽面积，以 m² 表示。

　　行株（穴）距及亩穴数：以 cm 表示。插植后连续量 21 行、21 穴，平均得出。依此计算得出每亩穴数。

　　每穴苗数及基本苗：每穴栽植秧苗数，在插植后 5~10d，连续查数 20 穴，平均得出每穴苗数。依此计算得出亩基本苗：即每亩穴数×每穴苗数。以万/亩表示。

　　保护行设置：品种名称、保护行宽度、水稻行数等。

田间管理

追　肥：日期、肥料名称、数量及使用方法。

病虫草鼠鸟防治：防治日期、农药名称与浓度、防治对象及施药方法。

其他田间管理：人工除草、耘田、晾田等措施及日期、方法。

气候条件：试验期间气候概况及特殊气候天气对试验的影响。

特殊情况说明：如遇重大病虫灾害、气象灾害、鸟禽畜害、人为事故等异常情况，应判断试验结果是否还可用。

生育期及田间长势

浸种期、催芽期：实际浸种、催芽日期，以月/日表示。

播种期：秧田或旱直播的实际播种日期，以月/日表示。

秧田出苗期：秧田出苗60%以上的日期。以月/日表示。

移栽期：实际移栽日期，以月/日表示。

分蘖期：50%植株产生分蘖叶尖露出叶鞘的日期，以月/日表示。

始穗期：10%稻穗露出剑叶叶鞘的日期，以月/日表示。

齐穗期：80%稻穗露出剑叶叶鞘的日期，以月/日表示。

成熟期：粳稻95%以上结实籽粒黄熟、米质坚硬的日期，以月/日表示。

全生育期：秧田播种次日至成熟之日的天数。以 d 表示。

最高群体：分蘖盛期在调查基本苗的地段每 3d 调查一次苗数，直至苗数不再增加为止的最大值（若干个调查点的平均值）。

分蘖率：最高群体/基本苗×100%，以百分率表示。

分蘖性：在分蘖盛期估测：分为强、中、弱 3 级。

有效穗：每穗实粒数多于 5 粒者为有效穗（白穗亦算作有效穗）。收获前调查 20 穴平均。

成穗率：有效穗数/最高苗数×100%，以百分率表示。

株　高：在成熟期选有代表性的植株 10 穴，测量每穴之最高穗，从茎基部至穗顶（不连芒），取其平均值，以 cm 表示。

群体整齐度：根据长势、长相、抽穗情况目测，分为整齐、中等、不整齐 3 级。

田间杂株率：试验全程调查明显不同于正常植株的比例，以%表示。

抽穗整齐度：抽穗期目测，分整齐、中等、不整齐 3 级。

株　型：分蘖盛期目测，分紧凑、适中、松散 3 级。

长　势：分蘖盛期目测，分繁茂、中等、较差 3 级。

叶　色：分蘖盛期至孕穗期目测，分浓绿、绿、淡绿 3 级。

叶鞘色：分蘖盛期目测叶鞘的实际色泽，分为绿、淡红、红、紫色等。

颖壳及颖尖色：在颖壳坚硬、成熟期观测，颖壳色分为秆黄色、黄色、红褐色、紫黑色等。颖尖色分为秆黄色、红色、紫色等。

叶 姿：分蘖盛期目测，某片叶的叶姿按挺直、中等、披垂3级记载。

穗 型：成熟期目测，一般按穗的弯曲程度，分直立、中等、披垂3级。亦可按小穗和枝梗及枝梗之间的密集程度，分紧凑、中等、松散3级。

粒 型：分为卵圆型、短圆型、椭圆型、直背型4种。

芒：按无芒、顶芒、短芒、长芒、芒色五种情况描述。无芒——无芒或芒极短；顶芒——穗顶有短芒，芒长在10mm以下；短芒——部分或全部小穗有芒，芒长在10~15mm；长芒——部分或全部小穗有芒，芒长25mm以上；芒色——分为秆黄、红色、紫色等。

抗病性：记录各品种叶瘟、穗瘟、白叶枯病、纹枯病等病害及虫害田间发生情况，分无、轻、中、重4级记载，叶瘟、穗瘟、白叶枯病、纹枯病分级标准如表13-7。

表13-7 水稻叶瘟、穗瘟、白叶枯病、纹枯病分级标准

病 害	级别	标 准
叶 瘟	无	全田没有发病。
	轻	全田1%~5%面积发病；每片叶病斑数量1~4个。
	中	全田20%面积发病；每片叶病斑数量5~10个。
	重	全田50%以上面积发病；每片叶病斑数量超过10个。
穗 瘟	无	全田没有发病。
	轻	全田1%~5%穗及穗茎节发病，其中个别植株出现白穗或断节。
	中	全田20%左右穗及穗茎节发病，出现白穗或断节较多。
	重	全田50%以上穗及穗茎节发病，其中个别植株出现白穗或断节。
白叶枯	无	全田没有发病。
	轻	全田1%~5%面积发病。
	中	全田10%~20%面积发病，部分病斑枯白。
	重	全田枯白，50%以上面积发病。
纹枯病	无	全田没有发病。
	轻	基部叶片部分发病，个别植株通顶。
	中	基部叶片发病普遍，10%~15%植株通顶。
	重	病势大部分蔓延至顶叶，30%以上植株通顶。

倒伏：记载倒伏时期、原因、面积、程度。

倒伏程度：分4级。

1级：不倒伏（直）。株植与地面夹角90°~75°；

2级：轻度倒伏（斜）。株植与地面夹角74°~45°；

3级：中度倒伏（倒）。株植与地面夹角44°至穗部触地；

4级：严重倒伏（伏）。株植与地面夹角43°~0°，基本平铺于地。

倒伏率：目测倒伏面积的占比。

抗倒伏性：依据倒伏程度和倒伏率，综合判断为好、中、差、极差4个级别。

1级：抗倒性好。没有倒伏或稍有倾斜，倒伏面积0~5%；

2级：抗倒性中。植株严重倾斜，倒伏面积6%~20%；

3级：抗倒性差。植株严重倒伏，倒伏面积21%~50%；

4级：抗倒性极差。植株平铺于地，倒伏面积51%以上。

落粒性：成熟期用手轻捻稻穗，视籽粒脱落难易程度，分为难、中、易3级。

室内考种

收获前1~2d，取有代表性的植株5穴，进行室内考种。

穗　　长：穗节至穗顶（不连芒）的长度，取5穴全部稻穗的平均数。

每穗总粒数、每穗实粒数：查数5个整穴。每穗总粒数=5穴总粒数/5穴总穗数。包括实粒、半实粒、空壳粒。最后求出每穗平均实粒数、空秕粒数。籽粒充实度1/3以上的谷粒，计入实粒数。

结实率：每穗实粒数/每穗总粒数×100%。

千粒重：晒干的1 000个籽粒的重量，以g表示；3次重复平均值。

稻谷产量：根据需要，进行测产或实收；按粳稻14.5%的标准含水量折算产量，以kg/亩表示。

第十四部分 农业、水稻相关常识资料

190 常见农业气象小常识

二十四节气歌及释义

春雨惊春清谷天，夏满芒夏暑相连；

秋处露秋寒霜降，冬雪雪冬小大寒；

每月两节不变更，最多相差一两天；

上半年来六廿一，下半年是八廿三。

立春：2月6日前后。春季开始，土壤解冻，备耕造林。

雨水：2月21日前后。严寒过，雨量增，施肥保墒种树木。

惊蛰：3月6日前后。渐有雷，地温升，冬眠动物始出土。

春分：3月21日前后。太阳直射赤道，两半球昼夜几乎等长。

清明：4月6日前后。"清明前后，种瓜点豆"；踏青扫墓。

谷雨：4月21日前后。降雨增加。"三月雨贵似油"。

立夏：5月6日前后。夏季开始。中耕除草。"立夏三朝遍地锄"。

小满：5月21日前后。小麦籽粒渐饱满。"四月南风大麦黄"。

芒种：6月6日前后。夏收夏种。"芒种芒种，样样都忙。"

夏至：6月21日前后。太阳直射北回归线，北半球白昼最长。

小暑：7月8日前后。初伏将热，夏作管理。

大暑：7月23日前后。中伏最热，夏作生长。"六月不热，五谷不结。"

立秋：8月8日前后。秋季开始。末伏前后，白天热，夜晚凉。

处暑：8月23日前后。气温降，雨量减。"交了处暑节，夜寒白昼热。"

白露：9月8日前后。渐入凉秋，秋作渐熟。

秋分：9月23日前后。太阳直射赤道，两半球昼夜几乎等长。开始秋种。

寒露：10月8日前后。天气凉爽，忙于秋种。

霜降：10月23日前后。出现初霜。

立冬：11月8日前后。冬季开始。即将结冰。

小雪：11 月 23 日前后。初雪。冬耕和冬季造林。

大雪：12 月 8 日前后。积雪。"大雪雪花飞，农闲多积肥。"

冬至：12 月 23 日前后。"数九"开始。太阳直射南回归线，北半球白昼最短。

小寒：1 月 6 日前后。三九前后，进入严寒。

大寒：1 月 21 日前后。一年中最冷的时期。

降水量等级划分

共分为 6 个等级。

小　雨：日降水量 <10mm；

中　雨：日降水量 10.0～24.9mm；

大　雨：日降水量 25.0～49.9mm；

暴　雨：日降水量 50.0～99.9mm；

大暴雨：日降水量 100.0～250.0mm；

特大暴雨：日降水量>250.0mm。

降雪等级划分

共分为 3 个等级。

小　雪：日降雪量≤2.5mm（折算为降水量，下同）；

中　雪：日降雪量 2.5～5.0mm；

大　雪：日降雪量>5.0mm。

风力等级划分

共分为 12 级。

0 级：陆地静，烟直上；风速 0～0.2m/s（米/秒）。

1 级：烟能表示风向，风向标不能动；风速 0.3～1.5m/s。

2 级：树叶微响，风向标能转；风速 1.6～3.3m/s。

3 级：树枝摇，旌旗展；风速 3.4～5.4m/s。

4 级：能吹起灰尘和纸片，树枝摇动；风速 5.5～7.9m/s。

5 级：小树摇摆，内陆水面有小波；风速 8～10.7m/s。

6 级：大树摇，举伞难；风速 10.8～13.8m/s。

7 级：全树摇动，迎风难走；风速 13.9～17.1m/s。

8 级：折断树枝，人前行阻力很大；风速 7.2～20.7m/s。

9 级：烟囱、屋顶、小屋遭受破坏；风速 20.8～24.4m/s。

10 级：陆地少，树木拔起，建筑摧毁；风速 24.5～28.4m/s。

11 级：陆地很少，有则必有重大损失；风速 28.5～32.6m/s。

12 级：陆地绝少，摧毁力极大；风速大于 32.6m/s。

暴雨预警标准与含义

暴雨蓝色预警：12h 内降水量将达到 50mm 以上，或者已经达到 50mm 以上，可能或已经造成影响，且降雨可能持续。

暴雨黄色预警：6h 内降水量将达到 50mm 以上，或者已经达到 50mm 以上，可能或已经造成影响，且降雨可能持续。

暴雨橙色预警：3h 内降水量将达到 50mm 以上，或者已经达到 50mm 以上，可能或已经造成影响，且降雨可能持续。

暴雨红色预警：3h 内降水量将达到 100mm 以上，或者已经达到 100mm 以上，可能或已经造成影响，且降雨可能持续。

191 常见农业名词与术语

水稻之父——袁隆平

袁隆平，1930 年生于北京，汉族，江西省德安县人，无党派，是著名水稻育种专家，工程院院士。

1953 年毕业于西南农学院，分配到湖南省安江农校任教，边教学，边科研。

1960 年在安江农校实习农场早稻田发现特异稻株，第二年认识到这是"天然杂交稻"株；1964 年提出通过培育雄性不育系、雄性不育保持系和雄性不育恢复系的三系法培育杂交水稻。

1970 年和助手李必湖、冯克珊在海南岛南红农场荔枝沟的沼泽地找到"野败"（雄花败育的野生稻），为籼型杂交稻三系配套打开了突破口。1971 年调湖南省农业科学院杂交水稻研究协作组工作。1973 年，广西农学院张先成发现强优势的恢复系，至此实现了籼型杂交水稻的"三系"配套；1974 年育成第一个杂交水稻组合"南优 2 号"。1978 年晋升为研究员。

1981 年杂交水稻成果获中华人民共和国成立以来第一个特等发明奖（至今唯一）。1982 年被聘为农牧渔业部技术顾问、全国杂交稻专家顾问组副组长。

1984 年成立了全国性杂交水稻专门研究机构——湖南杂交水稻研究中心，任主任。1987 年两系法杂交水稻研究列入国家"863"计划，任首席专家。1995 年，国家杂交水稻工程技术研究中心成立，任主任；当选中国工程院院士。

2000 年超级杂交稻实现百亩示范片亩产 700kg 的第一期目标；2004 年实现百亩亩产 800kg 的第二期目标；2011 年 107.9 亩"Y 两优 2 号"亩产 926.6kg，实现第三期亩产 900kg 目标；2013 年第四期超级杂交稻 101.2 亩苗头组合"Y 两优 900"亩产 988.1kg；2015 年云南省个旧市大屯镇新瓦房村 102 亩连片水稻平均亩产 1 067.5kg，实现了第五期目标，刷新了中国和世界纪录。

2001 年获首届"国家最高科学技术奖"；2006 年当选美国科学院外籍院士。之后任全国政协常委、湖南省政协副主席，联合国粮农组织首席顾问。

经典语录：成功没有捷径。我不在家，就在试验田；不在试验田，就在去试验田的路上。国际水稻研究所所长、印度前农业部长斯瓦米纳森博士高度评价说："我们把袁隆平先生称为'杂交水稻之父'，因为他的成就不仅是中国的骄傲，也是世界的骄傲，他的成就给人类带来了福音。"

陈永康"三黑三黄"高产栽培经验

陈永康，乳名友生，1907 年出生于江苏省松江县（今属上海市）长泾乡长岸村。

1940 年用"一穗选"方法选育出"老来青"晚粳稻品种，1951 年创造了亩产 716.5kg 的全国水稻单产最高纪录。被评为华东和全国水稻丰产模范，并推广他的经验。1952 年获中央人民政府"农业爱国丰产模范"。1957 年在苏州召开全国水稻丰产科学技术交流会上，提出了"三黑三黄"水稻看苗诊断经验；后被聘为中国农业科学院作物育种研究所江苏分院特约研究员。

所谓"三黑"，就是通过施肥，使水稻在发棵、长粗和长穗三个时期，叶色由淡变深，以促进分蘖、壮秆和大穗；所谓"三黄"，是在水稻分蘖末期、长穗初期和抽穗前，适当控制肥水，使叶色褪淡，以抑制无效分蘖，促进茎秆壮实，稻叶坚挺，出穗整齐，不易倒伏，结实好，籽粒壮。

1965 年获国务院科学奖，1978 年获全国科学大会奖，1979 年授予"全国劳动模范"。先后担任江苏省农业科学院副院长、江苏省科协副主席、江苏省人大常委；全国人大常委、十一届党代表。1985 年在南京突发脑出血去世。现在，江苏省农业科学研究院办公楼旁，矗立着陈永康铜像，赤着脚，卷着裤脚，挽着衣袖，栩栩如生……

智慧农业

充分应用现代信息技术成果，集成应用计算机与网络技术、物联网技术、音视频技术、3S 技术、无线通信技术及专家智慧与知识，实现农业可视化远程诊断、远程控制、灾变预警等智能管理。除精准感知、控制与决策管理外，从广泛意义上讲，智慧农业还包括农业电子商务、食品溯源防伪、农业休闲旅游、农业信息服务等方面的内容。

智慧农业是农业生产的高级阶段，是集新兴的互联网、移动互联网、云计算和物联网技术为一体，依托部署在农业生产现场的各种传感节点（环境温湿度、土壤水分、二氧化碳、图像等）和无线通信网络实现农业生产环境的智能感知、智能预警、智能决策、智能分析、专家在线指导，为农业生产提供精准化种植、可视化管理、智能化决策。

技术运用特点与功能：智慧农业是物联网技术在现代农业领域的应用，主要有监控功能系统、监测功能系统、实时图像与视频监控功能。

生物技术

以生命科学为基础，利用生物（或生物组织、细胞及其他组成部分）的特性和功能，设计、构建具有预期性能的新物质或新品系，以及与工程原理相结合，加工生产产品或提供服务的综合性技术。粮农组织定义：生物技术是指为了某种特定目的，利用活的生物体或从中提取的物质，生产或改进一种产品的任何技术。生物技术适用于任何种类的生物体——病毒、细菌、动物、植物。农业生物技术主要包括 DNA 重组、DNA 植入、细胞融合等。

生物肥料

含有活性微生物的肥料。其优点是能够分解释放土壤养分；改良土壤结构；刺激作物生长，提高作物抗逆性；节约能源，减少环境污染。主要种类有：根瘤菌类微生物肥料，固氮菌类微生物肥料，解磷类微生物肥料，硅酸盐细菌类微生物肥料，复合型微生物肥料。

生物农药

以生物体如细菌、真菌、病毒等微生物为原料而制成的一类农药。安全可靠，不污染环境，对人、畜不产生公害，原料易获得，生产成本低，当前常见的生物农药有以下几种：①Bt 乳剂：细菌生物农药，是一种胃毒剂，害虫食后产生一种特殊的酶，这种酶分解昆虫肠道中的一种蛋白质，从而使害虫肠道穿孔而死亡。使用时以 20℃ 为宜，使用时间应比使用化学农药提前 2~3d 为宜。主要防治对象有松毛虫、玉米螟、棉铃虫、黏虫、稻纵卷叶螟、茶毛虫等。②青虫菌和杀螟杆菌：细菌生物农药，菜青虫吃了粘有青虫菌的菜叶，肠壁很快穿孔，变成团团泥浆死去。杀螟杆菌用于防治稻纵卷叶螟、三化螟、稻苞虫、黏虫、苍蝇、蚊子等。③白僵菌：真菌生物农药，对防治松毛虫和水稻害虫黑尾叶蝉有特效。白僵菌液接触害虫后，进入害虫体内，萌发菌丝，吸收体液，使害虫变僵发硬而死。④井冈霉素：防治纹枯病。⑤农用抗菌素和植物抗菌素：真菌生物农药，有春雷霉素、庆丰霉素、多抗霉素、土霉素、灰黄霉素等。对白粉病、纹枯病有很好的防效。

生物防治

利用生物或其产物控制农作物病虫发生为害的防治方法。如利用自然界或人工繁育的瓢虫、草蛉、捕食螨、蜘蛛、青蛙、鸟类等捕食性天敌，寄生蜂、寄生蝇、线虫等寄生性天敌，以及病毒、细菌、真菌及其代谢产物防治害虫；利用抗生菌产生的抗生素等防治病害。有以虫治虫、以菌治虫和以菌治病等通俗的说法。具体途径是引进外地天敌，保护和利用本地天敌，以及大量人工繁殖释放。

利用生物防治，资源丰富，选择性强，对人、畜及植物安全，不污染环境，一旦被驯化而建立种群，对病虫害有较长期的控制作用。但见效慢，且天敌种群数量受气候、害虫数量，特别是易受化学防治的影响。

农业防治

根据有害生物的生理生态特性，及其发生为害与有关农业因素的关系，在服从高产优质的前提下，通过各项农业措施的改进和提高，以及对农业生态系统的合理调控，达到控制有害生物为害的作用。如选用抗病虫害品种、培肥地力、科学灌溉与施肥、优化调整种植耕作制度等。

化学防治

应用化学农药来防治病、虫、草、鼠等农业有害生物。优点是能够快速、高效地把大面积病、虫、草、鼠害控制住。缺点是残留、抗性、污染环境、杀伤有益、影响人类健康等。

综合防治

人类对病、虫、草、鼠等农业有害生物的科学管理系统。从农业生产全局和农业生态系统整体出发，以获取高产优质农产品和相对合理的经济、社会、生态效益为目标，因地制宜，科学调控，应用必要的防治措施，利用自然及人为因素对有害生物进行控制，把其种群数量和危害控制在经济损失允许的水平，并使任何单项措施可能带来的不利因素和产生的副作用降低到可以允许的限度。1975年国家农林部在新乡市召开的全国植保工作会议，确定了"预防为主，综合防治"为我国植保工作方针，并进一步说明"预防为主"是指导思想，"综合防治"要以农业防治为主，全面运用化学、生物、物理防治等措施，达到经济、安全、有效控制病虫危害"。

强对流天气

强对流天气是指出现短时强降水、雷雨大风、龙卷风、冰雹和飑线等现象的灾害性天气。

食物链

生物群落中各种动植物和微生物彼此之间由于食物关系而形成的一种联系，叫作食物链。实质是生态系统内物质与能量通过传递、转移关系，将不同生物群体相互联结起来。它们之间互相制约，共生共荣，既对立统一，又自然和谐。

碳氮比

微生物在分解有机质时，要求含碳物质和氮素有一定的比例，这种比例称为碳氮比，以 C/N 表示。又称碳氮比率、碳氮比值。通常以此判断有机物质分解时对环境中无机氮素的影响。当 C/N 小于 25 时，有机物质分解时将放出无机态氮；C/N 为 25~30 时，有机质分解时某一时期内吸纳环境中的无机态氮。因此，碳氮比大，有机质分解就缓慢，一般适合的碳氮比为 25：1，即每利用 25 份含碳物质，必须同时利用 1 份氮素。土壤有机质的 C/N 比对有机质的转化和保持十分重要，秸秆还田后，环境中碳素比例增大，适当增施氮素化肥，有利于秸秆的分解转化。

粮食安全

1974 年联合国在罗马召开世界粮食大会，通过《消灭饥饿和营养不良世界宣言》，粮农组织通过《世界粮食安全国际约定》，要求各国采纳保证粮食安全的储备政策，使世界谷物库存不低于最低安全水平——全年粮食消费量的 18%（另有资料认为：贮存的粮食够吃 60d），认为低于这个水平粮食就会涨价或出现粮食危机。1983 年粮农组织对粮食安全新定义："确保所有的人在任何时候既能买得到又能买得起他们所需要的基本食品"。

世界粮食日

联合国粮农组织 1979 年决定，从 1981 年起，每年 10 月 16 日（联合国粮农组织创建日）为"世界粮食日"，旨在提醒全球关注粮食短缺问题。

防灾减灾日

国务院批准，2009 年起，每年 5 月 12 日为"减灾防灾日"。旨在唤起社会对防灾减灾的关注，增强全社会防灾减灾意识，普及全民防灾减灾知识和技能，提高各级防灾减灾能力，最大限度地减轻自然灾害的损失。1989 年联合国将每年 10 月的第二个星期三确定为"国际减灾日"。

世界水日

1977 年"联合国水事会议"，向全世界发出严正警告：水不久将成为一个深刻的社会危机，继石油危机之后的下一个危机便是水。1993 年 1 月 18 日，第 47 届联合国大会根据联合国环境与发展大会制定的《21 世纪行动议程》，确定自 1993 年起，将每年的 3 月 22 日定为"世界水日"，以推动对水资源进行综合性统筹规划和管理，加强水资源保护，解决日益严峻的缺水问题。同时，通过宣传教育活动，增强公众对开发和保护水资源的意识。

中国水利部从 1989 年决定，每年 7 月 1—7 日为"水法宣传周"。自 1993 年"世界水日"诞生后，从 1994 年起，水利部决定"水法宣传周"从每年的"世界水日"即 3 月 22 日开始，至 3 月 28 日为止。从 1992 年开始，每年 5 月 15 日所在的那一周为"全国城市节水宣传周"。

温室效应

大气底层通过云和某些气体的吸收和再辐射保留热量。温室，指的是大气底层。大气中的某些气体吸收并反射长波热辐射，其中一部分辐射至地面。温室气体增加，气候变暖，温室气体减少，气候变凉。温室气体主要包括：水蒸气、二氧化碳、甲烷、一氧化二氮、氧化氮、臭氧、一氧化碳、含氯氟烃等。其中水蒸气是温室气体中含量最大、产生最大温室效应的温室气体，水蒸气增加，大气变暖；二氧化碳是大气层中含量最大、受人类活动影响最大的温室气体。18世纪中期工业革命开始以来，人类使大气中二氧化碳浓度增加25%。气溶胶能够消除温室效应。气溶胶是地球大气层中的尘埃小颗粒，起到小水滴凝聚核（云）的作用，一是分散阳光，减少地面阳光量；二是改变云的密度，产生降温影响。气温每上升1℃，北半球的树木分布区可能向北推进100km，同时内部边界北移。

"一控两减三基本"

2015年农业部制定出台了《关于打好农业面源污染防治攻坚战的实施意见》，要求到2020年，实现"一控两减三基本"的目标。

"一控"是指控制农业用水总量和农业水环境污染，确保农业灌溉用水总量保持在3 720亿 m^3，农田灌溉用水水质达标。到2020年，农业的用水利用系数要从现在的0.52提高到0.55。

"两减"是指化肥、农药减量使用。测土配方施肥技术覆盖率达90%以上，农作物病虫害绿色防控覆盖率达30%以上，肥料、农药利用率均达到40%以上，全国主要农作物化肥、农药使用量实现零增长。

"三基本"是指畜禽粪污、农膜、农作物秸秆基本得到资源化、综合循环再利用和无害化处理。确保规模畜禽养殖场（小区）配套建设废弃物处理设施比例达75%以上，秸秆综合利用率达85%以上，农膜回收率达80%以上。

该实施意见明确要求，确保到2020年实现"一控两减三基本"的目标。

改革开放以来以农业为主题的19个中央一号文件

第1个：1982年《全国农村工作会议纪要》，指出包产到户、包干到户或大包干"都是社会主义生产责任制"。

第2个：1983年《当前农村经济政策的若干问题》，指出家庭联产承包责任制是"中国农民的伟大创造，是马克思主义农业合作化理论在我国农民实践中的新发展"。

第3个：1984年《关于1984年农村工作的通知》，强调要继续稳定和完善联产承包责任制，规定土地承包期一般应在15年以上。

第4个：1985年《关于进一步活跃农村经济的十项政策》，强调调整农村产业结构，取消农副产品统购派购制度，对粮、棉等少数重要产品采取国家计划合同收购新政策。农业税由实物税改为现金税。

第5个：1986年《关于1986年农村工作的部署》，肯定了农村改革的方针政策是正确的，必须继续贯彻执行。针对农业面临的停滞、徘徊和放松倾向，强调进一步摆正农业在国民经济中的地位。

第 6 个：2004 年《关于促进农民增加收入若干政策的意见》，针对农民收入增长缓慢，城乡居民收入差距不断扩大的情况，强调农民增收。

第 7 个：2005 年《关于进一步加强农村工作提高农业综合生产能力若干政策的意见》，要求稳定、完善和强化各项支农政策，加强农业综合生产能力建设，继续调整农业和农村经济结构，深化农村改革，努力实现粮食稳定增产、农民持续增收，促进农村经济社会全面发展。

第 8 个：2006 年《关于推进社会主义新农村建设的若干意见》，要求完善强化支农政策，建设现代农业，稳定发展粮食生产，积极调整农业结构，加强基础设施建设，加强农村民主政治建设，推进农村综合改革，促进农民持续增收，确保社会主义新农村建设有良好开局。

第 9 个：2007 年《关于积极发展现代农业扎实推进社会主义新农村建设的若干意见》，提出发展现代农业是社会主义新农村建设的首要任务，要用现代物质条件装备农业，用现代科学技术改造农业，用现代产业体系提升农业，用现代经营形式推进农业，用现代发展理念引领农业，用培养新型农民发展农业。

第 10 个：2008 年《关于切实加强农业基础建设进一步促进农业发展农民增收的若干意见》，总体要求是贯彻落实科学发展观，突出加强农业基础建设，促进农业稳定发展、农民持续增收，努力保障主要农产品基本供给，切实解决农村民生问题。

第 11 个：2009 年《关于 2009 年促进农业稳定发展农民持续增收的若干意见》，总体要求是围绕稳粮、增收、强基础、重民生，强化惠农政策，增强科技创新，加大投入力度，优化产业结构，推进改革创新，千方百计保证粮食安全和主要农产品供给、促进农民持续增收。

第 12 个：2010 年《关于加大统筹城乡发展力度 进一步夯实农业农村发展基础的若干意见》，提出健全强农惠农政策体系，推动资源要素向农村配置；提高现代农业装备水平，促进农业发展方式转变；加快改善农村民生，缩小城乡公共事业差距；协调推进城乡改革，增强农业农村发展活力；加强农村基层组织建设，巩固党在农村的执政基础。

第 13 个：2011 年《关于加快水利改革发展的决定》，指出把水利作为国家基础设施建设的优先领域，把农田水利作为农村基础设施建设的重点任务，把严格水资源管理作为加快转变经济发展方式的战略举措，大力发展民生水利，努力走出一条中国特色的水利现代化道路。

第 14 个：2012 年《关于加快推进农业科技创新持续增强农产品供给保障能力的若干意见》，指出围绕强科技保发展、强生产保供给、强民生保稳定，进一步加大强农惠农富农政策力度，奋力夺取农业好收成，合力促进农民较快增收，努力维护农村社会和谐稳定。

第15个：2013年《关于加快发展现代农业　进一步增强农村发展活力的若干意见》，指出按照保供增收惠民生、改革创新添活力的目标，加大农村改革力度、政策扶持力度、科技驱动力度，围绕现代农业建设，着力构建集约化、专业化、组织化、社会化相结合的新型农业经营体系。

第16个：2014年《关于深化农村改革推进农业现代化的若干意见》，指出按照稳定政策、改革创新、持续发展的总要求，力争在体制机制创新上取得新突破，在现代农业发展上取得新成就，在社会主义新农村建设上取得新进展，为保持经济社会持续健康发展提供有力支撑。

第17个：2015年《关于加大改革创新力度加快农业现代化建设的若干意见》，从围绕建设现代农业加快转变农业发展方式、围绕促进农民增收加大惠农政策力度、围绕城乡发展一体化深入推进新农村建设、围绕增添农村发展活力全面深化农村改革、围绕做好"三农"工作加强农村法治建设五个方面提出若干要求。

第18个：2016年《关于落实发展新理念加快农业现代化 实现全面小康目标的若干意见》，要求持续夯实现代农业基础，提高农业质量效益和竞争力；加强资源保护和生态修复，推动农业绿色发展；推进农村产业融合，促进农民收入持续较快增长；推动城乡协调发展，提高新农村建设水平；深入推进农村改革，增强农村发展内生动力；加强和改善党对"三农"工作领导。

第19个：2017年《关于深入推进农业供给侧结构性改革　加快培育农业农村发展新动能的若干意见》，明确农业的主要矛盾由总量不足转变为结构性矛盾，突出表现为阶段性供过于求和供给不足并存。要坚持新发展理念，协调推进农业现代化与新型城镇化，以推进农业供给侧结构性改革为主线，围绕农业增效、农民增收、农村增绿，加强科技创新，加快结构调整步伐，加大农村改革，提高农业综合效益和竞争力。

水稻最低收购政策

粮食最低收购价政策，是为了保护农民利益、保障国家粮食安全的粮食价格调控政策。一般情况下，粮食收购价格受市场供求影响，国家在充分发挥市场机制作用的基础上实行宏观调控，必要时由国务院决定对短缺的重点粮食品种，在粮食主产区实行最低收购价格。当市场粮价低于国家确定的最低收购价时，国家委托符合一定资质条件的粮食企业，按国家确定的最低收购价收购农民的粮食，也叫托市收购政策。

从2004年开始，我国粮食生产连年丰收，为了避免"谷贱伤农"，国家决定对稻谷执行最低收购价政策，2006年小麦也被纳入最低收购价范围。最低价收购的"前身"是保护价收购。在 2004 年之前，保护价收购是补贴农业的主要方式。2007 年之前由于粮价持续上涨，最低保护价收购政策没有真正启动。2008 年国际粮价飙到 20 年来最高，粮食最低收购价制度真正启动，并逐年持续加强。直至 2014 年粮食最低收购价，达到历史最高值后开始固化不再每年提高，并于 2016 年后开始下调（表 14-1）。

国家规定的水稻最低收购价，是指当年生产的国标三等质量标准的稻谷、送到指定收储库点的到库收购价格。国标三等质量标准为：出糙率 77%~79%（含 77%，不含 79%），水分 14.5% 以内，杂质 1.0% 以内，整精米率不低于 55%，谷外糙米 2.0%，黄粒米 1.0%。执行最低收购价的水稻为当年生产的等内品（五等以内），相邻等级之间等级差价按每 0.02 元/500g 掌握。

表 14-1　国家稻谷最低收购价（元/500g）

年份	早籼稻	中晚籼稻	粳稻
2004	0.70	0.72	0.75
2005	0.70	0.72	0.75
2006	0.70	0.72	0.75
2007	0.70	0.72	0.75
2008	0.77	0.79	0.82
2009	0.90	0.92	0.95
2010	0.93	0.97	1.05
2011	1.02	1.07	1.28
2012	1.20	1.25	1.40
2013	1.32	1.35	1.50
2014	1.35	1.38	1.55
2015	1.35	1.38	1.55
2016	1.33	1.38	1.55
2017	1.30	1.36	1.50

农业税

始于春秋，汉初形成。是国家对一切从事农业生产、有农业收入的单位和个人征收的一种税，俗称"公粮"。1958 年第一届全国人大常委会第 96 次会议通过《中华人民共和国农业税条例》，1994 年国务院发布《关于对农业特产收入征收农业税的规定》。计税依据是农业收入，税率为常年产量的 15.5%，分夏、秋两季征收。2005 年 12 月 29 日，十届全国人大常委会第 19 次会议通过决定，自

2006 年 1 月 1 日起废止《农业税条例》，取消除烟叶以外的农业特产税、全部免征农业税，中国延续了 2600 多年的"皇粮国税"走进了历史博物馆。

192　常见农业科技符号含义

植物性别：♂—雄性；♀—雌性。

光照强度：lx—勒克斯

农药毒性：LD_{50}—致死中量，LC_{50}—致死中浓度，LT_{50}—致死中时间。

作物抗病性：R—抗病；S—感病；Hr—高抗；Mr—中抗；Hs—高感。

农药剂型：AE—气雾剂；AF—水溶粉剂；AS—水剂；BR—缓释剂；BY—引诱剂；CG—微囊粒剂；CS—微囊悬浮剂；DC—可分散液剂；DP（D）—粉剂；DF—干悬浮剂；EC—乳油；ED—静电喷雾液剂；EO—油乳剂；EW—水乳剂；FG—细粒剂；FK—烟雾剂；FS—悬浮种衣剂；FSB—悬浮拌种剂；FU—烟剂；GD—诱芯；GG—大粒剂；GR（G）—颗粒剂；GZ—干粉种衣剂；KPP—泡腾颗粒剂；ME—微乳剂；MG—微粒剂；OF—油悬浮剂；OFK—可分散油剂；OL—油剂；OP—可分散粉剂；PB—饵片；PF—涂抹剂；PP—泡腾片剂；RB—毒饵；RG—饵剂；RR—热雾剂；RSC—水乳种衣剂；SC—悬浮剂；SD—种衣剂；SE—悬浮剂；SG—可湿性粒剂；SL—可湿液剂；SLX—可溶性液剂；SO—展膜油剂；SP—可溶粉剂；SPX—可溶性粉剂；SWG—水溶性粒剂；SZ—可湿粉种衣剂；TA—片剂；TC—原药；TF—原粉；TK—母药；ULV—超低容量剂；VP—熏蒸剂；WG—水分散粒剂；WP—可湿性粉剂；WS—湿拌种剂

193　常用计量单位换算与符号

重量：1 吨（t）= 1 000 千克（kg）；1 千克（kg）= 1 000 克（g）；1 磅（lb）= 0.454 千克（kg）；千克与公斤同义。

面积：1 平方公里（km^2）= 100 公顷（ha）；1 公顷（ha）= 10 000 平方米（m^2）。（ha 与 hm^2 同义）

体积：1 立方米（m^3）= 1000 升（L）= 6.290 桶（bbl）；1 桶（bbl）= 0.159 立方米（m^3）。

长度：1 公里 = 1 千米（km）= 0.621 英里；1 米（m）= 100 厘米（cm）；1 厘米 = 10 毫米（mm）。

温度：摄氏℃ = 5/9（华氏℉ - 32）；华氏℉ = 1.8 × 摄氏℃ + 32。

换算：1 亩 = 666.67 平方米（m²）；1 公顷（hm²）= 15 亩；

1 斤 = 0.5 千克（kg）= 500 克（g）；1 两 = 50 克（g）；

1 里 = 0.5 公里（km）= 500 米（m）；

1 方 = 1 立方米（m³）；

1 市尺 = 0.333 米（m）；1 米（m）= 3 市尺 = 3.281 英尺。

194 农药稀释配制换算方法

由于商品农药的规格、剂型、有效成分不同，使用时必须进行稀释和配制，才能准确用药，提高防效。

（1）浓度换算

①百分浓度与百万分浓度换算：百万分浓度（mg/kg）= 百分浓度（不带%）× 10 000。

②倍数与百分浓度换算：百分浓度（%）= 商品农药浓度（带%）÷稀释倍数×100。

（2）稀释计算

①按有效成分计算：

通用公式：商品农药浓度×商品农药重量 = 稀释药液的浓度×稀释药液的重量。

若已知公式中的任意 3 项，则可求出另 1 项。如配制 40mg/kg 的三唑酮 500g，需要 20%的三唑酮多少？计算方法是：首先将商品农药浓度 20%换算为 mg/kg，20× 10 000 = 200 000mg/kg。然后代入通用公式：200 000mg/kg×x g = 40mg/kg×500g。x = 0.1g。由此得出配制药液所需商品农药重量的计算公式：所需商品农药重量（g）= 需要配制药液量（g）×［需配浓度（mg/kg）/ 1 000 000］×［100/商品农药有效含量（不带%）］。

②按稀释倍数计算：

按稀释倍数计算，不考虑农药的有效含量。通用公式：稀释农药重量 = 商品农药重量×稀释倍数。

若已知公式中的任意 2 项，则可求出另 1 项。生产中经常采用内比法和外比法。

内比法：稀释倍数 2~100 倍时采用。如稀释为 50 倍，即商品农药 1 份，对水 49 份。

外比法：稀释倍数 100 倍以上时采用。如稀释为 500 倍，即商品农药 1 份，对水 500 份。

195　常见电子商务模式符号

B2B：经济组织对经济组织。简言之，你公司买我公司的东西。是企业间的行为。

B2C：经济组织对消费者。简言之，我公司卖东西，你来买。是商家对个人的行为。运用了物流。

O2O：网上与网下相结合。简言之，我公司卖东西，你来买，但是要你自己来拿。

C2C：消费者对消费者，个人对个人的行为。简言之，我卖东西你来买。

B2B2C：企业对企业、企业对消费者。

C2B（T）：消费者集合竞价—团购行为。

B2F：企业对家庭的行为。

第十五部分 新乡水稻相关新闻、人物、图片

196 引来黄河水 碱区稻花香

——记河南原阳县原武公社引黄种稻改变生产面貌的事迹

1973 年 8 月 14 日第二版《人民日报》

原武公社引黄种稻，改造盐碱地成功，为黄河沿岸农业生产的发展提供了一个重要经验。这一经验的取得，是充分发挥人民公社的优越性，经过反复实践，长期斗争的结果。

引黄种稻是新生事物，开始人们还摸不透它的规律，出现一些困难和问题是不可避免的。在困难面前，原武公社的领导成员不是消极退缩，而是积极创新。他们坚持以路线斗争为纲，反复深入实际，密切联系群众，广泛地进行调查研究，总结了排灌结合、渠灌、井灌结合等一整套经验，终于取得了改造自然引黄种稻的成功。黄河沿岸有大量盐碱荒滩，能不能改造？怎么改造？各地自然条件不同，原武公社的经验可供参考。

编 者

河南省黄河沿岸盐碱地区的人民，正在意气风发地引黄种稻，消除盐碱灾害，夺取粮食丰收。目前引黄种稻面积，已由无产阶级"文化大革命"前的6 000多亩发展到40 多万亩。过去白茫茫的低洼碱地，如今成了绿油油的稻区。原阳县原武公社就是盐碱地区引黄种稻成功的一个缩影。

努力取得改造自然的自由

原武公社背靠黄河大堤，村庄田地比河床低七八米。3 万多亩耕地，大部分受黄河水浸润，多年来内涝、盐碱很严重。过去，这里被认为是"冬春白茫茫，夏秋水汪汪，遍地蛤蟆叫，出碱不出粮"的穷地方。中华人民共和国成立后，在党的领导下，当地人民和盐碱灾害进行了顽强的斗争。但是，由于对这里的自然条件认识不清，只是按照老习惯种植旱作秋粮。由于夏秋多雨，经常不能保收。于是有人消极地断言，这片盐碱沼泽，无法改变面貌。群众的生活只有依靠国家救济，或者是迁移地方。1958 年，当地广大干部和贫下中农，在鼓足干劲，

力争上游，多快好省地建设社会主义总路线的鼓舞下，进行了改造自然的斗争，作了引黄种稻的尝试，没有成功。无产阶级"文化大革命"中，他们学习了毛主席的哲学著作，进一步认识到只要敢于实践，敢于斗争，就会把面貌改变过来。

1968 年，有人重新提出引黄种稻的建议，不少人思想有顾虑。他们说，"1958 年搞过试验，结果造成盐碱更严重，可不能再同黄河打交道"。到底能不能引黄种稻呢？公社的领导成员决心深入进行调查研究，听取广大群众的意见。

公社革委会主任乔永庆，到关西大队调查的时候，发现在靠近渠道的一片荒地中有一块地庄稼长得很好。他便向老贫农赵振华请教。赵振华说"1958 年，我亲手在这块地引了渠里的黄水种稻，因为有灌有排，冲走了盐碱，落了一层淤泥，改良了土壤，一季收了 500 斤。"

乔永庆感到老贫农的话很有道理。过去引黄种稻碱了地，主要是只灌不排，只要认真地执行毛主席的革命路线，把革命精神和科学态度结合起来，做到有灌有排，排灌畅通，不断把盐碱冲走，水稻是可以种成的。

就在这一年，公社党委决定先在南关大队试点。他们开挖排灌工程，引黄种稻 600 亩，当年获得亩产 450 斤的好收成。

每前进一步都有斗争

但是，改造自然，不是一帆风顺的，每前进一步，都有斗争。第二年，全社的水稻面积扩大到 2 300 多亩。这年春季，黄河水枯，秧苗成长受到影响。在困难面前，公社领导成员，深入群众，一边劳动，一边访问抗旱保苗的办法。在南街大队，他们发现贫下中农自力更生打机井，用井水灌溉稻田，弥补黄水不足。公社推广了他们的经验。水稻又获得好收成。

1970 年，公社党委计划大规模引黄种稻，把面积扩大到六七千亩。这时有些人提出不同的看法，认为扩大水稻面积时机不成熟。理由是有一部分土地比较瘠薄，首先要引黄淤地，淤好了地，改良了土壤，才能种稻。另外还担心面积过大，肥料跟不上，会影响水稻增产。这个意见有一定的道理，但是，等淤好了地再种稻时间太长。有什么办法能够当年淤地、当年种稻呢？

公社领导成员再次深入群众调查研究，寻找解决办法。在香王庄大队，他们发现共产党员王永清管理水稻有一种好办法：在水稻幼苗期，引黄灌溉时，先在地头挖坑，让黄河水带来的泥沙在坑底沉淀，然后再把清水放进田里。这样防止了泥沙淤积稻田，影响幼苗生长。到水稻拔节期，再有计划地放进黄水，利用黄水带来的泥沙肥田，增加稻穗的养分。这个办法，解决了当年种稻当年淤地问题。他们总结了王永清的经验，在全公社推广。1970 年，公社引黄种稻的面积由 2 000 多亩扩大到 6 000 多亩。当年粮食亩产达到 304 斤，总产量达 820 万斤。

这一年，原武公社由缺粮社变成了余粮社。

克服思想障碍大干苦干

原武公社引黄种稻的面积逐年的扩大，到 1972 年达到 1 万亩，占全部粮田三分之一左右。这时有人产生了"歇一口气"的思想，说什么"种稻费工多，不如种旱作物省工，产量虽然低点，由国家供应点，也可以对付过去。"

公社党委认为，这是在改造自然斗争中懒汉懦夫思想的反映。他们发动广大干部和群众讨论：是满足现状，得过且过，靠国家供应过日子？还是大干苦干彻底改变旧河山？通过讨论，大家统一了思想，认为过去公社所以穷，就是穷在路线觉悟不高，胸无大志，因循守旧。公社党委号召广大干部特别是党委的领导成员，树立雄心壮志，当大干苦干的带头人。北街大队是全公社有名的后进大队，党委副书记范长富就到那里蹲点。这个大队有些干部不愿意扩大引黄种稻面积，粮食产量很低。范长富一面和干部谈心，鼓励他们学习大寨的革命精神，一面带领群众起早搭黑在地里干活。队干部的思想转变过来，鼓足干劲，和群众一起把水稻面积由 200 多亩扩大到 700 多亩。全大队的粮食总产量由 1971 年的 28 万斤猛增到 46 万斤，由缺粮队变成余粮队。

经过几年的实践，原武公社实行排灌结合，种稻和淤地结合，渠灌和井灌结合，种稻和种绿肥结合的"四个结合"办法，改造了盐碱洼地，使引黄种稻取得很大成就。这里过去主要种高粱、甘薯，现在水稻和小麦成为主要作物，粮食产量成倍增长。1972 年，全公社粮食亩产量由过去百把斤增加到 370 斤，总产量由 1965 年的 230 多万斤提高到 1 016 万斤，每人平均生产粮食由 1965 年的 240 斤增加到 905 斤。1970 年以前，公社每年吃统销粮 160 万斤，近三年来做到自给有余，去年给国家提供商品粮 76 万斤。同时，多种经营也有很大发展，社员生活显著提高。广大贫下中农感激地说："过去盐碱滩，现在米粮川。全靠毛主席革命路线。"

197 新乡市水稻盘育抛秧新技术取得新进展

——1997 年 10 月 6 日《新乡日报》

大旱之年，新乡市 5.6 万亩盘育抛秧水稻喜获丰收。

国庆节前夕，市委副书记赵胜修、副市长高义武带领有关人员实地考察了新乡市水稻盘育抛秧技术示范田后，连连称赞这项技术很好，要加大推广力度。

9 月 27 日，市科委组织 10 名省、市农业专家，对新乡市农技推广站引进、推广的水稻盘育抛秧田进行了现场测产，亩均单产 543kg，比常规栽培增产 8.4%，同时通过了技术鉴定验收。专家们认为，新乡市从 1991 年以来，引进、试验、改进、示范、推广这项实用高效技术，始终走在全市前列。该项目经过 6

年来的试验示范，已经形成了一套比较完整的、适应河南省条件的综合配套技术，经济效益和社会效益十分显著，在河南省具有广泛的推广应用前景。

被群众誉为"天女散花"式水稻栽培法的盘育抛秧技术，是水稻栽培史上的突破性改革，它改变了几千年来稻"面朝黄土背朝天"的育秧、起秧、插秧等繁重的体力劳动，这一项目已经被列为全国重点推广项目。姜春云副总理曾批示："水稻旱育稀植和抛秧，是两项重要的增产技术，应作为一项重大的技术措施推广。"

市农业技术推广站 1991 年派人到黑龙江、吉林等地考察后，随即引进该技术，并进行改进、提高。他们组织市、县、乡农技部门进行联合攻关，在各县（市）、区开展了广泛的试验示范，并积极组织育秧盘供应。初见成效后，市政府即将其列入全市重点农业科技推广项目。每年在插秧和水稻生长期间，多次召开现场观摩会，促进了这项技术的推广。到今年为止，全市累计推广此技术 17.3 万亩，节资增效累计达 2 750.7 万元。

198　新乡稻麦香

——1999 年 12 月 7 日《人民日报》

"冬春白茫茫，夏秋水汪汪。只听蛤蟆叫，收碱不收粮"曾是河南省新乡市原阳县黄河滩区的真实写照。如今，这里生产的无公害大米被誉为"中国第一米"。新乡市的优质专用小麦刚播种，就以其良好的声誉，几乎被省内外大型粮食加工企业订购一空。这是新乡市调整、优化种植业结构，大力发展优质粮食生产的可喜成果。

为了调整粮食生产结构，使农民增产又增收，新乡市早在 1994 年就确立了三个经济带，大力发展特色农业：一是太行山区及沿山经济带，以药材、林果、石材为主导产业；二是沿 107 国道经济带，大力发展优质小麦、畜牧饲养业和乡镇企业；三是黄河滩区及沿黄河经济带，主要发展优质水稻、水产及畜牧业。为了实现粮食生产由数量型向质量、效益型转变，市委、市政府专门成立了优质粮食生产领导小组，协调有关职能部门及科研单位共同抓好水稻、小麦等大宗优质粮食品的生产。

为了抓好优质、无公害水稻生产，新乡市连续多年加强水利设施建设，人民胜利渠、大功引黄渠等水利工程有力地支持了引黄稻改工作。为了保证水稻生产无公害化，这个市严格禁止在引黄灌区兴办造纸厂、化工厂等有污染的企业，确保稻区用上优质黄河水。农业技术部门不断引进、更新水稻新品种，提高水稻品质，从当初的"6811"到现在的"豫粳 6 号""豫粳 7 号""屉优 418""黄金晴"，每一个新品种的推广都使水稻的产量、质量跃上一个新台阶。盘育抛秧、旱育稀植等新的栽培技术的广泛推广，也有力地促进了优质水稻的生产。

目前，新乡市的水稻种植面积已达 64 万亩，今年平均亩产达 518kg，最高亩产达到 830kg，有的平均亩产已达 600kg 以上。

新乡市的无公害、优质大米以晶莹剔透、营养丰富、口感香甜等优点，成为南来北往客商喜爱的食品。原阳县的优质大米于 1996 年被国家绿色食品中心批准为"绿色食品"，先后获全国星火博览会金奖及第一届、第二届全国农业展览会金奖。

新乡市地处全国小麦生长带最佳腹带位置，属于上等高蛋白、高面筋优质小麦生态区。面对普通小麦销售不畅的局面，新乡市以市场为导向，展开了优质专用麦的推广工作，组织千余名农业技术人员入村进行技术指导。新乡市共种植优质专用麦 17 万亩，全市农民共增收 2 200 万元左右。尝到了甜头的农民在今年麦播中，对优质麦表现出了很高的热情。

在大力种植优质麦的同时，市里大力开展"订单农业"，确保优质麦有良好的销路。目前，绝大多数专用麦在种植前已找到"婆家"，西安、郑州、上海、江苏、福建、广东等地的大型面粉加工企业纷纷前往订货。

199　原阳大米实现"防伪销售"（有删减）

——2009 年 10 月 21 日《河南日报》

10 月 16 日，记者在原阳县城的大米专营店里看到，每一袋原阳大米的包装袋上都加贴了防伪标识。

"消费者看防伪标识买米，再不用担心买到假冒的原阳大米了!"原阳县副县长周勇告诉记者，该县已采取有力措施，优化原阳大米品质，规范大米市场，从而保护、提升"原阳大米"品牌形象。

据介绍，2002 年 10 月原阳大米获得国家工商总局颁发的"原产地证明商标"，成为河南省第一枚获准注册的原产地证明商标，也是全国大米行业第一家，被誉为"中国第一米"。但是，充斥市场的假冒原阳大米，不仅伤害了消费者和稻农的切身利益，也让"原阳大米"很受伤。

为切实保护这一享誉全国的名优农产品，原阳县整合了大米生产加工资源，握掌成拳重闯市场。重组原阳大米协会，修改完善内部管理规章，将全县具有一定规模的大米加工企业纳入管理体系，实现行业自律。授权使用"原阳大米"原产地标识，统一包装，统一宣传，引导大米生产加工企业与水稻生产专业合作组织实现有效对接。关闭不符合生产条件的作坊式大米加工点，9 月 30 日起一律停用与原阳大米字样有关的包装。取得授权的企业，需在指定位置加贴原阳大米原产地证明商标防伪标识。大米生产销售企业要建立生产销售台账，对原料收购、生产数量、销售数量、去向都要详细记录，实现生产销售全过程监督。

200 新乡稻米之歌

——2011 年 10 月 21 日《新乡日报》

太行南麓，黄河北岸，我的家乡。秋天来了，广袤田野，一片金黄。那是什么？那是秋天里的画卷，那是大自然的盛装，那是成熟待割的稻田，那是父老乡亲的希望。驻足远望，稻浪滚滚，微风轻吹，阵阵清香。啊，新乡水稻，原阳大米，真想为您歌唱。

水稻是新乡的古老沼泽作物，但至 1949 年，仅有百泉山前洼地，零星地种植，很低的产量。全市水稻面积仅 3 万余亩，亩产 100 多斤，普通百姓想吃大米，仅仅是一种奢望。

1949 年以后，农技人员在原阳荒庄，利用水稻耐水、水能洗盐特点，100 亩盐碱地试种水稻成功，奠定了大面积稻改思想。1958 年，面积突增 80 万亩以上。但由于经验不足，引黄工程有灌无排，地下水位上升，次生盐碱发生，产量和面积急速下降。1968 年，原阳原武南关，公社书记乔永庆带领群众，井渠配套稻改，再现丰收景象。此后，新乡水稻，逐步在沿黄县乡，开始大面积推广。近年来，水稻高产创建，700 千克高产方、800 千克的攻关田，都不再是早年的幻想。

新乡引黄稻改，打破了"黄河百害，唯富一套"的古语，开辟了黄河下游种稻改土新天地，谱写了新乡农业新篇章，改善了广大农民膳食结构，带动了草编等家庭副业兴旺。盐碱荒芜之地，变成鱼米之乡。

多少科技人员，为水稻科技事业奔忙。培育新品种，研究新技术，不惜汗水流，哪怕泥水脏。不能忘记，育种专家孙彦常，栽培专家谢茂祥，为稻改事业呕心沥血，奉献精神令人敬仰。多少年来，新乡水稻品种新稻 68-11、豫粳 6 号、黄金晴、新稻 18、新丰 2 号，独领沿黄稻区风光。新世纪以来，优质化、标准化、无害化提到新日程，更加重视稻米质量。

新乡稻米之优，还应感恩大自然的赐赏。涓涓的黄河水，没有污染；深深的灌淤土，富含营养，昼夜温差大，日照时间长，米粒晶莹剔透，口感软筋甜香。优质稻米孕育了"原阳大米"品牌，《人民日报》誉为"中国第一米"、十一届亚运会指定专用米，获国家地理标志农产品等多项大奖，已成为新乡一张名片，国内外有重要影响。

大米好吃稻难栽，粒粒辛苦不能忘。五一过后，整地育秧，饱满的种子被撒进泥土，不惧黑暗寂寞，忍得等待漫长，慢慢地发芽、出土，坚韧追求着生命的希望。6月中旬，稻区田野，一派壮观的插秧风光。蓝蓝的天空朵朵白云，方方的稻田堆堆青秧，田埂上快步挑秧的汉子，稻田里弯腰插秧的姑娘，好一幅插秧劳作图，正在描绘，似一支田园交响曲，正在唱响。一棵棵秧苗，一个个生命，拼命地站稳脚跟，开始返苗生长。7—9月，在人们灌溉、施肥、治虫、薅草的精心呵护下，汲取养分，吸纳阳光，经历风雨，健壮成长，分蘖拔节，开花灌浆。国庆节后，羞答答的稻穗低头站立，谦虚地向劳作者报告，完成了世代轮回，实现了崇高理想……

金秋十月，回到家乡，在月光下静思，在田野里徜徉，感悟自然，思绪飞翔。啊，新乡水稻，原阳大米，为您自豪，为您歌唱！

201　原阳县：原生态种植模式为"原阳大米"锦上添花（删减）

——2014年11月3日大河新乡网

金秋时节，稻米飘香。在"中国第一米"的故乡——原阳县水稻主产区太平镇的稻田里，农民们或正将收割好的稻子运送出去，或正将稻子脱离成稻谷，他们虽然挥汗如雨却难掩丰收的喜悦。

"头几天，省、市专家专门来俺这里测产'新稻22'的产量，结果是'百亩方'理论亩产量为752.9kg，10亩高产攻关田亩产量为803.2kg。看来俺这里采用稻鳅立体生态种植起到了关键作用。"10月29日，原阳县太平镇菜吴村村主任、旺盛种植专业合作社社长吴振邦高兴地说。

原来，这些年吴振邦一直在家反复实验稻鳅立体生态种植模式，实验成功后让他的合作社得到了不少"实惠"：泥鳅以食用水上和土里滋生的浮游生物和地下害虫为生，泥鳅有土里来回蠕动的习性，又为水稻松了土，透了气；泥鳅严格的环保生态环境要求水稻只能撒有机肥、打有机农药，这样又恢复了水稻种植的原生态性。这样生长出来的水稻，碾成大米后品质上乘、口味软筋香甜，最高可卖到每千克120元。稻鳅立体生态种植区的大米加上泥鳅每亩收益在1.3万元左右。

采访中，正好遇到来自河南省中国科学院科技成果转化中心的几个专家正在忙碌地测量稻鳅、稻鲫共作下的泥鳅（黄河金鳅）和鲫鱼（中科三号）的生长状况，……看着成色上乘的泥鳅和鲫鱼，河南省中国科学院科技成果转化中心生态环境中心主任李春发说："如果这片稻田内没有好的生态环境，泥鳅和鲫鱼是无法生活的，你看现在它们长得还不错，首先说明这里生态环境良好，非常适宜它们生长。现在我们正在做严格的检测，用数据来证明是不是可以在北方推广这种立体生态种养结合模式。"

……

"因为我们替客户守住了品质和安全，目前，我们的合作社流转和托管的8 000多亩水稻种植区，已经被客户提前预订了三分之一，我们的大米在市场上也越来越走俏，慕名前来订购的客户不断增加。"该县太平镇水牛赵村党支部书记、原生农民专业合作社理事长赵俊海告诉笔者，他的合作社有几大特色吸引着越来越多的客户来到他的稻田，品尝优质大米，享受自然风光：一是稻田养蟹，播撒有机肥，以及黄河水直接到田灌溉等原因，保障了稻米的优质和有机；二是"都市人的一亩三分地"让城里人在节假日享受田园风光、尝试田间劳作的同时，还能够一年四季吃上自家地里生产出来的放心优质稻米和螃蟹；三是在碾制加工稻谷时，放弃美观，追求营养，将米粒上最富有营养部分的胚芽留在了大米上。目前已经有400多位客户在这里常年拥有自家良田（租赁田地），标示着"某某的一亩三分地"的标志牌醒目地竖立在田间，形成了一道道独特的风景线。

202　"赵建华"原阳大米千里之外受追捧（删减）

——2014年11月17日《大河报》

另类委托：三地组团订购"赵建华"原阳大米

事情来得很突然，目的显得高大上。

前不久，在河南卫生系统工作的王先生收到了一封另类邮件，他的好友陶青林（化名）发给他一份"订购联盟"文本。总体意思是，委托王先生选择并确定一位可靠的人订购300~500箱赵建华原阳大米，每月送到北京、上海、南京三地。陶青林在北京工作，河南人。该"订购联盟"文本一式三份，上有密密麻麻若干个签名或签章，并附有详细家庭住址、工作单位及联系方式，共计7页。

"第一批6万元已打入我的账号，另付服务费8 400元。"这份千里之外的友情委托令王先生疑惑。他说，陶青林的姐姐陶青梅（化名）是上海某医院的护士长，最近也在朋友圈狠命推介赵建华原阳大米。据悉，陶氏姐弟的另类做法源于对"赵建华"的追捧和对"捍卫与拯救"群的认同。

10月27日，记者辗转访到陶青林。据他称：签署"订购联盟"并创建"捍卫与拯救"微信群，发起人是他本人和农业系统一位水稻专家。

在陶青林提供的"订购联盟"文本中，记者看到，除了具体名单，该文本还有五大问题，更像是一本科普手册。分别是"我为什么选择原阳大米""赵建华是谁""我能为原阳大米做什么""我想让我的家人和朋友知道什么""什么才是真正的原阳大米"。

采访当日，"捍卫与拯救"群有 1 121 人，全国有 521 人签署了"订购联盟"。记者发现，无论是关注者还是已签署"订购联盟"文本的志愿者，大部分是在北京、上海、广州、南京工作的河南籍人，多分布在科研、医疗等机构。

"最早动议源自一位水稻专家，该专家认为原阳大米的种植面积正在急剧减少，怕要不了几年，原阳大米会像郑州凤凰台大米一样灭绝。"陶青林说，"订购联盟"成员自愿出资以市场价购买赵建华原阳大米，并自愿承担运输费用。"这种去商业化的做法可能更接近公益。"

捍卫金牌：原阳青年赵建华力挺原阳大米

据陶称，他们目的是希望更多的人知道什么是真正的"原阳大米"，了解"赵建华"。那么，赵建华是谁？他跟原阳大米什么关系？

……

他便是原阳县原武镇青年赵建华，他当时供职于新乡一家名企，工作稳定，收入丰厚。当时他只有 27 岁。"我们祖祖辈辈吃的都是原阳米，如果少数人的不法行为把原阳大米信誉毁了，遭殃的是原阳几十万稻农。"赵建华挺身维护原阳大米声誉的惊人义举曾被《大河报》《河南商报》等多家媒体相继报道，并在全社会引起了极大震动，他被誉为原阳大米的"捍卫者"和"复兴者"。赵建华后来把自己的名字注册为商标，从当年的 12 月 18 日开设第一家门店至今已有14 年。十四年以米铭志，赵建华原阳大米如今成了原阳的一张名片。

业内唯一："赵建华"获得"天然"食品合格证

前不久，一个颇受媒体圈打听的消息在业界悄然传开：赵建华拿到了中国首家天然食品联盟合格证。据悉：在众多接受考察的粮食加工企业中，赵建华成为"唯一"。昨日，该消息在天然食品联盟会长王刚处得到证实。

"拿到合格证的不是赵建华，而是以赵建华名字命名的原阳大米。"王刚说，自今年 6 月 11 日中国首家天然食品联盟成立至今，申报加入的企业有 20 余家。经过四个多月的密切关注和多方位缜密考察后，赵建华唯一没有争议。

……

天然联盟会长王刚告诉记者，70 余人次的考察团队一致认为，赵建华原阳大米"源于可追溯，精于零添加"——赵建华原阳大米没有一粒是外购，赵建华有自己的水稻种植基地，有自己的加工生产包装线，有自己的销售团队，企业生产标准高于行业标准。

"黄河水浇灌、天然弱碱，除有三道精细脱壳、碾米、色选工艺外，赵建华原阳大米再无任何抛光、打蜡、增亮、熏香等添加程序，大米香味醇厚，天然营养得到了最完整保留……"这是联盟考察团队对赵建华原阳大米的书面评价。

辉煌历史：原阳大米 20 年前就是"中国第一米"

10 月 27 日，记者奔赴新乡实地采访得知：原阳大米 20 年前就是"中国第一米"。……原阳大米成为地理标志并受到国家保护后，以个人名字命名的产品商标，赵建华是原阳第一个。

据史书记载：原阳地处黄河下游冲积平原顶部，曾是历史有名的受灾县。自公元 946 年至中华人民共和国成立前的 1 000 多年内，黄河在原阳境内溢洪决口泛滥 67 次。但在脱贫致富的诸多探索中，原阳人发现自己脚下的这片盐碱地很适宜种植水稻。

1968 年，原武镇水稻种植成功并一直沿袭至今，赵建华就出生并成长于原武镇东合角村。2000 年受"有毒大米"事件的影响，原阳大米曾一度名誉受损，但现在，北京、广州等地的超市，部分原阳大米的销量高出了泰国大米。

203　原阳大米被误读击伤的教训

原阳县大米虽因黄河水滋润而"丽质天成"，蜚声全国，却又因"木秀于林"，屡遭误读。其中两次大的仿冒侵权、误读击伤事件，在原阳大米发展史上是难以忘却的。由此也反观出原阳大米的"优秀"，以及感悟出农产品品牌创建难、品牌保护更难的启发。

2000 年"有毒大米"事件

2000 年 12 月媒体披露，河南原阳县 55t 含有工业白蜡油的"有毒大米"流入广州并引起部分市民中毒，引起国务院领导的高度关切。12 月 8 日晚到 9 日凌晨，国家质量技术监督局连夜召开办公会议，组织研究部署落实国务院领导指示查处"有毒大米"的工作方案。全国打假办、国家质量技术监督局于 12 月 9 日，派出工作组赴河南，会同河南省有关部门，共同调查此案。后来查清是当地一个农民从山东鱼台购进大米，卖给广州白云区一个体商户。虽事后证明"原阳大米"是被冤枉的，但由此带来的负面影响却很长时间难以消除。制假卖假不光坑害了消费者，更是对"原阳大米"品牌造成了极大地伤害。

2015 年假大米事件

2015 年"原阳大米"再出"绯闻"——某网媒称"原阳人现在已经很少种大米了，市场上的原阳大米大都是假的"。好在主流媒体作了快速回应，负面影响较小。记者采访了著名水稻专家、河南省农业科学院水稻研究室主任尹海庆研究员。尹海庆研究员把"原阳大米"的概念予以科学地解读："原阳大米是一个地理性标志，凡生长在原阳土地上的大米都叫原阳大米"。原阳大米是一个品牌，而黄金晴是一个品种。原阳地界还生长有郑稻18、豫粳6号、津粳1007、白香粳、新丰等十多个优质米品种。"黄金晴是20世纪80年代从日本引进的稻米品种，产量低、生长周期长，正被其他优质水稻品种取代。原阳优质稻的所有品种，其品质各有千秋，与黄金晴难分伯仲。"莫让黄金晴夺了原阳大米的光彩，真正的原阳大米个个都是待嫁'公主'"。

204 "原阳大米"踏上重塑品牌之路（删减）

——2016年12月05日《河南日报》

原阳大米，原阳县特产，中国地理标志产品，是河南省最早获得绿色食品认证并出口创汇的原粮之一，多次获得国际和国家级金奖，被列入全国名优特产名录、中原特产名片，素有"中国第一米"之称。

然而，由于受假冒伪劣之害，品牌屡遭重创，加之引黄便利不再、种植工序繁琐、投入产出不成比例，种植面积锐减。近几年，原阳县委、县政府采取一系列措施，在强化市场监管的同时，围绕特色种植做文章，着力重铸原阳大米品牌，大力培育稻米产业集群，推动稻米产业向中高端迈进。11月15日，在原阳举办第24届中国（原阳）稻米博览会上，原阳大米吸引来了伊利集团、联合利华、肯同集团等国内70多家客商，当天签订4485t原阳大米销售协议，再一次展示了"原阳大米"强大的人气和号召力。

稻田里"种下"黄金鳅　原阳大米身价赛黄金

11月25日，原阳县太平镇菜吴村的稻田里，稻谷早已颗粒归仓，只剩下满地的稻茬，看上去是一派萧瑟的寒冬景象，但让人想不到的是，在这稻茬下面的泥土里，有着另一个生机勃勃的世界，还"藏"着一群鲜活的小生命！

菜吴村农民吴振邦走进田里，拿着一把铁锹向下随处一挖，没多深就挖出几条欢蹦乱跳的泥鳅，金黄透亮的身子又肥又圆，刚捉到手里想要看个仔细，它们却滑溜地挤出手缝，很快又钻进泥里不见踪影……

吴振邦说，前几年，农民种稻大量使用化肥、农药和除草剂，在杀死害虫和杂草的同时，也让"听取蛙声一片"的好生态一去不复返，这样种出来的水稻也不环保、不好吃、不健康。

2012年，吴振邦和乡亲们成立原阳县旺盛种植专业合作社，流转土地1000余亩（如今已发展到5000亩），投资200多万元建成稻鳅生态共作生态基地600亩，让实验成果进入实际应用阶段，杜绝农药和化肥，用太阳能杀虫灯诱杀害虫，回归人工除草，使用有机农家肥……

经过几年的努力，现在这片稻田"田中有蛙叫，水里有鱼游，空中有鸟飞"，好生态又回来了！而停用农药和化肥后，因为泥鳅、杀虫灯、有机肥的快速"补位"，水稻产量不减反增，同时水稻的身价也增加到了原来的十几倍乃至几十倍！

……

城里人"领养"一亩三分地　水牛赵村变身风景区

距离莱吴村不足 1 千米，就是太平镇水牛赵村。记者看到，虽是寒冬季节，这边风景依然独好：池塘里一汪碧水、半池残荷别有情趣，稻田中用稻草扎成的大象、水牛和农夫栩栩如生，餐饮小木屋里全是品尝农家风味的外地游客，老板和服务员都忙得不亦乐乎……

水牛赵村会计李广辉说："现在是一年中的淡季，春秋两季游客最多的时候，我们一天要接待 2 000 多名从郑州、新乡、开封、焦作等地赶来的客人！"

2011 年之前，这里还是普通的稻田。短短 5 年，这里就成了"红"遍周边城市和"朋友圈"的水牛稻"风景区"！这中间，到底发生了什么？

"2011 年之前，种稻靠农药化肥，又费钱又费力，大米还卖不上价！"李广辉给记者算了一笔账，一亩地一个稻季至少要一袋碳铵，治虫治草最多能打 5 遍农药，辛辛苦苦收获 500kg 水稻，每千克还卖不到 3 元钱，一亩地的产值才1 000 多元，如果把劳动力成本计算在内，农民种水稻不仅不挣钱还要往里贴钱。

村党支部书记赵俊海看在眼里急在心里，多方考察对比之后，把辽宁盘锦的稻田养蟹模式带回了水牛赵，每亩地撒进 1 000 多尾"辽宁河蟹"蟹苗，当年就取得了成功：每亩收获 25kg 成蟹和超过 500kg 生态稻，河蟹每千克售价 160 元，生态大米价格也蹭蹭上涨，每亩地的净利润超过了 5 000 元！

……

引社会资本"入"稻田　建"大米产业化集群培育工程"

在位于原阳县产业集聚区的河南迪冠农业发展有限公司，总经理费红杰热情地邀请记者到车间参观。

"这是日本佐竹碾米机，那是瑞士布勒色选机，这些全是国际一流的加工设备，我们在设备购置上投入了 1 000 多万元。"费红杰说，选用先进的加工设备能加工出更优质的大米，能节省大量的人力成本，该企业日处理稻谷能力达到300t，年加工能力达 10 万 t，日常只需一两个技术工人操作即可。他们生产的"迪一"牌原阳大米远近驰名，畅销省内外。

迪冠农业还把资本"注入"稻田，投资建设了 2 000 亩的原阳大米生产基地，其中 200 亩是有机稻田。费红杰说："作为稻米加工企业，在稻米产业加大投入力度是责任也是义务。稻米产业做大做强，也能给我们带来实实在在的回报。"

社会资本向稻田注入，是原阳大米未来几年发展不可或缺的环节。

……

205　水稻育种专家孙彦常

孙彦常（1932—2011 年），男，山东单县人，中共党员。1949 年参加工作，先后在新乡地农业科学研究所、新乡市农业科学研究所任助理技术员、助理研究员、副研究员，研究员，副所长。1990 年 12 月离休，离休后被返聘，继续主持水稻专业研究工作。2002 年离职休养后，继续从事水稻新品种选育与推广。

1958 年开始，从事水稻科研工作，先后主持培育推广了新稻 2 号、新稻 5号、新稻 18 号、新香糯、新稻 68-11、豫粳 6 号、豫粳 8 号等水稻良种。其中新稻 68-11 是 20 世纪 70—90 年代初沿黄稻区当家品种，是河南省第一个自育粳稻品种，誉满全国，畅销华北，作为沿黄稻区的当家品种达 20 年之久，累计种植面积 2 500 余万亩；豫粳 6 号，1995 年、1999 年分别通过省级和国家级审定，列为国家"九五"重点成果推广项目，是全国北方粳稻区试晚粳组的对照种，再次成为河南、苏北、皖北、山东沿黄稻区的当家品种。主持总结推广了河南省沿黄盐碱地种稻技术及高产栽培技术。

先后获省、市级科技成果 16 项，其中，省二、三等奖 6 项。在省级以上刊物发表科技论文 15 篇。先后被授予省、市先进科技工作者及省农业劳动模范，享受政府特殊津贴。曾任河南省第六届人大代表，离职后任新乡市老科协水稻专业委员会主任，继续从事水稻品种选育与推广，2004 年获新乡市首届科学技术重大贡献奖。

"要想让农民直接增收，光培育出新品种还不行，还得把种子交到农民手里"，"要想给农民办理更多的实事，你就得多创新"，"作为一名农业科技人员，创新是天职，服务是本分"，孙彦常常说。2010 年 12 月 23 日《河南日报》以"五十载育稻写传奇"对孙彦常研究员从事水稻育种事迹进行了长篇报道。

206　水稻育种专家王书玉

王书玉，男，1964 年生，河南原阳县人，研究员，中共党员，1985 年河南农业大学农学专业毕业。现任新乡市农业科学院秋粮研究所所长，兼任河南省粳稻工程技术研究中心主任、河南省水稻产业技术体系遗传育种岗位专家、中国作物学会水稻产业分会理事、河南省农作物品种审定委员会水稻专业委员会委员。

参加工作以来一直从事水稻育种研究与水稻新品种推广工作，在水稻育种理论与技术、种质创制、品种选育等研究方面取得了突出成绩。

建立了多品种复合杂交、理想株型塑造、稳定优势利用相结合的超级稻育种理论技术体系；建立了不育系异交率高、亲本水平高、双亲配合力高的"三高"粳稻杂优利用理论技术体系。

先后主持育成国审水稻品种7个、省审水稻品种7个，育成的水稻品种在沿黄乃至黄淮稻区水稻生产上发挥了重大作用。水稻育种创造了三个河南省第一：第一个自育超级稻品种新稻18号、第一个国审粳稻品种豫粳6号、第一个纯自育杂交粳稻品种新粳优1号。新稻18号是河南省第一个农业部认定的超级稻品种，填补了河南省自育超级稻品种的空白，引领了沿黄乃至黄淮超级粳稻育种科技创新，作为黄淮稻区（苏皖鲁豫）主导水稻品种10余年，促进了黄淮稻区水稻生产的新发展。豫粳6号曾长期作为全国北方、河南省、山东省粳稻区域试验、生产试验对照品种，1995—2007年10多年间是黄淮稻区第一大品种。培育的水稻品种在黄淮稻区累计推广7 760万亩。

先后主持完成省部级以上科研及成果转化项目21项。获省部级科技成果二等奖4项、三等奖3项，获市级一等科技成果奖7项。在《中国水稻科学》《杂交水稻》《中国稻米》《作物杂志》《河南农业科学》等刊物发表论文51篇，主编专著2部。先后获得享受国务院政府特殊津贴专家、河南省劳动模范、河南省学术和技术带头人、河南省优秀青年科技专家、新乡市科学技术重大贡献奖获得者、新乡市十大杰出人物等荣誉称号。

207　水稻育种专家王桂凤

王桂凤，女，汉族，1949年生，高小文化，高级农艺师，河南新乡县人。

1989年，她时任村妇代会主任，在全国妇联开展"双学双比"活动中，秉承"依靠科技、为民增收"的人生格言，怀揣种子"富民"梦，带头并组织全村妇女学习水稻栽培技术。1992年拜新乡市农科所水稻专家孙彦常为师，开始从事水稻良种培育推广，从20棵水稻起步繁育良种，1993年使全村水稻由亩产350kg提高到615kg，同年，牵头成立了"新乡县兴农科技服务中心"，构建起了一个科学研究、良种繁育、种子经营、技术服务一体化的农业科技载体——现在的"河南丰源种子有限公司"，注册资金3 000万元。

科技创新无止境，科技创新眷顾有心人。近年来水稻育种成果颇丰。参与培育推广水稻新品种"豫粳6号"被确定为国家北方区域粳稻试验对照品种，种植面积覆盖黄河下游稻区80%以上。先后主持培育的"新丰2号""新丰5号""新丰6号""新丰7号"分别于2007年、2010年、2012年、2013年通过河南省审定。其中新丰 2 号 2010 年起被定为河南省审定试验对照品种，大米荣获第六届中国优质稻米博览会金奖大米。

为了把成果转化为生产力，建立了"育种单位+繁育基地+繁育户+种子经销商+农民合作社+大米加工厂+技术服务"一体化的新品种推广模式，粳稻种子销售位于全省前茅。累计免费印制栽培技术资料 600 余万份，举办各类培训班 1 900 余次，田间地头指导不计其数。在豫、苏、皖、鲁、陕 5 省 23 个县、市、区设立了 345 个技术服务点，在 1 200 多个村留下自己的手机号码作为技术服务热线，随时解决稻农提出的疑难问题。

她带领的团队，是新乡市农业产业化重点龙头企业，被新乡市委、市政府授予"农业科技研发先进集体"，先后荣获"全国巾帼现代农业科技示范基地""全国科普惠农兴村先进单位"、河南省科普示范基地，连年获省、市"诚信种子企业"等荣誉称号。

个人获省级科技成果 4 项、市级科技成果奖 6 项。先后获全国三八红旗手、全国十大女状元、全国"三八"红旗手标兵、河南省劳动模范、省级农民致富能手、河南省首届"十大农业科技推广人物"、河南省"农业科普先进工作者"、河南省"关心下一代工作先进工作者"、河南省"2016 年度优秀农业科技工作者"、新乡市"优秀共产党员"等荣誉称号，2009 年光荣地参加了新中国成立 60 周年国庆观礼，受到中央领导的接见。

王桂凤深有感触地说："科技创新是企业的灵魂，诚信经营是企业发展的基石"。"我本身就是一个农民，最钟爱的事就是和水稻打交道，育出更好的稻种，让农民增收致富，是我一生的追求"。

208　水稻栽培专家谢茂祥

谢茂祥（1929—2008 年），男，1929 年出生于四川省璧山县广普乡吉地村，1953 年大学毕业参加工作，一直供职于新乡市（地区）农技推广站工作。高级农艺师、水稻栽培专家。

长期从事农技推广工作，主要从事水稻栽培技术研究与推广，是在全省享有较高知名度的水稻栽培技术专家，不断追求全市水稻栽培技术的改进与创新，为新乡市水稻生产发展做出了重大贡献。

20 世纪 60 年代，根据因黄河泛滥形成的低洼盐碱地长期处于种不保收的低产、甚至荒芜状态，在原阳荒庄村盐碱地上搞种稻试点，利用"锅驼机"提井水灌溉，获得成功，试验田亩产达到 100kg。盐碱地种稻成功，引起政府领导的重视支持，引黄种稻大发展。之后针对重引轻排造成次生盐碱化的问题，顶住政治压力，重新摸索。先后在封丘、原阳的背河洼地蹲点搞稻改样板 9 年，取得了显著效果。封丘县荆龙宫公社洛寨大队，是紧靠黄河大堤、低洼盐碱的穷队，1965 年提水种稻 40 亩，平均亩产 350kg，比邻地旱作增产 6 倍，农民十分满意，使该大队由缺粮变余粮。

70 年代试验研究水稻旱种技术，解决人民群众吃大米难的问题。选用适宜水稻品种，免耕直播，发展水稻旱种，涝年少浇，旱年多浇，亩产可达到 400～500kg，是水稻生产的一次革命。80 年代初省农业厅在新乡召开旱种现场会，向全省推广；1983 年冬在新乡召开全国水稻旱种技术培训班。谢茂祥应邀传授交流技术。1983 年夏与日本水稻直播专家、前冈山大学一级教授赤松诚一，在新乡县七里营公社东王庄村，开展百亩旱种机械化作业的中日协作活动，平均亩产 402kg。与此同时，还试验研究了麦田附泥撒套播水稻旱种技术，是直播旱种技术的延伸和发展。

1988 年试验示范多效唑水稻全程化控技术，用于培育壮秧和防倒伏，《河南日报》给予了专题报道，省农业厅在新乡召开水稻化控现场会议。到目前为止，水稻多效唑调控已成为全省、全市水稻生产必不可少的常规增产技术措施。

1992 年引进试验示范水稻盘育抛秧技术。改弯腰插秧为站立抛秧，不仅解决了育壮秧难的问题，又解决了"脸朝黄土背朝天，弯腰插秧两千年"的难题，高产省工。1995 年秋省农业厅在新乡市召开现场会，向全省推广，1997 年全国农技中心给予专项表彰。

引黄种稻、水稻旱种、水稻化控、水稻盘育抛秧等，新乡市水稻生产技术领先于沿黄稻区，都饱含着谢茂祥同志的创新成果与辛勤汗水。

209 "水稻书记"乔永庆

乔永庆（1938—1992 年），男，汉族，河南原阳人。1965—1975 年，任原阳县原武公社社长、主任、书记；1975 年任原阳县委副书记，1980 年调任封丘县县委副书记、县长，1989 年调任新乡市人民政府副秘书长，主抓农业。

缘于对新乡发展水稻做出的贡献，被誉为"引黄稻改的创始人""水稻书记"等。1968 年在原武公社南关大队带领群众试种水稻 600 亩，当年亩产达到 225kg，1969 年全公社种水稻面积上升到 2 300 亩。1970 年发展到 7 000 亩水稻，平均亩产 152kg。原武公社破天荒由缺粮社跃为余粮社。1972 年水稻面积扩大到 10 000 亩，占到耕地总数的三分之一。之后到 1975 年的 10 年间，在探寻根治盐碱地、根本改变原武的落后面貌中，乔永庆同志紧紧依靠人民群众的创造性和科技人员的严谨性，使原武人均产粮由 1965 年的 95kg 到 1975 年的 750kg，由"三靠"公社（吃粮靠统销，花钱靠救济，治病靠免费）变成了"地成方、树成行，排灌畅通无阻挡"的豫北小江南，成了河南省农业的一面红旗。

1975 年调任原阳县委副书记，分管全县农业工作，继续领导全县稻改工作。这年《河南文艺》发表通讯《盐碱地上大寨花》，对乔永庆同志引黄稻改报道。1980 年调任封丘县县委副书记、县长，组织封丘县进行引黄稻改，《河南日报》1987 年 5 月 13 日二版头条发表长篇通讯《"水稻书记"乔永庆》。

1995 年第 10 期《中华儿女》杂志发表文章《"原阳大米"之父乔永庆》、2003 年 2 月《大河报》发表追忆文章《原阳大米之父"流芳乡里"》、2011 年 5 月《新乡日报》头版发表《乔永庆，大米人生》，追寻乔永庆同志的稻改足迹。

210　水稻融合发展先行者赵俊海

赵俊海（1972 年—　），男，河南原阳县人。中共党员，现任原阳县太平镇水牛赵村党支部书记，原阳原生种植农民专业合作社理事长。

他是以水稻为载体引领农业融合发展的先行者，开拓了水稻生产的多功能，探索了水稻产业的新途径，引领了水稻产业的融合发展。

他所在的乡村是黄河的背河洼地，是重度盐碱地，产量低下。20 世纪 70 年代通过发展引黄洗碱，盐碱地变成了沃土良田，稻农成为万元户。但 20 世纪 90 年代以后，随着农民进城务工，水稻种植面积不断萎缩，农业持续增产增效受到制约。作为村支书的他心急如焚，苦苦思索，问计于民，请教专家，最终确定了以水稻种植为载体，以合作发展为途径，拓展农业新功能，延长农业产业链，提高农业综合效益的发展方略。

2012 年联系部分农户，成立了原阳原生种植农民专业合作社，集水稻种植、大米加工、品牌销售，农业休闲为一体，流转农户土地、建立稳定的有机、优质水稻种植基地 1 万余亩，探索以水稻为引领农业融合发展的新路。

首先是种出好稻谷。以流转和托管的方式将村民的土地化零为整，用机械化解放了劳动力，用"统一"的措施降低了生产成本，用优质品种保证了原料优质，用生态种植保证了产品安全。尤其是采取稻田养蟹、稻蟹共生的模式，把"化肥减量、农药减量、生态环保、质量安全"变成了现实，为自己的大米成为消费者信任的绿色、有机安全食品奠定了基础。

其次是产出好大米。针对市面上"原阳大米"使假掺假问题，建立了自己的大米加工厂，用自己的优质稻谷原料，进行精细加工，以"水牛赵"村名的谐音注册了"水牛稻"大米品牌，立志打造全国著名地理标志产品"原阳大米"

的首选品牌。现有"水牛稻"系列大米品牌 10 余个,其大米晶莹透亮,软劲香甜,畅销中原。

　　第三是打造新业态。以水稻为引领,打造农业新业态。在"水牛稻"基地,稻田与鱼塘并存,水稻与荷花相映,稻田中用稻草扎成的农夫、水牛、大象栩栩如生,沟渠上用木板搭建的小木屋,农家饭别有风味。针对城里人推出"一亩三分地"体验式项目,目前已有 1 000 多户城里人认领,城里人花费 3 000 元当上"地主",体验了农耕乐,合作社的耕地获得了极大的升值。

　　原阳原生种植农民专业合作社,已是"中国乡村旅游模范户""全国农业技术试验示范基地""河南省优秀示范合作社""新乡市农民合作社优秀社""新乡市农民合作社示范社"。赵俊海也获得了"河南省十大青年""新乡市青年星火带头人标兵""劳动模范""优秀共产党员"等荣誉称号。目前他正在上级政府及社会各界的支持下,谋划新的发展愿景,深化一、二、三产业融合,打造"水牛稻生态小镇"。

主要参考文献

陈健，陈温福，2002. 北方粳型超级稻单产 800kg/667m² 栽培技术规程 [J]. 中国稻米，8（2）：28-29.

当代中国的农作物业编辑部，1988. 当代中国的农作物业 [M]. 北京：中国社会科学出版社.

董家胜，马运粮，2004. 依靠科技开发优质稻米推进河南水稻产业化发展 [J]. 中国稻米，10（3）：30-32.

冯绪猛，郭九信，王玉雯，等，2016. 锌肥品种与施用方法对水稻产量和锌含量的影响 [J]. 植物营养与肥料学报，22（5）：1 329-1 338.

郭书普，1999. 农田化学除草技术精要 [M]. 北京：中国农业科技出版社.

过益先，1993. 稻田生产结构的改革与发展 [M]. 北京：知识出版社.

胡标林，李名迪，万勇，等，2005. 我国水稻抗旱性鉴定方法与指标研究进展 [J]. 江西农业学报，17（2）：56-60.

江苏省农科院等，1979. 农业辞典 [M]. 江苏科学技术出版社.

姜达炳，2002. 农业生态环境保护导论 [M]. 北京：中国农业科技出版社.

李根林，杨阳，李洪岐，等，2016. 农业信息化与现代化 [M]. 郑州：中原农民版社.

李路，刘连盟，王国荣，等，2015. 水稻穗腐病和穗枯病的研究进展 [J]. 中国水稻科学，29（2）：215-222.

陆明红，刘万才，朱凤，等，2015. 2014 年稻瘟病重发原因分析与治理对策探讨 [J]. 中国植保导刊，35（6）：35-39.

罗正友，任燕平，刘廷胜，等，2004. 研究糙米储藏特性 启动我国糙米储藏工程 [J]. 中国稻米，10（2）：34-36.

马奇祥，常中先，1998. 农田化学除草新技术 [M]. 北京：金盾出版社.

农产品质量安全生产消费指南编委会，2014. 农产品质量安全生产消费指南（2014 版）[M]. 北京：中国农业科学技术出版社.

农业部水稻专家指导组，2004. 水稻主导品种和主推技术 [M]. 北京：中国农业出版社.

农业部种植业司，中国水稻研究所，2002. 中国稻米品质区划及优质栽培

［M］．北京：中国农业出版社．

沈晓昆，2003．稻鸭共作—无公害有机稻米生产技术 ［M］．北京：中国农业
科学技术出版社．

四川省农业科学院，1991．四川稻作 ［M］．成都：四川科学技术出版社．

苏衍章，王幼辉，1988．水稻旱种栽培技术 ［M］．石家庄：河北科学技术出
版社．

唐洪元，石鑫，1992．除草剂应用技术 ［M］．北京：中国农业科技出版社．

王一帆，周毓珩，2000．北方节水稻作 ［M］．沈阳：辽宁科学技术出版社．

王幼辉，1991．河北水稻栽培 ［M］．石家庄：河北科学技术出版社．

王正银，胡尚钦，孙彭寿，1999．作物营养与品质 ［M］．北京：中国农业科
技出版社．

吴吉人，陈光华，2000．北方农垦稻作新技术 ［M］．沈阳：东北大学出版社．

新乡市农业科学院院志编委会，2009．新乡市农业科学院院志 ［M］．郑州：
中州古籍版社．

新乡市水利局，2005．新乡市水利院志 ［M］．郑州：黄河水利版社．

徐一戎，1998．水稻优质米生产技术与研究 ［M］．哈尔滨：黑龙江朝鲜民族
出版社．

许燎原，赵丽稳，刘桂良，等，2015．性诱芯防治水稻二化螟效果探析
［J］．中国植保导刊，35 （5）：40-42．

薛全义，张立今，荆宇，2003．无公害农作物生产技术 ［M］．北京：中国计
量出版社．

杨守仁，1987．水稻：中国农业百科全书·农作物 ［M］．北京：农业出版社．

张洪程，高辉，2003．推进稻米清洁生产 提升稻米产业竞争力 ［J］．中国稻
米，9 （3）：3-5．

张燕之，周毓等，1998．水稻抗旱性鉴定方法与指标研究 ［C］//邹琦，李
德全．作物栽培生理研究．北京：中国农业科技出版社．

张益影，杜永林，苏祖芳，2003．无公害优质稻米生产 ［M］．上海：上海科
学技术出版社．

中华人民共和国农业行业标准，2007．农作物水稻品种区域试验技术规范
（NY/T1300—2007） ［S］．

周毓珩，马一凡，1991．水稻栽培（修订本） ［M］．沈阳：辽宁科学技术出
版社．

朱德峰，程式华，张玉屏，等，2010．全球水稻生产现状与制约因素分析
［J］．中国农业科学，43 （3）：474-479．

图书在版编目（CIP）数据

新乡水稻／杨胜利等编著.—北京：中国农业科学技术出版社，
2017.10
ISBN 978-7-5116-3260-9

Ⅰ.①新…　Ⅱ.①杨…　Ⅲ.①水稻栽培-农业生产-研究-新乡
Ⅳ.①S511②F325.15

中国版本图书馆 CIP 数据核字（2017）第 228412 号

责任编辑　　姚　欢
责任校对　　贾海霞

出 版 者　　中国农业科学技术出版社
　　　　　　北京市中关村南大街 12 号　邮编：100081
电　　话　　（010）82106630（编辑室）　　（010）82109704（发行部）
　　　　　　（010）82109703（读者服务部）
传　　真　　（010）82106636
网　　址　　http://www.castp.cn
经 销 者　　各地新华书店
印 刷 者　　北京富泰印刷有限责任公司
开　　本　　710mm×1 000mm　1/16
印　　张　　20.25　　彩插　8 面
字　　数　　400 千字
版　　次　　2017 年 10 月第 1 版　2017 年 10 月第 1 次印刷
定　　价　　58.00 元